Andreas Frommer

Lösung linearer Gleichungssysteme auf Parallelrechnern

Aus dem Programm Angewandte Mathematik

Lineare Algebra.
Analytische und numerische Behandlung,
von H. Niemeyer und E. Wermuth

Funktionen einer Veränderlichen.
Analytische und numerische Behandlung,
von K. Niederdrenk und H. Yserentant

Gewöhnliche Differentialgleichungen.
Analytische und numerische Behandlung,
von W. Luther, K. Niederdrenk, F. Reuther
und H. Yserentant

Methoden der Numerischen Mathematik,
von W. Boehm, G. Gose und J. Kahmann

Numerische Methoden in CAD,
von B. Eggen, N. Luscher und M. J. Vogt

Mathematische Grundlagen der Elektrotechnik,
von H. J. Dirschmid

Wissenschaftliches Rechnen mit Ergebnisverifikation,
herausgegeben von U. Kulisch

Angewandte Algebra für Mathematiker und Informatiker,
von M. Ch. Klin, R. Pöschel und K. Rosenbaum

Mathematik der Selbstorganisation.
Qualitative Theorie deterministischer und
stochastischer dynamischer Systeme,
von G. Jetschke

Andreas Frommer

Lösung linearer Gleichungssysteme auf Parallelrechnern

Mit 36 Abbildungen

Der Verlag Vieweg ist ein Unternehmen der Verlagsgruppe Bertelsmann International.

Softcover reprint of the hardcover 1st edition 1990

ISBN-13: 978-3-528-06397-9 e-ISBN-13: 978-3-322-83922-0
DOI: 10.1007/978-3-322-83922-0

Inhaltsverzeichnis

Abbildungsverzeichnis

à Christine et Adrien

Vorwort

Seit es elektronische Rechenanlagen gibt, verbindet man mit einem numerischen Verfahren ganz selbstverständlich auch einen zugehörigen Algorithmus, welcher auf einem Computer über ein Programm realisiert werden kann. Um so erstaunlicher scheint es, daß von seiten der Numerik der algorithmische Aspekt lange stark vernachlässigt wurde.

In den letzten fünfzehn Jahren hat sich hier jedoch ein tiefgreifender Wandel vollzogen. Er wurde ausgelöst durch den erfolgreichen, inzwischen überall verbreiteten Einsatz von Vektorrechnern, welche heute Rechenleistungen bieten, die bis vor kurzem noch für unmöglich gehalten wurden. Weiter verstärkt wurde dieser Wandel durch die erst in den letzten fünf Jahren vermehrt eingesetzten Parallelrechner mit Prozessorzahlen in der Größenordnung von zehn bis zehntausend. Gegenwärtig stellen Parallelrechner hohes Rechenpotential relativ preisgünstig zur Verfügung. Für die Zukunft ist zu erwarten, daß, wie zum Teil bereits heute, die jeweiligen Höchstleistungsrechner oder Supercomputer Prinzipien der Vektor- und Parallelrechner kombinieren.

Auf einem Vektor- oder Parallelrechner hängt die erzielte Rechenleistung sehr stark davon ab, ob der programmierte Algorithmus der speziellen Architektur des Rechners angepaßt ist. Zwangsläufig kommt so der Umsetzung eines numerischen Verfahrens in einen adäquaten Algorithmus zentrale Bedeutung zu. Mehr noch: Kann ein Verfahren nicht in einen effizienten Algorithmus umgesetzt werden, so sucht man neue, bereits im Ansatz „vektorielle“ oder „parallele“ numerische Methoden. Beide Punkte, Algorithmen-Design und Entwicklung neuer paralleler numerischer Methoden bilden heutzutage einen wichtigen Bestandteil der jungen Disziplin des *Wissenschaftlichen Rechnens* (engl.: *Scientific Computing*).

Jedem Autor eines Buches über parallele Algorithmen und Verfahren bereiten die schnellen Veränderungen auf diesem Gebiet (bedingt durch die rapide und breit streuende Entwicklung, insbesondere bei Parallelrechnern) nicht unerhebliches Kopfzerbrechen. Er möchte sich einerseits natürlich nicht auf Rechnerarchitekturen festlegen, die vielleicht bereits in zwei Jahren völlig überholt sein werden. Andererseits ist es unmöglich, parallele Verfahren zu betrachten und gleichzeitig die Rechner, denen sie ihre Existenz verdanken, totzuschweigen.

Mit Hilfe eines Modell–Vektorrechners und eines Modell–Parallelrechners wird hier der Versuch unternommen, das soeben beschriebene Dilemma zumindest teilweise zu umgehen. Die Architekturen der heute existierenden Parallelrechner basieren im wesentlichen auf (unterschiedlichen) Kombinationen der architektonischen Merkmale der beiden Modellrechner. Es ist nicht zu erwarten, daß sich dieser Sachverhalt in der näheren Zukunft grundlegend ändern wird. Die beiden Modelle sind also einerseits so speziell, daß die für sie zu besprechenden Verfahren auf konkrete Parallelrechner (mit entsprechenden Modifikationen und in gewissen Kombinationen) übertragbar sind. Andererseits erscheinen sie insofern allgemein genug, als daß mit ihrer Hilfe gewisse Grundmuster und langlebige Prinzipien für parallele Verfahren und Algorithmen von einem übergeordneten Standpunkt aus beschrieben werden können.

Das vorliegende Buch versteht sich als Einführung in parallele Methoden zur Lösung linearer Gleichungssysteme — sicher eines der wichtigsten Einsatzgebiete für Supercomputer überhaupt. Dem einführenden Charakter entsprechend werden grundlegende numerische Verfahren behandelt, die nur elementare Vorkenntnisse aus der Numerik voraussetzen. Vor diesem relativ einfachen numerisch–mathematischen Hintergrund sollen die oben angesprochenen Prinzipien zur Entwicklung paralleler Algorithmen und Verfahren herausgearbeitet und ausführlich dargestellt werden.

Ein erstes, einfaches und zugleich grundlegendes Prinzip besteht hierbei in der systematischen Untersuchung der Varianten eines gegebenen Algorithmus, welche sich durch unterschiedliche *Anordnung der Laufvariablen* in geschachtelten **do**–Schleifen ergeben. Solche Untersuchungen aus dem Bereich des Algorithmen–Design wurden schon früh für Vektorrechner angestellt. Sie erweisen sich jedoch auch für Parallelrechner von grundlegender Bedeutung und werden dieses Buch wie ein roter Faden durchziehen. Ein weiterer Ansatz beim Algorithmen–Design liegt in der Entwicklung sogenannter *Pipeline–Algorithmen*, welche speziell für Parallelrechner geeignet sind. Die Anwendung des Pipeline–Prinzips ist allerdings weniger systematisch, und die resultierenden Algorithmen sind i.a. relativ komplex. Pipeline–Algorithmen werden deshalb hier nur beispielhaft behandelt, obwohl sie für spezielle Architekturen und bei bestimmten Problemstellungen durchaus Vorteile besitzen.

Das fundamentale Prinzip der *Partitionierung* oder *Blockeinteilung* führt zu neuen, im weitesten Sinne blockorientierten parallelen Verfahren. Neben Überlegungen, wie solche Vefahren in für Parallelrechner geeignete Algorithmen umgesetzt werden können, müssen hier — wie bei allen neuen numerischen Verfahren — auch typisch mathematisch–numerische Aspekte wie Durchführbarkeit, Stabilität oder Konvergenz (bei iterativen Verfahren) untersucht werden. Diese Fragen (insbesondere die Frage nach der Stabilität) sind bei den neuen Verfahren nur zum Teil zufriedenstellend geklärt. Soweit es vom Aufwand her vertretbar ist, werden diese Punkte mit den zugehörigen Verfahren besprochen.

Ein weiteres, eigenständiges Prinzip liegt auch den parallelen Verfahren vom Typ des *rekursiven Verdoppelns* und der *zyklischen Reduktion* zugrunde. Sie müssen deshalb unter den gleichen Gesichtspunkten wie die blockorientierten Verfahren untersucht werden.

Selbstverständlich sind für ein gegebenes Problem nicht alle Prinzipien in gleicher Weise anwendbar, um einen tauglichen parallelen Algorithmus zu erhalten. Die Einteilung der Kapitel dieses Buches orientiert sich deshalb an den unterschiedlichen mathematischen Aufgaben im Zusammenhang mit der Lösung linearer Gleichungssysteme. Innerhalb eines Kapitels werden für diese Aufgabenklasse dann parallele Verfahren besprochen, denen bestimmte der oben genannten Prinzipien zugrundeliegen.

Nach Einführung der Modelle für Vektor– und Parallelrechner in Kapitel 1 wird in Kapitel 2 mit der Fan–in–Methode ein fundamental wichtiger, einfacher Ansatz für die parallele Berechnung der Summe von n Zahlen vorgestellt. Eine weitere einfache Aufgabe – Berechnung des Produkts zweier Matrizen – wird in Kapitel 3 behandelt. Dabei stehen das Algorithmen–Design und Fragestellungen im Zusammenhang mit der Datenverteilung (auf Parallelrechnern) im Vordergrund. Unter denselben Gesichtspunkten werden dann ausführlich verschiedene komplexere Algorithmen zur Gauß–Elimination in Kapitel 4 und zur Lösung gestaffelter linearer Gleichungssysteme in Kapitel 5 untersucht.

Die Kapitel 6 und 7 beschreiben neue, vom Ansatz her parallele Verfahren zur direkten Lösung linearer Differenzengleichungen bzw. linearer Gleichungssysteme mit Bandstruktur, welche auf den Prinzipien des rekursiven Verdoppelns, der zyklischen Reduktion und der Partitionierung basieren. Naturgemäß rückt hier die algorithmische Umsetzung der Verfahren zugunsten ihrer prinzipiellen Beschreibung und der numerischen Untersuchung eher in den Hintergrund.

In Kapitel 8 kommen wir mit der Behandlung von Algorithmen für klassische Iterationsverfahren (JOR– und SOR–Verfahren) noch einmal auf das Algorithmen–Design zurück, während in Kapitel 9 mit den Multisplitting–Verfahren speziell für Parallelrechner geeignete, neue Iterationsverfahren besprochen werden.

Kapitel 10 beschäftigt sich anhand eines Modellproblems mit direkten und iterativen Verfahren für lineare Gleichungssysteme, die bei Diskretisierungen von Randwertproblemen auftreten. Schließlich behandeln wir in Kapitel 11 mit den asynchronen Iterationsverfahren eine weitere Klasse von Verfahren, die besonders gut auf Parallelrechnern realisiert werden können. Hier steht wieder der mathematisch–numerische Aspekt im Vordergrund, während in Kapitel 10 teilweise noch detailliert auf Algorithmen eingegangen wird.

Das Buch wendet sich an alle, die sich mit parallelen numerischen Verfahren auseinandersetzen wollen, an Interessenten aus der Numerik und der Angewandten Mathematik ebenso wie an Ingenieure oder Physiker, die für ihre Probleme Methoden aus dem Gebiet der numerischen linearen Algebra verwenden. Es setzt nicht mehr Kenntnisse in Numerik voraus, als etwa in einer einsemestrigen Grundvorlesung erworben werden können. Eventuell darüber hinausgehende mathematische Sachverhalte (die insbesondere zur Behandlung der Iterationsverfahren benötigt werden) sind im Anhang dargestellt.

Bei den Abzählungen zum Rechenaufwand wird eine gewisse Vertrautheit mit dem Landau–Symbol O erwartet. Es wird stets in der folgenden Weise gebraucht: Die Funktion $f(n)$ heißt $O(g(n))$, falls $f(n)/g(n)$ für $n \to \infty$ beschränkt bleibt, d.h. wir definieren

$$f(n) = O(g(n)) :\Longleftrightarrow \limsup_{n\to\infty} \left|\frac{f(n)}{g(n)}\right| < \infty.$$

Dies entspricht der ursprünglichen Bedeutung des Symbols O. (In letzter Zeit hat es sich in der Numerik teilweise eingebürgert, dasselbe Symbol für den Sachverhalt $\lim_{n\to\infty} f(n)/g(n) = 1$ zu verwenden.)

Jedes Kapitel enthält am Ende einen kleinen Abschnitt mit Literaturangaben, Hinweisen auf Beweise, die im Text nicht wiedergegeben wurden, und Ausblicken auf verwandte Themen. Die angegebene Literatur stellt immer nur eine *stark begrenzte, subjektive* Auswahl dar. Bei der Fülle an Literatur zu parallelen Verfahren würde der Versuch einer auch nur einigermaßen kompletten Dokumentation den hier gesteckten Rahmen bei weitem sprengen. In den USA versuchen J. Ortega, R. Voigt und C. Romine eine ausführliche

Bibliographie auf aktuellem Stand zu halten. Interessenten können sich an die im Literaturverzeichnis angegebene Adresse wenden.

Dieses Buch ist entstanden aus einer Vorlesung, die ich im Wintersemester 88/89 an der Universität Karlsruhe halten konnte. Ich danke allen Hörern, deren kritische Aufmerksamkeit die Entstehung des Werkes mit wertvollen Bemerkungen begleitet hat. Besonderer Dank gebührt Denise Reinach und Cäcilia Zeh, welche mehrere Fassungen des Manuskripts in zeitraubender Arbeit mit großer Sorgfalt und einem unbestechlichen Sinn für Ästhetik durchgelesen haben. Die schon traditionell ausgezeichnete Zusammenarbeit mit Herrn Hochschuldozenten Dr. Günter Mayer hat sich bei dem vorliegenden Werk aufs Neue glänzend bewährt. Der unbezahlbaren Mühe meines Kollegen Bruno Lang verdanke ich nicht nur die Beseitigung zahlreicher „deadlocks" (s. S. 12) in Algorithmen und Mathematik sondern auch die angenehme Gewißheit, ein von sachlichen Fehlern freies Buch vorzulegen. Das Manuskript wurde von Dragana Cosin mit dem LaTeX–Textsystem erstellt. An beide geht mein Dank für ihren unermüdlichen Einsatz und ihre unendliche Geduld miteinander.

Ohne die denkbar günstigen Rahmenbedingungen am Institut für Angewandte Mathematik der Universität Karlsruhe wäre dieses Buch nie zustande gekommen. Mein ganz besonders herzlicher Dank geht deshalb an Professor Dr. Götz Alefeld. Er hat mein Interesse auf das Gebiet der parallelen Algorithmen gelenkt und mich bei meiner Arbeit in jeder Beziehung auf mannigfache Weise unterstützt.

Karlsruhe, April 1990 A. Frommer

Symbolverzeichnis

$\|M\|$	Betrag der Menge M, d.h. Anzahl der Elemente in M
$\mathbf{N}$	Menge der natürlichen Zahlen
$\mathbf{N}_0$	Menge der nichtnegativen ganzen Zahlen
$\mathbf{N}_0^n$	Menge der n–Tupel aus nichtnegativen ganzen Zahlen (S. 213)
$\mathbf{Z}$	Menge der ganzen Zahlen
$\mathbf{R}$	Menge der reellen Zahlen
$\mathbf{C}$	Menge der komplexen Zahlen
$\mathbf{R}^n$	n–dimensionaler reller Vektorraum
$\mathbf{R}^{n\times m}$	Menge der rellen $n \times m$–Matrizen
$\mathbf{C}^n$	n–dimensionaler komplexer Vektorraum
$\leq$	natürliche Halbordnung auf $\mathbf{R}^n$ oder $\mathbf{R}^{n\times m}$ (S. 239)
$<$	komponentenweise strenges „kleiner“ in $\mathbf{R}^n$ oder $\mathbf{R}^{n\times m}$ (S. 239)
x^T	Zeilenvektor
$\|\|x\|\|_p$	l_p–Norm von $x \in \mathbf{R}^n$ (S. 227)
A^T	Transponierte der Matrix A
I	Einheitsmatrix in $\mathbf{R}^{n\times n}$
$\rho(A)$	Spektralradius der Matrix $A \in \mathbf{R}^{n\times n}$ (S. 229)
A^{-1}	Inverse der Matrix $A \in \mathbf{R}^{n\times n}$
$\langle A\rangle$	Vergleichsmatrix der Matrix $A \in \mathbf{R}^{n\times n}$ (S. 248)
diag(u)	$n \times n$–Diagonalmatrix, deren Diagonalelemente mit den Komponenten des Vektors $u \in \mathbf{R}^n$ übereinstimmen (S. 241)

$\lfloor a \rfloor$	größte ganze Zahl kleiner oder gleich $a \in \mathbf{R}$ (S. 91)
$\lceil a \rceil$	kleinste ganze Zahl größer oder gleich $a \in \mathbf{R}$ (S. 21)
$p(q)r$	ALGOL-ähnliche Notation bei Laufvariablen (S. 92)
mod	Modulo-Relation ($a \equiv b \bmod p$, falls p Teiler von $b - a$ ist, $a, b, p \in \mathbf{Z}$)
Ω	Einheitsquadrat (S. 175)
Ω_h	äquidistantes Gitter auf dem Einheitsquadrat (S. 176)
Δ	Laplace-Operator (S. 176)
O	Landau-Symbol (S. xii)
fl	Rundungsoperator bei Gleitpunktarithmetik (S. 21)
$\bar{l}$	durchschnittliche Vektorlänge (S. 6)
$n_{1/2}$	Vektorlänge, bei welcher der Vektorprozessor die halbe theoretische Spitzenleistung erreicht (S. 4)
τ	Zykluszeit (S. 4)
t	Rechenzeit
P_i	Prozessor mit der Nummer i (S. 11)
$P(i)$, $P(k, i)$	Prozessor, dem innerhalb eines Algorithmus bestimmte Aufgaben oder Daten zugeordnet sind
p	Prozessorzahl (S. 11)
myrows	in einem Prozessor abgespeicherte Zeilen
mycolumns	in einem Prozessor abgespeicherte Spalten
send(...) **to**	Sende-Anweisung (S. 12)
receive(...) **from**	Empfange-Anweisung (S. 12)
broadcast(...)	Sende-an-alle-Anweisung (S. 12)
fan-in(...)	Fan-in-Anweisung (S. 25)

Kapitel 1

Vektor- und Parallelrechner

Seit dem Erscheinen der ersten kommerziellen elektronischen Rechenanlagen zu Beginn der fünfziger Jahre hat sich, grob gesagt, die Leistung der jeweiligen Höchstleistungsrechner alle fünf Jahre verzehnfacht. Diese Leistungssteigerung beruhte zunächst im wesentlichen auf Verbesserungen in der Geschwindigkeit der elektrischen Schaltkreise. Sie wurde durch neue elektronische Materialien und eine fortschreitende Miniaturisierung erreicht.

Die Architektur der frühen Rechner entspricht weitgehend dem theoretischen Modell des *von-Neumann-Rechners*. Dieser besteht aus einer Ein/Ausgabe–Einheit, einem Speicher für Daten und Programm, einem Steuerwerk, in welchem das Programm abgearbeitet wird, und einem Rechenwerk, welches Operationen mit den Daten durchführt. Alle in einem Programm vorkommenden Operationen (wie Speicherzugriffe, arithmetische und logische Operationen, Ein– und Ausgabe) werden im von–Neumann–Rechner der Reihe nach abgearbeitet, nie wird mehr als eine dieser Operationen gleichzeitig durchgeführt. Von dieser starren seriellen Architektur wurde allerdings schon frühzeitig abgewichen, um zu erreichen, daß gewisse Operationen des Rechners (wie zum Beispiel Speicherzugriff und arithmetische Operation) gleichzeitig oder teilweise gleichzeitig ausgeführt werden können. Solche „weit unten" im Rechner angesiedelten parallelen Merkmale blieben ohne großen Einfluß auf die Entwicklung numerischer Methoden, obwohl die Effizienz eines Verfahrens durchaus davon abhängen kann, inwiefern der realisierte Algorithmus die gleichzeitige Ausführung von Arithmetik und Speicherzugriffen erlaubt.

Bei den heutigen Höchstleistungsrechnern (*Supercomputern*) ist die Parallelität auf einer sehr viel höheren Ebene angesiedelt, unter anderem direkt bei den arithmetischen Operationen mit den Daten. Auf solchen Rechnern sollten also prinzipiell numerische Methoden verwendet werden, die selbst eine geeignete Form von Parallelität aufweisen. Maximale Rechenleistung darf nur dann erwartet werden, wenn die Methoden bis in Details auf die parallele Architektur des Rechners zugeschnitten sind.

Die heute existierenden Supercomputer umfassen ein sehr breites Feld der unterschiedlichsten Architekturen. Um zumindest in gewissem Rahmen allgemein gültige Prinzipien für die Entwicklung paralleler Verfahren herauszuarbeiten, ist es nicht sinnvoll (und auch unmöglich), auf jede spezielle Architektur jeweils genau einzugehen. Wir stellen statt dessen zwei (abstrakte) Modelle für Supercomputer vor, den Modell-Vektorrechner und den Modell-Parallelrechner. Sie repräsentieren gewissermaßen die beiden Enden einer Skala, auf der sich die heute existierenden Höchstleistungsrechner bewegen. An diesen Modellen werden wir in den späteren Kapiteln parallele numerische Methoden diskutieren und so die Prinzipien herausarbeiten, die zu effizienten parallelen Verfahren führen. Für die erfolgreiche Anwendung auf einem konkreten Supercomputer müssen diese Methoden kombiniert und/oder im Detail an die jeweilige Architektur angepaßt werden.

1.1 Vektorrechner

Vektorrechner erreichen ihre hohe Rechenleistung, wenn sie die gleiche Operation mit sehr vielen Operanden (mit „Vektoren") durchzuführen haben. Sie gehören daher in die Klasse der SIMD–Rechner (*single instruction stream, multiple data stream*). Ihren Prozessoren liegt ein Pipeline–Prinzip zugrunde, bei dem verschiedene Phasen einer Operation mit verschiedenen Operanden gleichzeitig durchgeführt werden. Wir wollen dieses Prinzip für die Addition zweier im Rechner binär dargestellter Zahlen $x = a \cdot 2^p$, $y = b \cdot 2^q$ mit $q \geq p$ erläutern. Die Mantissen a und b besitzen eine feste Zahl von binären Ziffern mit der führenden Ziffer 1 (falls die zugehörige Zahl nicht die Null ist). Eine zusätzliche Stelle steht für das Vorzeichen zur Verfügung. Die Berechnung von $x + y$ kann in vier Einzelschritte aufgeteilt werden:

1. Exponentenvergleich, d.h. Berechnung von $q - p$,

2. Verschieben der Mantisse von x um $q - p$ Stellen, so daß x in der Form $x = a' \cdot 2^q$ dargestellt ist,

3. Addition der Mantissen a' und b,

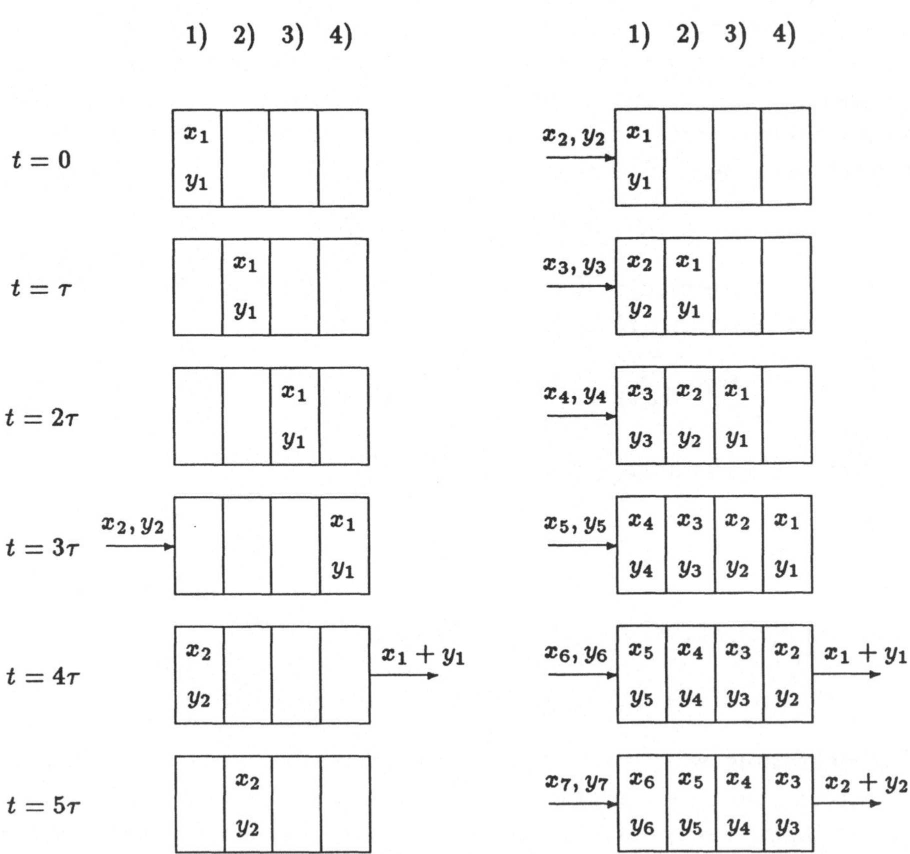

Abbildung 1.1: Addition mit Skalar– bzw. Vektorprozessor

4. Bestimmung der normalisierten Darstellung des Ergebnisses $x + y$.

Bei einem seriellen Rechner werden diese vier Teiloperationen nacheinander durchgeführt; erst wenn auch Teil 4 für ein Operandenpaar erledigt ist, wird mit Teil 1 für das nächste Operandenpaar begonnen. Bei einem Vektorrechner wird dagegen in einem Vektorprozessor das nächste Operandenpaar sofort dann in Teil 1 bearbeitet, wenn das vorangehende Operandenpaar Teil 2 erreicht hat usw. Abbildung 1.1 verdeutlicht diese unterschiedlichen Vorgehensweisen.

Wir nehmen an, daß jeder Teilschritt eine Zykluszeit τ benötigt und bezeichnen mit l die Anzahl der Teile, in welche die Gesamtoperation aufgespaltet wird (in unserem Beispiel ist $l = 4$). Der Vektorprozessor liefert dann das erste Ergebnis nach l Zyklen und danach in jedem weiteren Zyklus ein neues Resultat. Berücksichtigt man noch eine zusätzliche Verzögerungszeit von s Zyklen, welche zu Beginn durch Adreßberechnungen, Speicherzugriffszeiten u.ä. verloren geht, so benötigt der Vektorrechner zur Berechnung von n Resultaten eine Zeit

$$t(n) = \tau\,(s + l - 1 + n)\,.$$

Die Anzahl der berechneten Ergebnisse dividiert durch die benötigte Zeit ergibt die Rechenleistung $r(n)$, also

$$r(n) = \tau^{-1}\left(\frac{n}{s + l - 1 + n}\right).$$

Kürzen wir $s + l - 1$ mit $n_{1/2}$ ab, so ergibt sich

$$t(n) = \tau\left(n_{1/2} + n\right), \qquad r(n) = \tau^{-1}\left(\frac{n}{n_{1/2} + n}\right). \tag{1.1}$$

Die Funktion $r(n)$ wächst monoton, und es ist

$$\lim_{n\to\infty} r(n) = \tau^{-1}.$$

Die Rechenleistung wird nie größer als die Spitzenleistung τ^{-1}, und diese Spitzenleistung wird für sehr großes n näherungsweise erreicht. Die Zahl $n_{1/2}$ besitzt die Eigenschaft, daß $r(n_{1/2}) = \tau^{-1}/2$ gilt. Bei der Berechnung von $n_{1/2}$ Resultaten wird also gerade die Hälfte der theoretischen Spitzenleistung erreicht. Die Zeit $\tau n_{1/2}$ nennt man *Startup–Zeit.* Nach dem auf die Startup–Zeit folgenden Zyklus liegt das Resultat für das erste Operandenpaar vor.

In einem Vektorrechner stehen gewöhnlich verschiedene Vektorprozessoren für Addition, Multiplikation und eventuell auch Division zur Verfügung. Zusätzlich können Vektorrechner auch in einem *Skalarmodus* betrieben werden. Im Skalarmodus treten keine Verzögerungen durch Startup–Zeiten auf; die Rechenleistung im Skalarmodus ist jedoch gering. Bei Operationen mit sehr kurzen Vektoren kann es also günstig sein, in den Skalarmodus umzuschalten, sobald die Vektorlänge die sog. *break–even–Länge* unterschreitet.

Durch Hintereinanderschalten (engl.: *chaining*) der verschiedenen Vektorprozessoren erreicht man, daß beispielsweise auch für zusammengesetzte Operationen der Form

$$x_i + a \cdot y_i, \qquad i = 1, \ldots, n,$$

oder

$$\sum_{i=1}^{n} x_i y_i$$

nach einer Startup–Zeit pro Zyklus ein Resultat berechnet wird.

Ein Vektorprozessor kann seine hohe Leistung nur dann erbringen, wenn sichergestellt ist, daß die Daten mit der erforderlichen Geschwindigkeit zum Prozessor hin– und von ihm weggeführt werden können. Dafür sind zwei verschiedene Konzepte realisiert worden. Bei den *Register–Register–Maschinen* werden Vektoren in Zwischenspeichern (Vektorregistern) gehalten, die zwischen Hauptspeicher und Prozessor liegen. Der Vektorprozessor greift direkt auf die Vektorregister zu. Da das Laden eines Vektors vom Hauptspeicher in ein Vektorregister und das Abspeichern eines Vektors vom Register in den Hauptspeicher Zeit kostet, sind Register–Register–Maschinen dann besonders schnell, wenn mehrere Operationen mit den gleichen Vektoren durchgeführt werden. Allerdings können bei einer Operation mit sehr langen Vektoren Leistungsverluste auftreten, denn die Register müssen dann eventuell mehrmals mit verschiedenen Teilen der Vektoren geladen werden.

Bei *Speicher–Speicher–Maschinen* greift der Vektorprozessor direkt auf den Hauptspeicher zu. Dies bedeutet im allgemeinen relativ hohe Startup–Zeiten. Dafür arbeiten solche Maschinen mit sehr langen Vektoren besonders effizient.

Allen Vektorrechnern ist gemeinsam, daß ihre Rechenleistung deutlich abnehmen kann, wenn nicht auf aufeinanderfolgende Elemente eines Vektors zugegriffen wird. Wird auf äquidistante Elemente eines Vektors zugegriffen, so treten bei den meisten heutigen Vektorrechnern keine Schwierigkeiten auf, *vorausgesetzt der Abstand ist kein Vielfaches einer (höheren) Potenz von 2.* (Diese Einschränkung rührt von der inneren Organisation des Hauptspeichers her.) Werden Vektorelemente mit unterschiedlichen Abständen verwendet, treten praktisch immer im Speicherzugriff begründete Leistungseinbußen auf. Diese Tatsache hat weitreichende Konsequenzen, auch für die Entwicklung numerischer Verfahren. In der Programmiersprache FORTRAN wird z.B. eine Matrix als eindimensionales Feld durch Aneinanderreihen der einzelnen Spalten abgespeichert. Ein Algorithmus wird dann also effizient arbeiten, wenn er Operationen mit den Spalten der Matrix durchführt. Dagegen kann er eventuell wesentlich schlechter funktionieren, wenn er Operationen mit Zeilen der Matrix verwendet, denn die Elemente einer Zeile sind nicht aufeinanderfolgend abgespeichert.

Der in den Formeln (1.1) angegebene Zusammenhang zwischen Vektorlänge und Rechenleistung bedeutet insofern eine starke Vereinfachung, als er unter anderem die unterschiedlichen Einflüsse der jeweiligen Speicherorganisation nicht berücksichtigt. Die genaue Beurteilung eines numerischen Verfahrens für einen bestimmten Vektorrechner kann also nicht nur unter Verwendung der Formeln in (1.1) geschehen. Diese Formeln dienen vielmehr dazu, das allgemeine Verhalten eines Vektorprozessors näherungsweise zu beschreiben. In diesem Sinne liefert der nun zu definierende Begriff der durchschnittlichen Vektorlänge ein Maß, mit dem annähernd die Qualität eines numerischen Verfahrens für einen nicht näher spezifizierten Vektorrechner bestimmt werden kann.

1.1.1 Definition: In einem numerischen Verfahren mögen m (gleichartige) Operationen mit Vektoren der Länge l_j, $j = 1, \ldots, m$, ausgeführt werden. Die *durchschnittliche Vektorlänge* $\bar{l}$ für dieses Verfahren wird definiert als

$$\bar{l} := \frac{1}{m} \sum_{j=1}^{m} l_j.$$

Die Ausführungszeit für ein solches Verfahren beträgt dann

$$t = \sum_{j=1}^{m} \left(n_{1/2} + l_j \right) \tau = m \left(n_{1/2} + \bar{l} \right) \tau,$$

die Rechenleistung ist

$$\begin{aligned} r &= \frac{1}{t} \sum_{j=1}^{m} l_j \\ &= \tau^{-1} \left(\frac{\bar{l}}{n_{1/2} + \bar{l}} \right). \end{aligned} \tag{1.2}$$

Ein Vergleich mit (1.1) zeigt, daß bei mehreren Vektoroperationen $\bar{l}$ dieselbe Rolle spielt wie die gewöhnliche Vektorlänge bei *einer* Vektoroperation. Wir werden in diesem Buch $\bar{l}$ als Maß für die Effizienz eines Verfahrens auf einem Vektorrechner benutzen, über (1.2) hinaus aber keine weiteren (komplizierteren und vom jeweiligen Rechner abhängigen) funktionalen Zusammenhänge zwischen Rechenleistung und Vektorlänge annehmen.

Wir charakterisieren unseren Modell–Vektorrechner also dadurch, daß ein numerisches Verfahren auf ihm dann besonders effizient ist, wenn

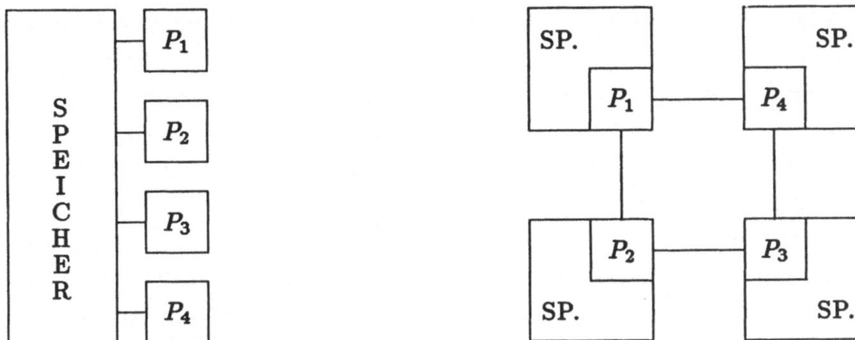

Abbildung 1.2: Gemeinsamer Speicher—lokale Speicher

- die durchschnittliche Vektorlänge $\bar{l}$ groß ist,
- auf aufeinanderfolgende Elemente der Vektoren zugegriffen wird.

1.2 Parallelrechner

Parallelrechner erreichen ihre hohe Rechenleistung dadurch, daß bei ihnen mehrere Prozessoren gleichzeitig Operationen durchführen. Dies kann auf sehr verschiedene Weisen realisiert werden, so daß die Klasse der Parallelrechner ein sehr weites Feld von parallelen Architekturen umfaßt.

Arbeitet ein zentraler Kontrollprozessor ein zentrales Programm ab und verteilt dabei die auftretenden Operanden auf die anderen Prozessoren, welche mit diesen alle dieselbe Operation durchführen, so spricht man wie beim Vektorrechner von einem SIMD–Rechner. Führt dagegen jeder Prozessor ein eigenes Programm aus, so bezeichnet man den Parallelrechner als MIMD–Rechner (*multiple instruction stream, multiple data stream*).

Diese Unterscheidung im Programmablauf wird ergänzt durch eine Unterscheidung im Speicheraufbau: Bei einer Architektur mit gemeinsamem Speicher (*shared memory*) greifen alle Prozessoren auf einen gemeinsamen Speicher zu und tauschen über diesen Daten aus, während bei einer Architektur mit lokalem Speicher (*local memory*) jeder Prozessor einen eigenen Speicher für seine Daten besitzt. Der Datenaustausch wird dann über Kommunikationskanäle zwischen den einzelnen Prozessoren oder auch durch einen Daten–Bus realisiert (siehe Abbildung 1.2).

Eine besondere Klasse von Parallelrechnern beruht auf den sogenannten *Transputern*. Ein Transputer ist ein Baustein aus Prozessor, Speicher und

Kommunikationseinheit mit Anschlüssen (engl.: *links*) zur Verbindung mit anderen Transputern. Man kann mit Transputern in modularer Weise relativ einfach Parallelrechner unterschiedlicher Größe konfigurieren.

Architekturen mit lokalem Speicher werden vor allem bei größeren Prozessorzahlen verwendet, denn dann ist technisch eine leistungsfähige Architektur mit gemeinsamem Speicher nicht realisierbar. SIMD–Parallelrechner sind Vektorrechnern insofern ähnlich, als auch sie dann besonders effizient arbeiten, wenn eine Operation mit sehr vielen Operanden durchgeführt wird. Wesentliche neue Aspekte ergeben sich bei MIMD–Rechnern: Hier kann nicht mehr nur eine arithmetische Operation gleichzeitig mit vielen Daten ausgeführt werden, sondern es können parallel wesentlich komplexere, verschiedenartige Aufgaben in den einzelnen Prozessoren abgearbeitet werden. Dem muß bei der Entwicklung numerischer Verfahren natürlich Rechnung getragen werden.

Verfahren werden dann effizient sein, wenn die Verteilung der Rechenlast auf die einzelnen Prozessoren ausgeglichen ist. Es sollte möglichst selten vorkommen, daß einzelne Prozessoren arbeitslos sind, weil sie zum Beispiel auf benötigte Daten noch nicht zugreifen können oder warten müssen, bis diese von anderen Prozessoren erst noch produziert werden. Bei Rechnern mit gemeinsamem Speicher können außerdem verzögernde Speicherzugriffskonflikte auftreten, wenn verschiedene Prozessoren auf denselben Bereich des Speichers zugreifen wollen. Bei Rechnern mit lokalem Speicher hat man dafür zu beachten, daß der für einen realisierten Algorithmus benötigte Datentransfer zwischen den einzelnen Prozessoren möglichst wenig Zeit beansprucht.

Hochgradige Parallelität bei minimaler Kommunikation läßt sich nur bei sehr einfachen Problemen erreichen. Im Normalfall wird man versuchen, parallele Methoden so zu gestalten, daß die notwendige Kommunikation nicht zu aufwendig wird. Selbstverständlich hängen die Kommunikationszeiten in einem Rechner mit lokalem Speicher davon ab, ob die Kommunikation mit einem Datenbus durchgeführt wird oder ob sie über bestimmte Kommunikationskanäle zu erfolgen hat. Bei Parallelrechnern mit Kommunikationskanälen ist gewöhnlich nicht jeder Prozessor mit jedem verbunden, so daß die Kommunikation häufig über mehrere Zwischenprozessoren stattfindet. Gebräuchliche Architekturen für Rechner mit lokalen Speichern sind unter anderem (s. Abbildung 1.3):

- Hypercube : $p = 2^P$ Prozessoren; zwei Prozessoren sind verbunden, falls sich ihre Nummern um eine Potenz von 2 unterscheiden,

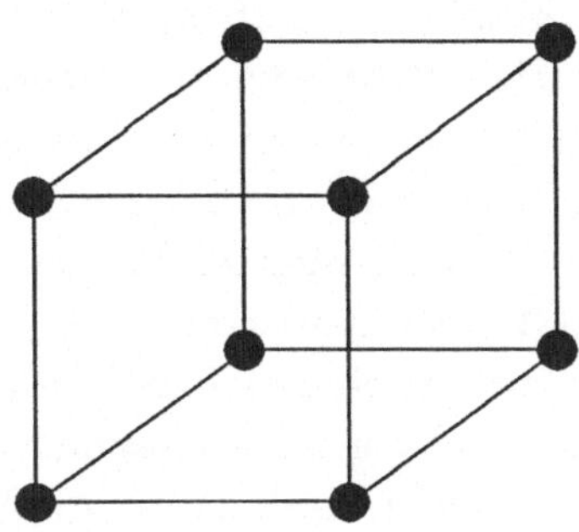

Hypercube ($p = 8, P = 3$)

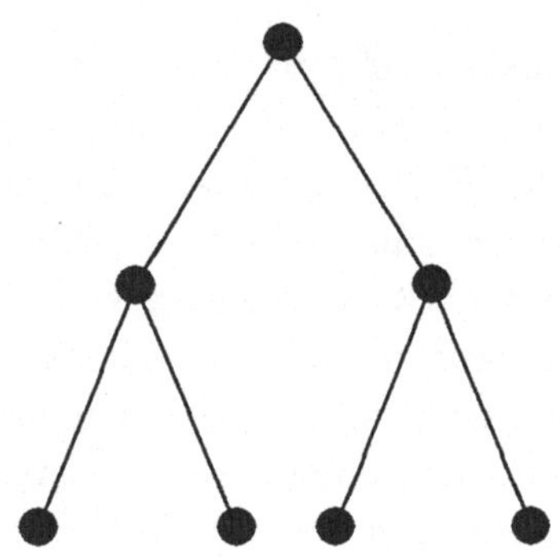

Binärer Baum ($p = 7, P = 2$)

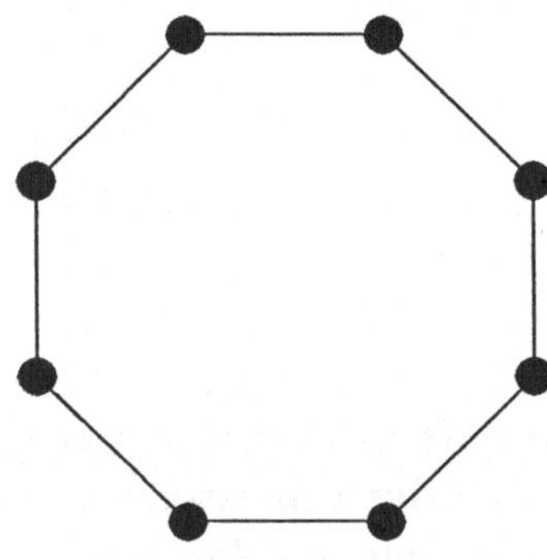

Ring ($p = 8$)

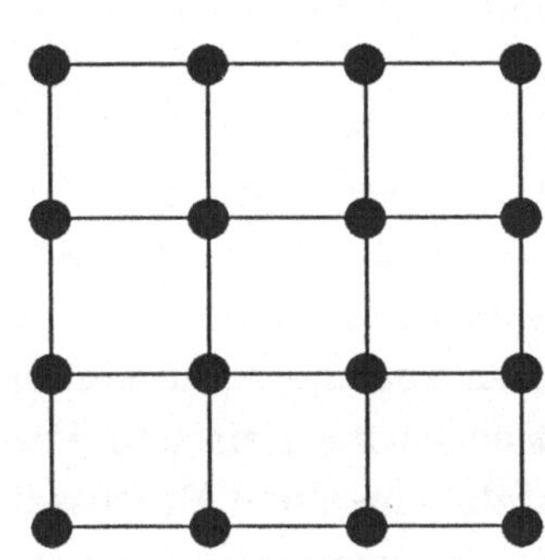

Gitter ($p = 16, P = 4$)

Abbildung 1.3: Architekturen bei lokalen Speichern

- Binärer Baum: $p = 2^{P+1} - 1$ Prozessoren; $2^P - 2$ „innere" Prozessoren sind jeweils mit einem „Vater" und zwei „Söhnen" verbunden, 2^P „Blätter" sind nur mit je einem Vater verbunden, eine „Wurzel" ist nur mit zwei Söhnen verbunden,

- Ring: p Prozessoren; jeder ist mit zwei Nachbarprozessoren verbunden,

- Gitter: $p = P^2$ Prozessoren; außer an den Rändern ist jeder Prozessor mit vier Nachbarprozessoren verbunden.

Die heutigen Parallelrechner besitzen eine Prozessorzahl in der Größenordnung von $10^1 - 10^4$. Man setzt sie in der Regel ein, um sehr groß dimensionierte Probleme, etwa ein (dünn besetztes) lineares Gleichungssystem der

Dimension 10^6, zu lösen. Wir wollen deshalb immer annehmen, daß numerische Verfahren auf solche groß dimensionierten Probleme angewendet werden. Postuliert man dagegen, daß im Vergleich zu der Dimension des Problems sehr viele Prozessoren vorhanden sind, etwa n^3 Prozessoren für ein lineares Gleichungssystem der Dimension n, so gerät man zu Fragestellungen aus der Komplexitätstheorie. Man erhält dort Aussagen über die Minimalzahl an parallelen Schritten, mit denen ein gegebenes Problem (in der Theorie) gelöst werden kann. Für die Praxis sind solche Aussagen von geringerer Bedeutung: Je mehr Prozessoren vorhanden sind, desto größer dimensionierte Probleme möchte ein Benutzer auch bearbeiten.

Bezeichnet r_o die Spitzenleistung eines Prozessors und besteht der Parallelrechner aus p gleichartigen Prozessoren, so verfügt er über eine Gesamt–Rechenleistung von

$$r_\infty = p \cdot r_o.$$

Wie bei Vektorrechnern wird diese Spitzenleistung in der Praxis fast nie erreichbar sein, da Zeitverluste durch Zugriffskonflikte (bei Rechnern mit gemeinsamem Speicher) oder durch die Datenkommunikation (bei Rechnern mit lokalen Speichern) entstehen. Zusätzlich muß bei einem für Parallelrechner effizienten numerischen Verfahren die Rechenlast möglichst ausgegeglichen auf die einzelnen Prozessoren verteilt sein. Inaktive Prozessoren stellen ein nicht ausgenutztes Potential an Rechenleistung dar, welches möglichst ständig voll eingesetzt werden sollte.

Zur genaueren Beurteilung der Effizienz eines numerischen Verfahrens ist es wieder wichtig zu untersuchen, wie gut die erforderlichen Kommunikationen und/oder die Speicherzugriffe der Architektur des Rechners angepaßt sind.

Wir werden nicht versuchen, solche rechnerabhängigen Eigenschaften in komplizierte (und spezielle) Formeln für die Ausführungszeit eines Verfahrens auf einem bestimmten Parallelrechner zu fassen. Für den Modell–Parallelrechner legen wir das Prinzip eines MIMD–Rechners mit lokalen Speichern zugrunde. Wir nehmen zusätzlich an, daß in seinen Prozessoren nicht gleichzeitig Rechenarbeit und Kommunikation ausgeführt werden kann. Ein numerisches Verfahren für den Modell–Parallelrechner ist dann besonders effizient, wenn

- die Rechenlast ausgeglichen auf die einzelnen Prozessoren verteilt ist,
- der Aufwand für die Datenkommunikation gering ist.

```
for ————————————————————————
    ⋮
    for ————————————————————
        ⋮
        for ————————————————

    if —— then———————————————
        ⋮
    else ———————————————————
        ⋮
    ...
```

Abbildung 1.4: Gerüst eines Pseudocodes

Die Anzahl der Prozessoren bezeichnen wir stets mit p, die einzelnen physikalischen Prozessoren werden in der Form $P_1, P_2, \ldots, P_p$ durchnumeriert. Obwohl wir generell keine spezielle Kommunikationsstruktur für den Modell–Parallelrechner im Auge haben, werden wir gelegentlich auf Besonderheiten gewisser numerischer Verfahren bei speziellen Architekturen hinweisen.

1.3 Pseudocodes

Verschiedene Algorithmen zu einem bestimmten numerischen Verfahren lassen sich mit Hilfe von *Pseudocodes* in prägnanter Weise beschreiben. Man versucht darin, in übersichtlicher Form den zu realisierenden Algorithmus möglichst präzise darzustellen. Pseudocodes imitieren ein tatsächliches Programm insofern, als in ihnen durch **for**–Schleifen, **if–then**– und **if–then**... **else**–Anweisungen der Ablauf des Algorithmus im Detail vorgeschrieben wird. Abbildung 1.4 veranschaulicht das allgemeine Gerüst eines solche Pseudocodes. Wie dort eingezeichnet, wird bei Schachtelungen von **for**–Schleifen oder **if**–Anweisungen die Schachtelungstiefe durch entsprechendes Einrücken verdeutlicht.

Innerhalb der **for**–Schleifen und **if**–Anweisungen wird mit Hilfe von Operationen mit den verwendeten Variablen angegeben, welchen Variablen neue Werte zugewiesen werden. Aus Gründen der Übersichtlichkeit beschreibt man diese Operationen z.T. in weit größeren Einheiten, als dies in einem tatsächlichen Programm möglich ist. Um die Lesbarkeit weiter zu erhöhen, verzichtet man darauf, im Pseudocode zu Beginn die verwendeten Variablen und ihre Vorbelegung anzugeben. Schließlich kümmert man sich in einem Pseudocode häufig *nicht* um eine möglichst optimale (also geringe) Speicherbelegung. Die Auswahl und Bezeichnung der Variablen erfolgt vielmehr in Anlehnung an das zu beschreibende numerische Verfahren.

Für *Vektorrechner* legen wir in einem Pseudocode durch die innerste **for**–Schleife innerhalb einer Schachtelung fest, welche Vektoroperation mit welchen Vektoren durchgeführt wird. Für *Parallelrechner* formulieren wir Pseudocodes stets für *einen*, im Text eventuell näher bestimmten Prozessor. Das Gerüst aus Abbildung 1.4 muß hierfür um einige Kommunikationsanweisungen erweitert werden. Abgesehen von der **fan–in**–Anweisung, welche erst in Kapitel 2 eingeführt wird, kommen wir im wesentlichen mit den drei in der nachfolgenden Definition aufgeführten zusätzlichen Anweisungen aus.

1.3.1 Definition: Für einen Parallelrechner mit den Prozessoren P_i, $i = 1,\ldots,p$, bezeichne D eine (hier nicht näher spezifizierte) Menge von Daten. Dann bedeutet in einem Pseudocode für Prozessor P_i

- **broadcast**(D): sende D zu allen Prozessoren P_j, $j = 1,\ldots,p$, $j \neq i$,
- **send**(D) **to** P_j: sende D an Prozessor P_j,
- **receive**(D) **from** P_j: empfange D von Prozessor P_j.

Wie diese Kommunikationsanweisungen für eine gegebene Architektur möglichst effizient durchgeführt werden, muß für jede Architektur einzeln diskutiert werden. Bei den **send**– und **receive**–Anweisungen kommt es hierfür u.a. darauf an, wie „nahe beieinander" die Prozessoren P_i und P_j liegen.

Auf einigen Parallelrechnern kann ein Prozessor eine **send**–Anweisung erst dann ausführen, wenn der Prozessor, an den gesendet werden soll, in seinem Programm bei der zugehörigen **receive**–Anweisung angelangt ist. Ein Datenaustausch zwischen zwei Prozessoren P_i und P_j muß dann in der Form

$$\begin{array}{ll} P_i: & \textbf{send}(D_i)\ \textbf{to}\ P_j \\ & \textbf{receive}(D_j)\ \textbf{from}\ P_j \\ P_j: & \textbf{receive}(D_i)\ \textbf{from}\ P_i \\ & \textbf{send}(D_j)\ \textbf{to}\ P_i \end{array}$$

mit *unterschiedlicher Reihenfolge* für die **send**– und **receive**–Anweisungen bei den beiden Prozessoren durchgeführt werden. Sonst kommen beide Prozessoren zum Stillstand, ohne die Kommunikationsanweisungen ausführen zu können (sog. *Verklemmung* oder *deadlock*).

Die Berücksichtigung dieser Tatsache würde viele Pseudocodes auf unübersichtliche Größe aufblähen. In unseren Pseudocodes werden wir in diesen und ähnlichen Fällen stets in allen Prozessoren die **send**– vor die **receive**–Anweisung stellen. Ein solcher Pseudocode ist also zunächst nur für die Parallelrechner geeignet, bei denen ein Prozessor an einen anderen Daten senden kann, ohne auf dessen Empfangsbereitschaft warten zu müssen.

Literaturhinweise: Geschichtliche Überblicke zu den Anfängen paralleler Rechnerarchitekturen und genauere Beschreibungen der ersten experimentellen Vektor– und Parallelrechner finden sich in dem Buch [11], dessen Nachfolge–Werk [12] und in [13]. In diesen Büchern, ebenso wie in [2], [18] und [20], werden parallele Architekturen und paralleles Programmieren auch von einem allgemeineren, theoretischen Standpunkt aus betrachtet.

Die heute verfügbaren großen Vektorrechner und deren Programmierung werden in [12] und [19] ausführlich behandelt. Die Referenz [1] beschäftigt sich mit existierenden Parallelrechnern (z.B. mit Hypercube–Architektur) und deren Programmierung, während in [4] und [15] Forschungsprojekte zu den Supercomputern der nächsten Generation beschrieben werden. Eine Zusammenfassung zum aktuellen Stand (1989) auf dem Gebiet der Parallelrechner–Entwicklung findet sich in [7], wo auch die beiden deutschen Parallelrechner SUPRENUM (basierend auf einer Gitterarchitektur, s. auch [8], [21]) und TX3 (erweiterte Binärbaum–Architektur, s. [6], [22]) vorgestellt werden. Für Transputer und ihre Programmierung verweisen wir auf das Buch [3] und auf [12]. Weitergehende Informationen zu Supercomputern finden sich u.a. natürlich in den Handbüchern der Hersteller und in zahlreichen Konferenzberichten, auf die hier nicht eingegangen werden kann.

Einen Einstieg in die Komplexitätstheorie unter Einbeziehung paralleler Verfahren gibt das Buch [14].

Die Übersichtsartikel [5], [10] und [17] vermitteln einen Eindruck darüber, wie sich Vektor– und Parallelrechner auf die derzeitige Forschung in der Numerik auswirken. Die Zahl der Lehrbücher über parallele Verfahren und Algorithmen ist relativ gering. Neben den bereits zitierten Referenzen [18] und [19] verweisen wir hierfür insbesondere auf [16] und die zweite Auflage von [9].

[1] Babb II, R.(ed.): Programming Parallel Processors, Reading, Mass.: Addison–Wesley (1988)

[2] Brawer, S.: Introduction to Parallel Programming, New York: Academic Press (1989)

[3] Carling, A.: Parallel Processing, the Transputer and OCCAM, Wilmslow: Sigma Press (1988)

[4] Dongarra, J.(ed.): Experimental Parallel Computing Architectures, Amsterdam: North Holland (1987)

[5] Duff, I.: The Influence of Vector and Parallel Processors on Numerical Analysis, in: Iserless, A., Powell, M. (eds): The State of the Art in Numerical Analysis,

Oxford: Clarendon Press (1987)

[6] Gentzsch, W., Block, U.: Numerische Verfahren für den Parallelrechner TX3, ZAMM **69**, T 176-T 179

[7] Gesellschaft für Mathematik und Datenverarbeitung (Hrsg.): GMD–Spiegel **19**, Heft 1, Sankt Augustin: GMD (1989)

[8] Giloi, W.: SUPRENUM: A Trendsetter in Modern Supercomputer Development, Parallel Comput. **7**, 283–296 (1988)

[9] Golub, G., van Loan, Ch.: Matrix Computations, 2nd Edition, Baltimore: Johns Hopkins (1989)

[10] Heller, D.: A Survey of Parallel Algorithms in Numerical Linear Algebra, SIAM Rev. **20**, 740–777 (1978)

[11] Hockney, R., Jesshope, C.: Parallel Computers, Bristol: Adam Hilger (1981)

[12] Hockney, R., Jesshope, C.: Parallel Computers 2, Bristol: Adam Hilger (1988)

[13] Hwang, K., Briggs, F.: Computer Architecture and Parallel Processing, New York: McGraw Hill (1984)

[14] Kronsjö, L.: Computational Complexity of Sequential and Parallel Algorithms, New York: John Wiley (1985)

[15] Lipovski, G., Malek, M.: Parallel Computing, Theory and Comparisons, New York: John Wiley (1987)

[16] Ortega, J.: Introduction to Parallel and Vector Solution of Linear Systems, New York: Plenum (1988)

[17] Ortega, J., Voigt, R.: Solution of Partial Differential Equations on Vector and Parallel Computers, SIAM Rev. **27**, 149–270 (1985)

[18] Schendel, U.: Einführung in die parallele Numerik, München: Oldenbourg Verlag (1981)

[19] Schönauer, W.: Scientific Computation on Vector Computers, Amsterdam: North Holland (1987)

[20] Stone, H.: High–Performance Computer Architecture, Reading, Mass.: Addison Wesley (1987)

[21] Trottenberg, U.: SUPRENUM – an MIMD Multiprocessor System for Multi–Level Scientific Computing, in: Händler, W. et al.(eds.): CONPAR 86, Lecture Notes in Computer Science **237**, 48–52 (1986)

[22] Wöst, W.: Wie funktioniert der TX3?, c't Magazin, Heft 6, 134–146 (1988)

Kapitel 2

Fan–in–Methoden

Fan–in (engl.) bedeutet ungefähr „fächerförmig zusammenfließen". Besonders bei Parallelrechnern kommen Fan–in–Methoden als einfacher Grundbestandteil in sehr vielen Verfahren vor. Wir erläutern das Prinzip des Fan–in zunächst ausführlich am Beispiel der Summation von n Zahlen und untersuchen die Empfindlichkeit gegenüber dem Einfluß von Rundungsfehlern. Im letzten Abschnitt betrachten wir dann eine ganze Reihe weiterer Ausdrücke, welche ebenfalls mit einem Fan–in parallel berechnet werden können.

2.1 Fan–in bei Summation

Für gegebene reelle Zahlen $a_1, \ldots, a_n$ soll die Summe

$$s = \sum_{i=1}^{n} a_i$$

berechnet werden. Das übliche serielle Standardverfahren zur Berechnung von s bestimmt in $n-1$ Schritten sukzessive die Zwischensummen $s^{(k)}$ durch

$$\begin{aligned} s^{(1)} &:= a_1, \\ s^{(k+1)} &:= s^{(k)} + a_{k+1}, \quad k = 1, \ldots, n-1. \end{aligned}$$

Hierin gilt dann $s^{(n)} = s$. Dieses Verfahren ist rein seriell, denn die Berechnung von $s^{(k+1)}$ kann erst dann begonnen werden, wenn $s^{(k)}$ bereits vorliegt.

Der parallele Ansatz der Fan–in–Methode liegt nun darin, verschiedene andere Zwischensummen gleichzeitig zu berechnen. Wir wollen einfachheitshalber annehmen, daß $n = 2^N$ gilt mit $N \in \mathbf{N}$. Die Fan–in–Methode berechnet Zwischensummen $a_i^{(k)}$ in der folgenden Weise.

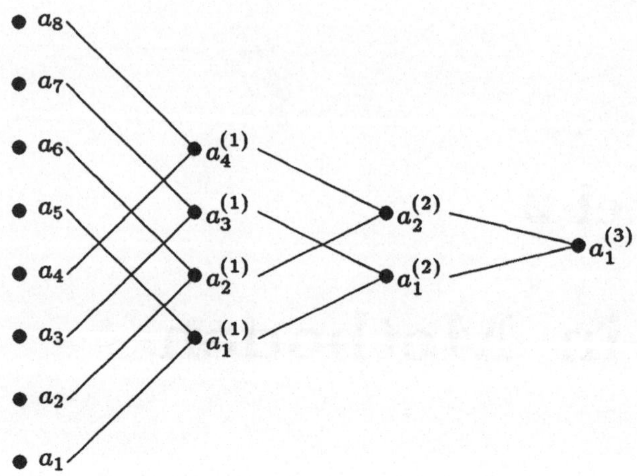

Abbildung 2.1: Fan-in ($n = 8$)

2.1.1 Verfahren (Fan–in–Summation):

(i) Setze $a_i^{(0)} := a_i, \; i = 1, \ldots, 2^N$.

(ii) Berechne für $k = 1, \ldots, N, \; i = 1, \ldots, 2^{N-k}$, die Zahlen $a_i^{(k)}$ durch

$$a_i^{(k)} := a_i^{(k-1)} + a_{i+2^{N-k}}^{(k-1)} . \tag{2.1}$$

Bei festem k können die 2^{N-k} Additionen in (2.1) für verschiedenes i parallel durchgeführt werden. Man prüft sofort nach, daß für $k = 1, \ldots, N$ gilt

$$a_i^{(k)} = \sum_{j=0}^{2^k-1} a_{j.2^{N-k}+i}, \quad i = 1, \ldots, 2^{N-k},$$

und damit $a_1^{(N)} = s$. Abbildung 2.1 illustriert die Fan–in–Methode (und begründet ihren Namen).

In (2.1) werden für festes k die 2^{N-k+1} Zahlen $a_i^{(k-1)}, i = 1, \ldots, 2^{N-k+1}$, in 2^{N-k} Paare aufgeteilt, von jedem Paar wird die Summe berechnet. Für die Fan–in–Methode ist es dabei unwesentlich, daß – wie in (2.1) – ausgerechnet die Zahlen zu Paaren zusammengefaßt werden, deren Indizes eine Differenz von 2^{N-k} aufweisen. Es wird sich allerdings herausstellen, daß gerade diese Wahl für Vektorrechner günstig ist.

Ist n keine Potenz von 2, so wird die Aufteilung in Paare in (2.1) nicht immer aufgehen. Bleibt dann für ein k eine Zwischensumme $a_i^{(k)}$ übrig, wird diese unverändert für $k+1$ übernommen.

Vektorrechner

Wir stellen uns für $k = 0, \ldots, N$ die Zahlen $a_i^{(k)}$ aus (2.1) als Komponenten eines Vektors $a^{(k)} := (a_1^{(k)}, \ldots, a_{2^{N-k}}^{(k)})^T$ angeordnet vor. Die Berechnung von $a^{(k)}$ entspricht dann einer Addition der vorderen Hälfte von $a^{(k-1)}$ auf die hintere Hälfte:

$$a^{(k)} = \begin{pmatrix} a_1^{(k)} \\ \vdots \\ a_{2^{N-k}}^{(k)} \end{pmatrix} = \begin{pmatrix} a_1^{(k-1)} \\ \vdots \\ a_{2^{N-k}}^{(k-1)} \end{pmatrix} + \begin{pmatrix} a_{1+2^{N-k}}^{(k-1)} \\ \vdots \\ a_{2^{N-k+1}}^{(k-1)} \end{pmatrix}. \tag{2.2}$$

Die Fan-in-Methode kann auf einem Vektorrechner entsprechend dem folgenden Pseudocode realisiert werden.

2.1.2 Algorithmus (Fan-in-Summation):

for $k = 1$ **to** N
  for $i = 1$ **to** 2^{N-k}
    $a_i := a_i + a_{i+2^{N-k}}$

Die innere Schleife (über i) führt in 2.1.2 gerade die Addition der beiden Vektoren der Länge 2^{N-k} aus (2.2) durch. Es werden dabei aufeinanderfolgende Elemente der Vektoren abgearbeitet, ihre Länge nimmt mit zunehmendem k bis auf 1 ab. Wir bestimmen die durchschnittliche Vektorlänge für Algorithmus 2.1.2 im nächsten Satz.

2.1.3 Satz: Für die durchschnittliche Vektorlänge $\bar{l}$ in Algorithmus 2.1.2 gilt

$$\bar{l} = \frac{n}{\log_2 n} + O(1).$$

Beweis: In 2.1.2 werden insgesamt N Additionen mit Vektoren der Länge $2^{N-1}, 2^{N-2}, \ldots, 1$ durchgeführt. Für $\bar{l}$ gilt also

$$\bar{l} = \frac{1}{N} \sum_{j=1}^{N} 2^{N-j} = \frac{1}{N}(2^N - 1) = \frac{n-1}{\log_2 n}.$$

□

$\bar{l}$ wächst langsamer als linear in n — eine Tatsache, die auf die relativ geringe Effizienz der Fan–in–Methode auf einem Vektorrechner hinweist. Auf vielen Vektorrechnern steht deshalb eine spezielle Hardware–Eigenschaft zur Verfügung, bei welcher der Ausgang des Additions–Vektorprozessors mit einem Eingang „kurzgeschlossen" wird. Bezeichnen wir wie in Abschnitt 1.1 mit l die Anzahl der Teiloperationen bei der Addition, welche im Vektorprozessor gleichzeitig ablaufen können, so berechnet man dann mit dem Vektorprozessor insgesamt l verschiedene Zwischensummen, welche anschließend im Skalarmodus aufaddiert werden. Auf diese Weise kann man n Zahlen (mit einer einmaligen, von n unabhängigen Startup–Zeit) effizienter als mit der Fan–in–Methode aufsummieren.

In Algorithmus 2.1.2 wird man versuchen, in den Skalarmodus umzuschalten, sobald die Vektoren so kurz sind, daß sie im Skalarmodus schneller abgearbeitet werden können. Nehmen wir beispielsweise an, eine Addition benötige im Skalarmodus eine Zeit von 5τ, während n Additionen mit dem Vektorprozessor die Zeit $(100+n)\tau$ erfordern (also $n_{1/2} = 100$; dieser Wert ist realistisch für Speicher–Speicher–Maschinen). Dann wird in den Skalarmodus umgeschaltet, sobald

$$5\tau n < (100+n)\tau$$

gilt, das heißt sobald $n < 25$. Bei der Fan–in–Methode ist dies für $k \geq N-4$ der Fall. Man wird die äußere Schleife (über k) in Algorithmus 2.1.2 also bei $N-5$ statt N abbrechen und die restlichen 31 Additionen (Aufsummation der Zahlen $a_i^{(N-5)}$, $i = 1, \ldots, 2^5$) im Skalarmodus durchführen.

Parallelrechner

Nehmen wir für einen Moment an, wir hätten genausoviele Prozessoren zur Verfügung, wie wir Zahlen aufsummieren wollen, also $p = n = 2^N$. Man kann die Fan–in–Methode dann so realisieren, daß man sich für jedes $k \in \{0, \ldots, N\}$ verschiedene Prozessoren $P(k,i)$, $i = 1, \ldots, 2^{N-k}$, vorgibt und bei festem $k > 0$ in allen Prozessoren $P(k,i)$ gleichzeitig die Addition $a_i^{(k)} = a_i^{(k-1)} + a_{i+2^{N-k}}^{(k-1)}$ durchführt. Zu beachten ist dabei, daß die Daten $a_i^{(k-1)}$ und $a_{i+2^{N-k}}^{(k-1)}$ nicht von vornherein in $P(k,i)$ vorliegen, sondern sich zunächst in den Prozessoren $P(k-1,i)$ und $P(k-1, i+2^{N-k})$ befinden. Diese Prozessoren müssen ihre Daten also an $P(k,i)$ kommunizieren. Die Auswahl der Prozessoren $P(k,i)$ sollte demnach so erfolgen, daß die Kommunikationswege von $P(k-1,i)$ und $P(k-1,i+2^{N-k})$ zu $P(k,i)$ möglichst kurz sind. Wir werden darauf zu Ende dieses Abschnitts am Beispiel der Hypercube–Architektur nochmals eingehen.

Ab jetzt wollen wir davon ausgehen, daß wir 2^{N_p} Prozessoren zur Verfügung haben und die Summe der Zahlen $a_1, \ldots, a_n$ mit $n = q \cdot 2^{N_p}$, $q \in \mathbf{N}$, berechnen wollen. Die Summation kann dann so realisiert werden, daß jeder Prozessor zunächst Zwischensummen von je q Zahlen berechnet. Danach werden diese 2^{N_p} Zwischensummen durch ein Fan–in aufaddiert. Für das Fan–in wählen wir wie oben beschrieben bei festem $k \in \{0, \ldots, N_p\}$ verschiedene Prozessoren $P(k,i)$, $i = 1, \ldots, 2^{N_p-k}$, aus.

In dem folgenden Pseudocode für Prozessor P_i werden die von den Prozessoren $P(k-1,i)$ und $P(k-1, i+2^{N_p-k})$ versendeten Zwischensummen in Prozessor $P(k,i)$ als b und c eingelesen.

2.1.4 Algorithmus (Fan–in–Summation):

$$a := \sum_{j=1}^{q} a_{q(i-1)+j}$$

for $k = 1$ **to** N_p
  if $me = P(k-1,i)$ **then**
    if $i \leq 2^{N_p-k}$ **then send**(a) **to** $P(k,i)$
    else send(a) **to** $P(k, i-2^{N_p-k})$
  if $me = P(k,i)$ **then**
    receive(b) **from** $P(k-1,i)$
    receive(c) **from** $P(k-1, i+2^{N_p-k})$
    $a := b + c$

Die an die Berechnung der Zwischensumme $\sum_{j=1}^{q} a_{q(i-1)+j}$ anschließende **for**–Schleife realisiert das eigentliche Fan–in. Mit jedem Durchlaufen der Schleife halbiert sich dabei die Zahl der aktiven Prozessoren. Es überwiegt die Kommunikation, denn aktive Prozessoren führen bei festem k einen aus bis zu drei **send/receive**–Anweisungen bestehenden Kommunikationsschritt und höchstens eine Addition durch. Am Ende besitzt a im Prozessor $P(N_p, 1)$ den Wert s .

Vernachlässigt man die Kommunikationszeiten und hat man speziell $n = 2^N$, $N_p = N-1$, so liefert Algorithmus 2.1.4 die folgende Aussage.

2.1.5 Bemerkung: Mit $p = 2^{N-1}$ Prozessoren kann die Summe von $n = 2^N$ Zahlen in der Zeit berechnet werden, die ein einzelner Prozessor für $N = \log_2 n$ Additionen benötigt.

In der Praxis kann man die Kommunikationszeiten gegenüber der Zeit für eine Addition nicht vernachlässigen. Nehmen wir vereinfachend an, ein Kommunikationsschritt benötige stets eine Zeit von $\kappa\tau$, wobei τ die Zeit für eine Addition ist. Realistisch ist dabei, κ deutlich größer als 1 anzunehmen, etwa $\kappa = 10$. Mit Algorithmus 2.1.4 benötigt man mit 2^{N_p} Prozessoren zur Addition von $n = 2^N$ Zahlen (mit $N_p \leq N$) die Zeit

$$t(N_p) = \left(2^{N-N_p} - 1\right)\tau + (\kappa\tau + \tau)N_p \ .$$

Die Funktion $t(N_p)$ besitzt ihr globales Minimum bei

$$N_0 := N - \frac{1}{\log 2}\log\left(\frac{\kappa+1}{\log 2}\right) .$$

Für $\kappa = 10$ ergibt sich $N_0 = N - 3.988\ldots$. Die Summation von 2^N Zahlen über ein Fan–in ist (mit unseren Annahmen) also dann am schnellsten, wenn 2^{N-4} Prozessoren verwendet werden, z.B. 64 Prozessoren zur Summation von 1024 Zahlen.

In dem folgenden Beispiel zeigen wir, wie für eine Hypercube–Architektur die Prozessoren $P(k,i)$ günstig ausgewählt werden können.

2.1.6 Beispiel: Ein Parallelrechner besitze 2^{N_p} Prozessoren und eine Hypercube–Architektur. Von den Prozessoren $P_1, \ldots, P_{2^{N_p}}$ sind also P_i und P_j dann direkt miteinander verbunden, falls $|i-j| = 2^\nu$ mit $\nu \in \{0, \ldots, N_p-1\}$ gilt. Mit der Wahl

$$P(k,i) = P_i, \ \ k = 0, \ldots, N_p, \ \ i = 1, \ldots, 2^{N_p-k},$$

ergibt sich

$$\begin{aligned} P(k-1,i) &= P(k,i) = P_i, \\ P(k-1,i+2^{N_p-k}) &= P_{i+2^{N_p-k}} \ . \end{aligned}$$

$P(k,i)$ ist also identisch mit $P(k-1,i)$ und direkt mit $P(k-1,i+2^{N_p-k})$ verbunden. Die Kommunikation beim Fan–in findet demnach stets zwischen benachbarten Prozessoren statt.

Auch auf einem Rechner mit Binärbaum–Architektur (s. Abbildung 1.3) kann ein Fan–in mit geringem Kommunikationsaufwand durchgeführt werden, wenn die Ausgangsdaten alle in den Blättern vorliegen. Die Summation von in zwei „Söhnen" vorliegenden Werten wird dann im jeweiligen „Vater" vorgenommen. Das Endergebnis wird in der „Wurzel" berechnet.

2.2 Rundungsfehler bei Fan–in–Summation

Der Einfluß von Rundungsfehlern ist bisher nur für wenige parallele Verfahren untersucht worden. Weil parallele Algorithmen häufig eine höhere Gesamtzahl an Rechenoperationen aufweisen als ein entsprechender serieller Algorithmus, erwartet man heuristisch eine größere Empfindlichkeit gegenüber Rundungsfehlern.

Wir führen hier eine *Vorwärts-Fehleranalyse* für die gewöhnliche und die Fan–in–Summation durch. Mit den so gewonnenen Informationen erscheint — unter zusätzlichen vereinfachenden Annahmen — die Fan–in–Summation weniger anfällig für Rundungsfehler als die serielle Summation. Diese, für ein paralleles Verfahren eher *atypische*, Eigenschaft der Fan–in–Summation wird in der Literatur gerne hervorgehoben. Unsere Fehleranalyse wird zeigen, daß der Vergleich zwischen gewöhnlicher und Fan–in–Summation tatsächlich komplexer ist und nicht pauschal zugunsten der Fan–in–Summation entschieden werden kann.

Wir gehen davon aus, daß der Vektorprozessor bzw. jeder Prozessor des Parallelrechners mit einem Gleitpunktsystem zur Basis b mit der Mantissenlänge m arbeitet. Die Menge aller in diesem Gleitpunktsystem exakt darstellbaren Zahlen nennen wir Maschinenzahlen. Wir setzen voraus, daß mit dem Gleitpunktsystem eine Arithmetik zur Verfügung steht, bei der die Rundung die folgende Eigenschaft besitzt: Es existiert eine Zahl $\epsilon_0 > 0$, so daß, wenn x und y Maschinenzahlen sind und „$\circ$" eine Operation aus der Menge $\{+,-,*,/\}$ darstellt, die berechnete Maschinenzahl $fl(x \circ y)$ die Gleichung

$$fl(x \circ y) \;=\; (1+\epsilon)(x \circ y) \quad \text{mit } \epsilon \in [-\epsilon_0, \epsilon_0], \tag{2.3}$$

erfüllt. Die Zahl ϵ_0 hängt dabei von der Basis b und der Mantissenlänge m ab. Ist z.B $fl(x \circ y)$ stets die am nächsten bei $x \circ y$ gelegene Maschinenzahl, so gilt (2.3) mit $\epsilon_0 = ab^{-m}$, wobei $a = \lceil b/2 \rceil$ [1]. (Das Symbol fl für den Rundungsoperator kommt von dem englischen Ausdruck *floating point system* für Gleitpunktsystem.)

Wir formulieren das Ergebnis der auf (2.3) beruhenden Fehleranalyse gleich in einem Satz.

2.2.1 Satz: Es sei $n = 2^N$ mit $N \in \mathbf{N}$ und $a_i \in \mathbf{R}$, $i = 1, \ldots, n$. Die Zahlen a_i, $i = 1, \ldots, n$, seien alle Maschinenzahlen. Es bezeichne s die Summe $s := \sum_{i=1}^{n} a_i$ und $\tilde{x}_n$ bzw. $\tilde{y}_1^{(N)}$ die tatsächlich berechnete Näherung für s unter

[1] Für $a \in \mathbf{R}$ bezeichnet $\lceil a \rceil$ die Zahl $\min\{n \in \mathbf{Z} \mid n \geq a\}$

Verwendung des seriellen Standardverfahrens bzw. der Fan–in–Summation. Dann gilt

$$\tilde{x}_n - s = \sum_{i=1}^{n} a_i \left(\prod_{j=i}^{n} (1+\epsilon_j) - 1 \right), \tag{2.4}$$

$$\tilde{y}_1^{(N)} - s = \sum_{i=1}^{n} a_i \left(\prod_{j=1}^{N} (1+\epsilon_{ij}) - 1 \right), \tag{2.5}$$

wobei alle auftretenden Zahlen ϵ_j und ϵ_{ij} in dem Intervall $[-\epsilon_0, \epsilon_0]$ liegen.

Beweis: Wir beginnen mit dem seriellen Standardverfahren. Bezeichnen wir mit $\tilde{x}_i$, $i = 1, \ldots, n$, die tatsächlich (d.h. unter Berücksichtigung der Rundung) berechneten Näherungen für $\sum_{j=1}^{i} a_j$, so erfüllen diese die Rekursion

$$\tilde{x}_i = (1+\epsilon_i)(\tilde{x}_{i-1} + a_i), \quad i = 1, \ldots, n,$$

mit $\tilde{x}_0 = 0$. Wir erhalten damit

$$\begin{aligned} \tilde{x}_n &= (1+\epsilon_n)(\ldots(1+\epsilon_2)((1+\epsilon_1)(0+a_1)+a_2)\ldots+a_n) \\ &= \sum_{i=1}^{n} a_i \prod_{j=i}^{n} (1+\epsilon_j). \end{aligned}$$

Dies beweist (2.4).

Bei der Fan–in–Summation bezeichne $\tilde{y}_i^{(k)}$, $i = 1, \ldots, 2^{N-k}, k = 1, \ldots, N$, die berechnete Näherung für $a_i^{(k)}$ aus (2.1). Dann gilt für $i = 1, \ldots, 2^{N-k}$, $k = 1, \ldots, N$,

$$\tilde{y}_i^{(k)} = (1+\epsilon_{ik}) \left(\tilde{y}_i^{(k-1)} + \tilde{y}_{i+2^{N-k}}^{(k-1)} \right) \tag{2.6}$$

mit $\tilde{y}_i^{(0)} = a_i$, $i = 1, \ldots, n$. Für $\tilde{y}_1^{(N)}$ erhalten wir so sukzessive

$$\begin{aligned} \tilde{y}_1^{(N)} &= (1+\epsilon_{1N}) \left(\tilde{y}_1^{(N-1)} + \tilde{y}_2^{(N-1)} \right) \\ &= (1+\epsilon_{1N})(1+\epsilon_{1,N-1}) \left(\tilde{y}_1^{(N-2)} + \tilde{y}_3^{(N-2)} \right) + \\ &\quad\ (1+\epsilon_{1N})(1+\epsilon_{2,N-1}) \left(\tilde{y}_2^{(N-2)} + \tilde{y}_4^{(N-2)} \right) \\ &= \ldots \\ &= \sum_{i=1}^{n} a_i \prod_{j=1}^{N} (1+\tilde{\epsilon}_{ij}). \end{aligned}$$

Die $\tilde{\epsilon}_{ij}$ im letzten Ausdruck stehen dabei für bestimmte ϵ_{ik} aus (2.6). Damit ist auch (2.5) bewiesen. □

Um den Rundungsfehler bei der seriellen Summation klein zu halten, sollten nach (2.4) die Zahlen a_i nach der Größe ihres Betrages angeordnet werden, also $|a_1| \leq |a_2| \leq \ldots \leq |a_n|$. Für die Fan-in-Summation gibt (2.5) dagegen keine Empfehlung für die Anordnung der a_i.

Da die Zahlen ϵ_j und ϵ_{ij} i.a. sehr klein (nämlich von der Größenordnung b^{-m}) sind, gilt in guter Näherung

$$\begin{aligned} \prod_{j=i}^{n}(1+\epsilon_j)-1 &\simeq \sum_{j=i}^{n}\epsilon_j, \\ \prod_{j=1}^{N}(1+\epsilon_{ij})-1 &\simeq \sum_{j=1}^{N}\epsilon_{ij}. \end{aligned}$$

Nehmen wir zusätzlich an, daß alle Zahlen a_i ungefähr den gleichen Betrag haben und a eine obere Schranke für die Menge $\{|a_i| \mid i = 1, \ldots, n\}$ darstellt, so erhalten wir aus (2.4) und (2.5) die ungefähren Abschätzungen

$$\begin{aligned} |\tilde{x}_n - s| &\preceq a\sum_{i=1}^{n}\sum_{j=i}^{n}\epsilon_0 = a\epsilon_0\frac{n(n+1)}{2}, \\ |\tilde{y}_1^{(N)} - s| &\preceq a\sum_{i=1}^{n}\sum_{j=1}^{N}\epsilon_0 = a\epsilon_0 nN. \end{aligned}$$

Die Fehlerabschätzung für die Fan-in-Summation erweist sich unter den angegebenen Vereinfachungen also um den Faktor $2N/(n+1) \simeq (2\log_2 n)/n$ „besser" als für die serielle Summation.

Werden die Zahlen a_i für großes i relativ groß im Vergleich zu den a_i mit kleinem Index, so kann die Fehlerabschätzung für die serielle Summation durchaus „besser" ausfallen als für die Fan-in-Methode. Aus den beiden Fehlerabschätzungen (2.4) und (2.5) kann also nicht generell auf die Überlegenheit der Fan-in-Methode geschlossen werden. Darüber hinaus haben (2.4) und (2.5) für gegebene Werte von $a_1, \ldots, a_n$ nur beschränkte Aussagekraft, denn die Werte der ϵ_j und ϵ_{ij} sind nicht von vornherein bekannt. Die Abschätzungen (2.4) und (2.5) liefern vielmehr Information darüber, wie stark sich die Rundungsfehler *schlimmstenfalls* auswirken.

2.3 Weitere Anwendungen

Ersetzt man in (2.1) die Operation „+“ durch irgendeine andere assoziative und kommutative Operation „∘“, so liefert die Fan–in–Methode das Ergebnis

$$a_1^{(N)} = a_1 \circ a_2 \circ \ldots \circ a_n.$$

Ist die Operation „∘“ assoziativ, aber nicht kommutativ, so ist das Resultat des Fan–in von der Reihenfolge der Operanden abhängig. Für die Reihenfolge aus (2.1) ergibt sich zum Beispiel für $n = 8$

$$a_1^{(3)} = a_1 \circ a_5 \circ a_3 \circ a_7 \circ a_2 \circ a_6 \circ a_4 \circ a_8.$$

Wir listen in der folgenden Bemerkung eine Auswahl von Ausdrücken auf, welche mit einem Fan–in berechnet werden können und geben dabei jeweils die zugehörige Operation „∘“ an.

2.3.1 Bemerkung: Seien $a, b, a_i \in \mathbf{R}$, $r, s, r_i \in \mathbf{N}$ und $A, B, A_i \in \mathbf{R}^{m \times q}$, $i = 1, \ldots, n$. Dann kann man mit der Fan–in–Methode berechnen:

- $\prod_{i=1}^{n} a_i$ mit $a \circ b = a \cdot b$,
- $\max\{a_i \mid i = 1, \ldots, n\}$ mit $a \circ b = \max\{a, b\}$,
- $\min\{a_i \mid i = 1, \ldots, n\}$ mit $a \circ b = \min\{a, b\}$,
- $\max\{|a_i| \mid i = 1, \ldots, n\}$ mit $a \circ b = \max\{|a|, |b|\}$,
- die l_p-Norm, $1 \le p < \infty$, des Vektors $(a_1, \ldots, a_n)^T$, also $(\sum_{i=1}^{n} |a_i|^p)^{1/p}$ mit $a \circ b = (|a|^p + |b|^p)^{1/p}$,
- das kleinste gemeinsame Vielfache $\mathrm{kgV}\{r_i \mid i = 1, \ldots, n\}$ der Zahlen $r_1, \ldots, r_n$ mit $r \circ s = \mathrm{kgV}(r, s)$,
- den größten gemeinsamen Teiler $\mathrm{ggT}\{r_i \mid i = 1, \ldots, n\}$ der Zahlen $r_1, \ldots, r_n$ mit $r \circ s = \mathrm{ggT}(r, s)$,
- $\sum_{i=1}^{n} A_i$ mit $A \circ B = A + B$,
- $\prod_{i=1}^{n} A_i$ mit $A \circ B = A \cdot B$. (Hier wird $m = q$ vorausgesetzt.)

Alle diese Operationen sind assoziativ, bis auf die letzte auch kommutativ.

Für die Realisierung eines Fan–in auf einem Vektorrechner ist es wesentlich, daß die zugrundeliegende Operation mit einem Vektorprozessor durchgeführt wird. Von den in Bemerkung 2.3.1 aufgeführten Anwendungsmöglichkeiten wird also nur noch die Berechnung von $\prod_{i=1}^{n} a_i$ mit einem Fan–in möglich sein. Auf vielen Vektorrechnern können jedoch Ausdrücke wie $\max\{|a_i| \mid i = 1,\ldots,n\}$ ebenfalls mit Vektorprozessoren ausgerechnet werden. Dabei wird dann auf ähnliche Hardware–Eigenschaften zurückgegriffen wie sie in 2.1 für die Summation angesprochen wurden.

Auf einem Parallelrechner können dagegen alle genannten Ausdrücke mit einem Fan–in berechnet werden.

Für eine ganze Reihe von in den späteren Kapiteln zu behandelnden Algorithmen für Parallelrechner erweist sich die Fan–in–*Summation* als unverzichtbarer Grundbaustein. Neben den in Definition 1.3.1 eingeführten Kommunikationsanweisungen **broadcast**, **send** und **receive** legen wir deshalb in der folgenden Definition die Bedeutung einer vierten Anweisung **fan–in** fest.

2.3.2 Definition: Auf einem Parallelrechner mit den Prozessoren P_i, $i = 1,\ldots,p$, liege für $i \in I \subseteq \{1,\ldots,p\}$ in P_i die Matrix $A_i \in \mathbf{R}^{n\times m}$ vor. Dann bedeutet in einem Pseudocode für Prozessor P_j $(j \in I)$ die Anweisung

$$\textbf{fan–in}(A_i\ ,\ A\ ,\ P_i, i \in I),$$

daß die Prozessoren P_i, $i \in I$, ein Fan–in zur Berechnung der Summe

$$A := \sum_{i\in I} A_i$$

durchführen.

Man beachte, daß durch die **fan–in**–Anweisung allein noch nicht festgelegt wird, mit welchen Prozessoren die einzelnen Stufen der Fan–in–Summation tatsächlich durchgeführt werden sollen. Insbesondere wird nicht angegeben, in welchem Prozessor das Ergebnis A schießlich vorliegen wird.

Literaturhinweise: Statt Fan–in–Summation verwendet man gelegentlich auch die Begriffe *Kaskadensummation* bzw. *cascade sum* (z.B. in [1], [7]). Die Bezeichnung Fan–in scheint sich in der Literatur für Parallelrechner jedoch durchzusetzen (s. auch [4]). Spezielle Hardware–Eigenschaften zur Summation auf Vektorrechnern werden in Kapitel 2 von [1] beschrieben. Die (vereinfachte) Fehleranalyse für die Fan–in–Summation findet sich z.B. in [5], [6]. Zur weiteren Beschäftigung mit Gleitpunktsystemen und Maschinenarithmetik verweisen wir auf [2] und [3].

[1] Hockney, R., Jesshope, C.: Parallel Computers 2, Bristol: Adam Hilger (1988)

[2] Kulisch, U.: Grundlagen des Numerischen Rechnens, Mannheim: Bibliographisches Institut (1976)

[3] Kulisch, U., Miranker, W.: Computer Arithmetic in Theory and Practice, New York: Academic Press (1981)

[4] Ortega, J.: Introduction to Parallel and Vector Solution of Linear Systems, New York: Plenum (1988)

[5] te Riele, H.: Applications of Supercomputers in Mathematics, Report NM-N8502, Amsterdam: Centre for Mathematics and Computer Science (1985)

[6] Schendel, U.: Einführung in die parallele Numerik, München, Oldenbourg Verlag (1981)

[7] Schönauer, W.: Scientific Computing on Vector Computers, Amsterdam: North Holland (1987)

Kapitel 3

Matrizenmultiplikation

Gegeben seien die beiden Matrizen

$$A = (a_{ij}) \in \mathbf{R}^{n \times m}, \quad B = (b_{ij}) \in \mathbf{R}^{m \times q}.$$

Wir untersuchen in diesem Kapitel parallele Verfahren zur Berechnung von $C = AB \in \mathbf{R}^{n \times q}$. Es ist also $C = (c_{ij})$ mit

$$c_{ij} = \sum_{k=1}^{m} a_{ik} b_{kj}, \quad i = 1, \ldots, n, \quad j = 1, \ldots, q. \tag{3.1}$$

Für diese einfache Aufgabe — Berechnung eines Matrizenprodukts — führen wir zunächst Algorithmen ein, die durch die verschiedene Anordnung von zu den Indizes i, j und k aus (3.1) gehörenden Schleifen entstehen. Wir diskutieren diese Algorithmen dann für Vektorrechner. Bei den Verfahren für Parallelrechner stehen dagegen Fragestellungen in Zusammenhang mit der Ausgangsverteilung der Matrizenelemente von A und B auf die einzelnen Prozessoren im Vordergrund.

3.1 *ijk*–Formen, Vektorrechner

Mit $c_{ij}^{(k)}$ bezeichnen wir die Zwischensummen

$$c_{ij}^{(k)} := \sum_{l=1}^{k} a_{il} b_{lj}, \quad i = 1, \ldots, n, \quad j = 1, \ldots, q, \quad k = 1, \ldots, m. \tag{3.2}$$

Setzen wir zusätzlich

$$c_{ij}^{(0)} := 0, \quad i = 1, \ldots, n, \quad j = 1, \ldots, q,$$

so gilt für $i = 1, \ldots, n, \;\; j = 1, \ldots, q$ natürlich

$$c_{ij}^{(k)} = c_{ij}^{(k-1)} + a_{ik}b_{kj} \;\; , k = 1, \ldots, m,$$

und

$$c_{ij} = c_{ij}^{(m)}.$$

Üblicherweise wird $C = AB$ aus (3.1) nach der Regel „multipliziere Zeilen von A in die Spalten von B“ durch die folgende *ijk–Form* realisiert. (*ijk* steht dabei für die Reihenfolge der Laufvariablen in den drei geschachtelten Schleifen.)

3.1.1 Algorithmus (ijk–Form)**:**

> **for** $i = 1$ **to** n
>   **for** $j = 1$ **to** q
>   **for** $k = 1$ **to** m
> $c_{ij} := c_{ij} + a_{ik}b_{kj}$

Wir setzen dabei voraus, daß die c_{ij} mit 0 vorbelegt sind. Für einen festen Wert der Laufvariable k in Algorithmus 3.1.1 erhält die Variable c_{ij} durch die Zuweisung $c_{ij} := c_{ij} + a_{ik}b_{kj}$ gerade den Wert von $c_{ij}^{(k)}$ aus (3.2).

Da in 3.1.1 die innere Schleife über den Index k läuft, werden dort für ein festes Paar (i, j) die verschiedenen Zwischensummen $c_{ij}^{(k)}$, $k = 1, \ldots, m$, direkt hintereinander berechnet. Dies muß keineswegs notwendig so sein; vielmehr führt jede Permutation der drei geschachtelten **for**–Schleifen aus Algorithmus 3.1.1 zu insgesamt sechs verschiedenen Algorithmen für die Berechnung des Matrizenprodukts AB. Wir führen nur zwei weitere explizit auf.

3.1.2 Algorithmus (jki–Form)**:**

> **for** $j = 1$ **to** q
>   **for** $k = 1$ **to** m
>   **for** $i = 1$ **to** n
> $c_{ij} := c_{ij} + a_{ik}b_{kj}.$

Hier werden in der inneren Schleife zunächst alle zu dem festen Index k gehörigen Zwischensummen $c_{ij}^{(k)}$ für die j-te Spalte von C berechnet. Ist die mittlere Schleife für $k = m$ abgeschlossen, so ist die j-te Spalte von C komplett berechnet.

3.1.3 Algorithmus (*kji*–Form):

> **for** $k = 1$ **to** m
>   **for** $j = 1$ **to** q
>   **for** $i = 1$ **to** n
> $c_{ij} := c_{ij} + a_{ik}b_{kj}$.

In den beiden inneren Schleifen (über i und j) werden hier alle zum Index k gehörigen Zwischensummen $c_{ij}^{(k)}$ für sämtliche Elemente von C berechnet. Jedes Element von C ergibt sich erst dann, wenn in der äußeren Schleife $k = m$ erreicht wird. Die Berechnung der Elemente von C erfolgt spaltenweise.

Vektorrechner

Wir führen zunächst Namen für die drei wichtigsten in der numerischen linearen Algebra vorkommenden Vektoroperationen ein.

3.1.4 Definition: Sei $x = (x_1, \ldots, x_n)^T, y = (y_1, \ldots, y_n)^T, z = (z_1, \ldots, z_n)^T \in \mathbf{R}^n$ und $\alpha \in \mathbf{R}$.

(i) Die Vektoroperation $x^T y$, also

$$\sum_{i=1}^{n} x_i y_i$$

heißt *Innenprodukt*.

(ii) Die Vektoroperation $\alpha x + y$, also

$$\alpha x_i + y_i, \quad i = 1, \ldots, n,$$

heißt *SAXPY*[1] oder *verkettete Triade* (engl.: *linked triad*).

(iii) Die Vektoroperation

$$x_i y_i + z_i, \quad i = 1, \ldots, n,$$

heißt *allgemeine Triade* (engl.: *general triad*).

---

[1] Dieser Name stammt aus der LINPACK–Programmbibliothek. „S“ steht dabei für den Ergebnistyp „simple precision real“, „AXPY“ steht für **a x plus y**

3.1.5 Definition: Für $k = 1, \ldots, m$ sei $x^{(k)} = (x_1^{(k)}, \ldots, x_n^{(k)})^T \in \mathbf{R}^n$ und $\alpha^{(k)} \in \mathbf{R}$. Außerdem sei $y = (y_1, \ldots, y_n)^T \in \mathbf{R}^n$. Dann heißt die Vektoroperation

$$y + \sum_{k=1}^{m} \alpha^{(k)} x^{(k)},$$

also

$$y_i + \sum_{k=1}^{m} \alpha^{(k)} x_i^{(k)}, \quad i = 1, \ldots, n,$$

GAXPY[2].

Durch Hintereinanderschalten der Vektorprozessoren für Addition und Multiplikation erreicht man auf den meisten Vektorrechnern für die Zeitformel eines SAXPY oder eines Innenprodukts aus Vektoren der Länge n die Gestalt

$$t(n) = \tau(n_{1/2} + n). \tag{3.3}$$

Der Wert von $n_{1/2}$ kann für SAXPY und Innenprodukt allerdings verschieden sein. Nach einer Startup–Zeit von $\tau n_{1/2}$ werden bei beiden Vektoroperationen pro Zyklus also eine Addition und eine Multiplikation ausgeführt. Wir werden zukünftig Innenprodukt und SAXPY als jeweils nur *eine* Vektoroperation ansehen.

Auch eine allgemeine Triade könnte man nach demselben Prinzip wie ein Innenprodukt oder ein SAXPY berechnen. Jedoch verwendet eine allgemeine Triade drei Vektoroperanden und produziert einen weiteren Ergebnisvektor. Auf einer Speicher–Speicher–Maschine ist es bisher technisch nicht realisierbar, vier solche Vektor–Lade/Speicher–Operationen gleichzeitig ablaufen zu lassen. Dieselben Probleme treten auch bei einem Rechner mit Vektorregistern auf, wenn die benötigten Vektorroperanden vor Beginn der Rechnung vom Hauptspeicher in die Register geladen werden müssen. Außer in besonderen Fällen werden wir deshalb eine allgemeine Triade immer als *zwei* Vektoroperationen (eine komponentenweise Vektor–Multiplikation gefolgt von einer Vektoraddition) zählen.

Ein GAXPY wird berechnet über eine Folge von SAXPYs durch (Bezeichnungen wie in Definition 3.1.5)

$$\begin{aligned} y^{(0)} &:= y, \\ y^{(k)} &:= y^{(k-1)} + \alpha^{(k)} x^{(k)}, \quad k = 1, \ldots, m. \end{aligned}$$

[2] General SAXPY

Bei einer Register–Register–Maschine bedeutet dies, daß hier pro k nur ein Register neu geladen werden muß, nämlich mit $x^{(k)}$, während $y^{(k-1)}$ in einem anderen Register einfach mit $y^{(k)}$ überschrieben wird. Im Gegensatz dazu benötigt eine Folge von m beliebigen SAXPYs jedesmal zwei Register–Lade–Vorgänge für die beiden Vektoroperanden und einen Register–Speicher–Vorgang zur Abspeicherung des Ergebnisvektors. Bei vielen Vektorrechnern ist es nicht möglich, diese drei Register–Speicher–Operationen gleichzeitig durchzuführen, so daß bedeutende Verzögerungszeiten auftreten können. Insofern sind GAXPYs für Register–Register–Maschinen besonders wichtig, da dort jeweils nur eine Register–Speicher–Operation vorkommt. Für Speicher–Speicher–Maschinen bietet ein GAXPY dagegen keine Vorteile gegenüber einer Folge von SAXPYs.

Wir untersuchen jetzt die inneren Schleifen der ijk–Formen für die Matrizenmultiplikation auf die zugrundeliegende Vektoroperation und die zugehörigen Vektoroperanden.

In Algorithmus 3.1.1 (ijk–Form) besteht die innere Schleife aus dem Innenprodukt der i-ten Zeile von A mit der j-ten Spalte von B . Die beteiligten Vektoren besitzen die Länge m , die Elemente von C werden zeilenweise berechnet.

In Algorithmus 3.1.2 (jki–Form) besteht die innere Schleife aus einem SAXPY mit dem Skalar b_{kj}, der k-ten Spalte von A und der jeweils aktuellen j-ten Spalte von C. (Für ein bestimmtes k besitzt diese Spalte von C den Wert $(c_{1j}^{(k-1)}, \ldots, c_{nj}^{(k-1)})^T$.) Weil die mittlere Schleife in 3.1.2 über k läuft, kann man die beiden inneren Schleifen zusammen sogar als GAXPY auffassen. Die beteiligten Vektoren besitzen die Länge n, die Elemente von C werden spaltenweise berechnet.

In Algorithmus 3.1.3 (kji–Form) ist die innere Schleife wieder ein SAXPY mit der k-ten Spalte von A und der aktuellen j-ten Spalte von C. Da die mittlere Schleife nun aber über j läuft, treten hier keine GAXPYs auf. Wieder wird C spaltenweise berechnet, die Vektorlänge ist n.

In analoger Weise kann man die restlichen drei, oben nicht aufgeführten ijk–Formen untersuchen. Wir fassen alle Ergebnisse in Tabelle 3.1 zusammen. Darin ist angegeben, in welcher Weise während der Vektoroperation auf A und B zugegriffen wird und wie die Elemente von C berechnet werden (z: zeilenweise, s: spaltenweise), welcher Art die auftretende Vektoroperation ist und welche Länge die beteiligten Vektoren aufweisen. Außerdem geben wir an, ob in der inneren Schleife ein Element von AB *direkt* berechnet wird, oder ob dort zunächst nur gewisse Zwischensummen für die Elemente von

	ijk	*ikj*	*kij*	*jik*	*jki*	*kji*
Zugriff auf A	z	–	–	z	s	s
Zugriff auf B	s	z	z	s	–	–
Berechnung von C	z	z	z	s	s	s
Berechnung der c_{ij}	direkt	verzögert	verzögert	direkt	verzögert	verzögert
Art der Vektoroperation	Innenpr.	GAXPY	SAXPY	Innenpr.	GAXPY	SAXPY
Vektorlänge	m	q	q	m	n	n

Tabelle 3.1: ijk–Formen für Vektorrechner

AB erhalten werden (*verzögerte* Berechnung der c_{ij}).

Auf Vektorrechnern wird meistens die Programmiersprache FORTRAN verwendet. In FORTRAN sind Matrizen spaltenweise abgespeichert, was bedeutet, daß die Elemente einer Spalte der Matrix aufeinanderfolgend im Speicher abgelegt sind. Dagegen bedeutet der Zugriff auf eine Zeile der Matrix, daß nicht aufeinanderfolgend abgespeicherte Elemente angesprochen werden. Günstige Verfahren sind in diesem Fall also — jedenfalls wenn n nicht zu klein ist — die jki– und die kji–Form, wobei die jki–Form auf Register–Register–Maschinen zusätzliche Vorteile besitzt.

Für sehr kleines n ist eine der anderen Formen dann günstiger, wenn die Zeitverluste durch den eigentlich unangemessenen Speicherzugriff trotzdem geringer ausfallen, als die Zeitverluste durch die (relativ zu n) großen Startup–Zeiten bei der jki– und kji–Form.

Die ijk– und die jik–Form sind vom Speicherzugriff her immer ungünstig, denn sie verwenden gleichzeitig Spalten und Zeilen von Matrizen.

3.2 Blockweise Organisation für Parallelrechner

Für Parallelrechner wird man das Matrizenprodukt in (3.1) so organisieren, daß in jedem Prozessor ein bestimmter Block der Ergebnismatrix oder zumindest Zwischenresultate für einen solchen Block berechnet werden. Formal erhält man diese Verfahren, indem man die Indexbereiche für i, j, k in (3.1) in verschiedene disjunkte Blöcke aufteilt. Wir definieren dazu zunächst den Begriff der Partition.

3.2.1 Definition: Das System von Mengen I_r, $r = 1, \ldots, R$, heißt *Partition* der Menge M, falls die folgenden drei Bedingungen erfüllt sind.

(i) $I_r \neq \emptyset, \quad r = 1, \dots, R.$

(ii) Es ist

$$I_r \cap I_s = \emptyset \quad \text{für } r \neq s, \quad r, s \in \{1, \dots, R\}.$$

(iii) Es gilt

$$\bigcup_{r=1}^{R} I_r = M.$$

Nun seien die Mengen I_r, $r = 1, \dots, R$, eine Partition von $\{1, \dots, n\}$, die Mengen K_s, $s = 1, \dots, S$, eine Partition von $\{1, \dots, m\}$ und die Mengen J_t, $t = 1, \dots, T$, eine Partition von $\{1, \dots, q\}$. (Alle diese Mengen brauchen ausdrücklich *nicht* aus aufeinanderfolgenden Zahlen zu bestehen.)

Wir nehmen an, der Parallelrechner besitze eine Anzahl von $p = R \cdot S \cdot T$ Prozessoren, welche wir mit $P(r, s, t)$, $r = 1, \dots, R$, $s = 1, \dots, S$, $t = 1, \dots, T$, bezeichnen. Wir gehen davon aus, daß in $P(r, s, t)$ die Ausgangsdaten a_{ik}, $i \in I_r$, $k \in K_s$, und b_{kj}, $k \in K_s$, $j \in J_t$, vorliegen. Der folgende Pseudocode für Prozessor $P(r, s, t)$ gibt an, wie dann die Berechnung des Produkts AB parallel erfolgen kann.

3.2.2 Algorithmus (Matrizenmultiplikation):

for $i \in I_r$
  for $j \in J_t$
    $\tilde{c}_{ij} := \sum_{k \in K_s} a_{ik} b_{kj}$
fan–in($(\tilde{c}_{ij})_{i \in I_r, j \in J_t}$, $(c_{ij})_{i \in I_r, j \in J_t}$, $P(r, \sigma, t)$, $\sigma = 1, \dots, S$)

Wie auf der nächsten Seite in Abbildung 3.1 dargestellt ist, berechnet $P(r, s, t)$ also zunächst das Matrizenprodukt der Blöcke

$$A_{rs} = (a_{ik})_{i \in I_r, k \in K_s}, \quad B_{st} = (b_{kj})_{k \in K_s, j \in J_t} \quad .$$

Ihr Produkt ist ein Zwischenergebnis für den Block $C_{rt} = (c_{ij})_{i \in I_r, j \in J_t}$ der Matrix C. In dem anschließenden Fan–in berechnen bei festem r und t alle Prozessoren $P(r, \sigma, t)$, $\sigma = 1, \dots, S$, aus diesen Zwischenergebnissen die Summe $C_{rt} = \sum_{s=1}^{S} A_{rs} B_{st}$. Der Aufwand für das Fan–in hängt dabei sowohl von S(Anzahl der beteiligten Prozessoren), als auch von der Dimension des Blockes C_{rt}(Anzahl der zu versendenden Daten) ab. Alle Fan–ins können gleichzeitig geschehen, denn jeder Prozessor ist nur an einem Fan–in beteiligt.

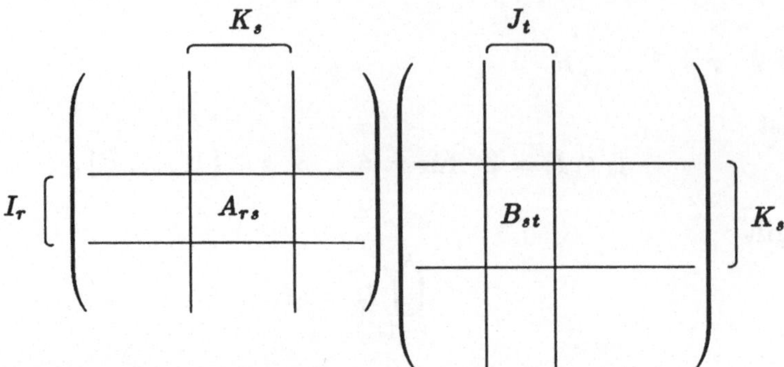

Abbildung 3.1: Blöcke in Algorithmus 3.2.2

Die Rechenlast ist in Algorithmus 3.2.2 dann gleichmäßig auf die einzelnen Prozessoren verteilt, wenn für alle r, s und t der Aufwand für die Berechnung von $A_{rs}B_{st}$ gleich groß ist. Dies ist insbesondere dann der Fall, wenn die Mengen I_r, K_s, J_t jeweils alle gleichmächtig sind, wenn also gilt

$$\begin{aligned} |I_r| &= |I_{r'}|, \quad r, r' = 1, \ldots, R, \\ |K_s| &= |K_{s'}|, \quad s, s' = 1, \ldots, S, \\ |J_t| &= |J_{t'}|, \quad t, t' = 1, \ldots, T. \end{aligned}$$

Diesen Idealzustand kann man nur erreichen, wenn R ein Teiler von n, S ein Teiler von m und T ein Teiler von q ist. Ist dies nicht der Fall, so muß man sich damit zufrieden geben, die einzelnen Mengen so zu wählen, daß sich ihre Beträge um höchstens 1 unterscheiden.

Die in 3.2.2 angegebene ijk–Form zur Berechnung von $A_{rs}B_{st}$ kann natürlich durch irgendeine andere der in Abschnitt 3.1 formulierten ijk–Formen ersetzt werden. Dies wird besonders dann Anwendung finden, wenn die einzelnen Prozessoren im Parallelrechner Vektorprozessoren sind.

Wir diskutieren nun 3.2.2 für verschiedene spezielle Werte für R, S und T. Diese Spezialfälle sind gleichzeitig in Abbildung 3.2 illustriert.

3.2.3 Spezialfälle:

a) $S = 1$, also $K_1 = \{1, \ldots, m\}$. In diesem Fall ist 3.2.2 ein ideales paralleles Verfahren in dem Sinne, daß keinerlei Kommunikation zwischen den einzelnen Prozessoren nötig ist: Das Fan–in fällt weg, denn jeder Prozessor berechnet vollständig einen Block C_{rt} von C . Wir setzen dabei allerdings voraus, daß die Matrix A in Blöcken von *Zeilen*, die Matrix B in Blöcken von *Spalten* auf die Prozessoren verteilt ist.

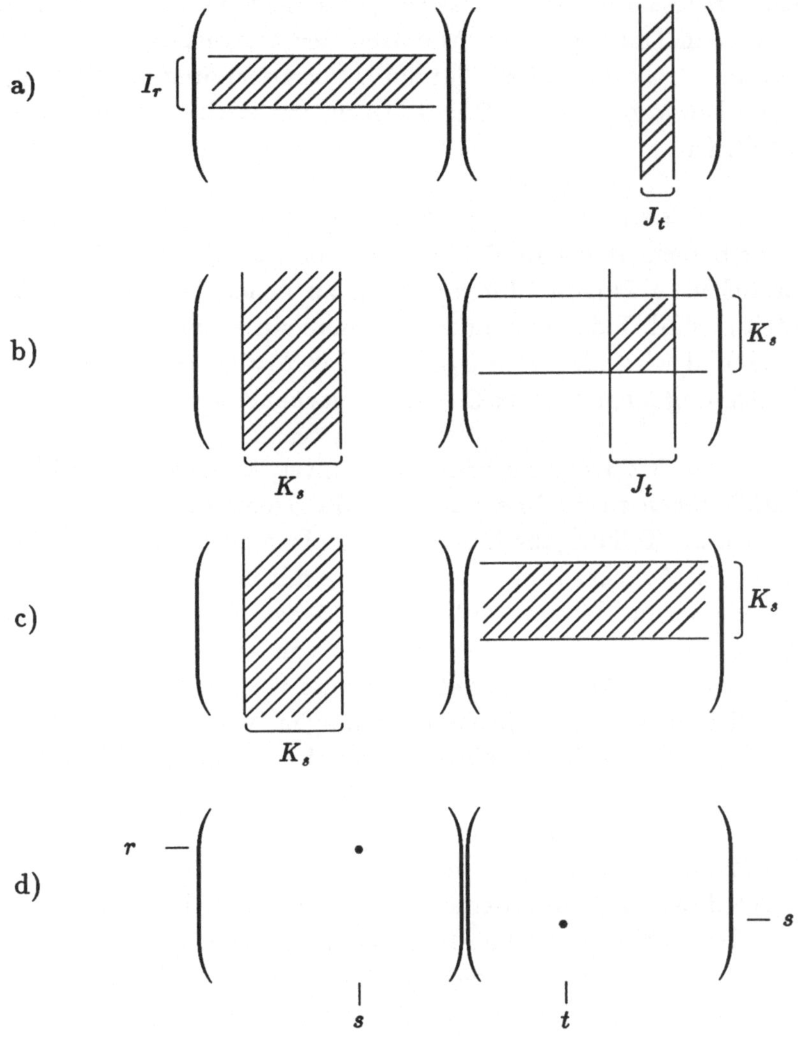

Abbildung 3.2: Spezialfälle von Algorithmus 3.2.2

b) $R = 1$, also $I_1 = \{1, \ldots, n\}$. Ein Prozessor enthält hier vollständige Spalten von A und einen Teilblock von B . Insgesamt sind T Fan–ins nötig, an denen jeweils S Prozessoren beteiligt sind. Die Dimension der versendeten Teilblöcke ist $n \times |J_t|$.

c) $R = 1, \; T = 1$, also $I_1 = \{1, \ldots, n\}, \; J_1 = \{1, \ldots, q\}$. Nun berechnet jeder Prozessor Teilergebnisse für jedes Element von C . Es findet nur ein Fan–in (mit „großen" Matrizen der Dimension $n \times q$) statt, an dem alle Prozessoren beteiligt sind. Voraussetzung ist diesmal, daß A in Blöcken von *Spalten*, B in Blöcken von *Zeilen* auf die Prozessoren verteilt ist.

d) $R = n$, $S = m$, $T = q$, also $I_r = \{r\}$, $K_s = \{s\}$, $J_t = \{t\}$. Ein Prozessor berechnet genau ein Produkt von zwei Zahlen, danach werden parallel $n \cdot q$ Fan–ins durchgeführt, an denen jeweils m Prozessoren beteiligt sind. Jedes Fan–in ergibt genau ein Element von C. In diesem Spezialfall wird also vorausgesetzt, daß $p = n \cdot m \cdot q$ Prozessoren zur Berechnung einer Matrix $C \in \mathbf{R}^{n \times q}$ vorhanden sind.

Mit Blick auf 3.2.3 a) wird häufig behauptet, Matrizenmultiplikation auf einem Parallelrechner sei sehr einfach. Da Matrizenmultiplikation gewöhnlich aber lediglich als Teilaufgabe in einem komplexeren numerischen Verfahren auftritt, können Aspekte im Zusammenhang mit dem Abspeicherschema für A und B nicht vernachlässigt werden. Verschiedene Spezialfälle von Algorithmus 3.2.2 setzen verschiedene Verteilungen von A und B auf die einzelnen Prozessoren voraus. Welche spezielle Variante von 3.2.2 tatsächlich verwendet wird, wird also wesentlich davon abhängen, wie einfach die zugehörige Verteilung von A und B auf die einzelnen Prozessoren hergestellt werden kann.

In Spezialfall 3.2.3 d) wird eine im Vergleich zur Dimension des Problems sehr große Zahl, nämlich $p = n \cdot m \cdot q$, von Prozessoren vorausgesetzt. Kombiniert man diesen Fall mit Bemerkung 2.1.5, so erhält man die Aussage, daß (unter Vernachlässigung von Kommunikationszeiten!) die Matrix C mit $n \cdot m \cdot q$ Prozessoren in der Zeit berechnet werden kann, die ein Prozessor für eine Multiplikation und $\log_2 m$ Additionen benötigt. Für $n = m = q = 1024$ ergibt sich $\log_2 m = 10$, die vorausgesetzte Prozessorzahl ist allerdings größer als eine Milliarde! Da wir uns mit Ergebnissen dieser Art eigentlich nicht beschäftigen wollen, sei es bei dieser Anmerkung belassen.

3.3 Matrix–Vektor–Multiplikation

Für $A = (a_{ij}) \in \mathbf{R}^{n \times m}$ und $b = (b_i) \in \mathbf{R}^m$ kann man die Berechnung des Produktes

$$c = Ab \in \mathbf{R}^n \tag{3.4}$$

als Spezialfall der Matrizenmultiplikation (3.1) (mit $q = 1$) auffassen. Weil Matrix–Vektor–Multiplikationen in der Numerik sehr häufig vorkommen, wollen wir dennoch ausführlich auf diese Operation eingehen. Wir beschränken uns dabei nicht nur auf vollbesetzte Matrizen A, sondern beschäftigen uns auch mit dem Fall einer quadratischen Bandmatrix.

Betrachtet man (3.4) als Spezialfall von (3.1) mit $q = 1$, so erkennt man, daß hier sowohl die *ijk*–, *ikj*– und *jik*– als auch die *kij*–, *jki*– und *kji*–Form aus Abschnitt 3.1 zusammenfallen. Die beiden resultierenden Algorithmen formuliert man üblicherweise als *ij*– und *ji–Form*. (Die Laufvariable j übernimmt jetzt die Rolle von k aus Abschnitt 3.1.)

3.3.1 Algorithmus (*ij*–Form)**:**

```
for i = 1 to n
    for j = 1 to m
        c_i := c_i + a_ij b_j
```

3.3.2 Algorithmus (*ji*–Form)**:**

```
for j = 1 to m
    for i = 1 to n
        c_i := c_i + a_ij b_j
```

Die Variablen c_i, $i = 1, \ldots, n$, seien für beide Algorithmen jeweils alle mit 0 vorbelegt.

Vektorrechner

Die *ij*–Form entspricht der üblichen Matrix–Vektor–Multiplikation, bei der die Komponenten des Ergebnisvektors der Reihe nach als Innenprodukt einer Zeile von A mit dem Vektor b berechnet werden. Die innere Schleife ist also ein Innenprodukt von Vektoren der Länge m; der Zugriff auf die Matrix A erfolgt zeilenweise.

Die *ji*–Form besteht aus nur einem GAXPY mit m Vektoren der Länge n. Diese Vektoren sind gerade die Spalten von A; in der inneren Schleife wird also spaltenweise auf A zugegriffen. Für einen festen Wert von j wird in der inneren Schleife der Variablen c_i der Wert $\sum_{l=1}^{j} a_{il} b_l$ zugewiesen. Jede Komponente des Lösungsvektors c ergibt sich erst beim letztmaligen Durchlaufen der inneren Schleife.

Die Effizienz der beiden ij–Formen auf einem Vektorrechner hängt von der unterschiedlichen Vektorlänge bei den Vektoroperationen und dem unterschiedlichen Zugriff auf A ab. Sind n und m gleich groß, so ist bei Programmierung in FORTRAN die ji–Form vorzuziehen. Ist dagegen z.B. m wesentlich größer als n und treten keine größeren Zeitverluste beim zeilenweisen Zugriff auf A auf, so ist die ij–Form effizienter.

Parallelrechner

Die Mengen I_r, $r = 1, \ldots, R$, seien eine Partition von $\{1, \ldots, n\}$, die Mengen J_s, $s = 1, \ldots, S$, eine Partition von $\{1, \ldots, m\}$. Mit der Annahme, daß genau $p = RS$ Prozessoren $P(r, s)$, $r = 1, \ldots, R$, $s = 1, \ldots, S$, zur Verfügung stehen, können wir für die Matrix–Vektor–Multiplikation (3.4) den folgenden Pseudocode für Prozessor $P(r, s)$ formulieren.

3.3.3 Algorithmus (Matrix–Vektor–Multiplikation):

for $i \in I_r$

$$\tilde{c}_i := \sum_{j \in J_s} a_{ij} b_j$$

fan–in($(\tilde{c}_i)_{i \in I_r}$, $(c_i)_{i \in I_r}$, $P(r, \sigma)$, $\sigma = 1, \ldots, S$)

Ein Prozessor berechnet also ein Matrix–Vektor–Produkt aus dem Block $(a_{ij})_{i \in I_r, j \in J_s}$ von A und dem Block $(b_j)_{j \in J_s}$ von b. Mit der **fan–in**–Anweisung werden diese Einzelprodukte über $s = 1, \ldots, S$ aufsummiert und ergeben so den Block $(c_i)_{i \in I_r}$ des Ergebnisvektors. Alle Fan–ins können gleichzeitig stattfinden, denn jeder Prozessor ist an nur einem beteiligt. Die Rechenlast ist ausgeglichen verteilt, wenn die Beträge $|I_r|$, $r = 1, \ldots, R$, und $|J_s|$, $s = 1, \ldots, S$, jeweils alle möglichst gleich groß sind.

Im Spezialfall $S = 1$, also $J_1 = \{1, \ldots, m\}$, erhalten wir wieder ein Verfahren, bei dem keinerlei Kommunikation notwendig ist. Es setzt die Abspeicherung von A in Blöcken von Zeilen auf die Prozessoren voraus; in jedem Prozessor liegen alle Komponenten von b vor. Nach Beendigung der Rechnung sind die Komponenten des Ergebnisvektors blockweise auf die einzelnen Prozessoren abgespeichert.

Im Spezialfall $R = 1$, also $I_1 = \{1, \ldots, n\}$, berechnet jeder Prozessor Zwischenresultate für jede Komponente von c. Vorausgesetzt wird, daß die Matrix A in Blöcken von Spalten auf die einzelnen Prozessoren abgespeichert ist. Zur Durchführung der Rechnung benötigt jeder Prozessor nur einen Block des Vektors b; nach Beendigung des Algorithmus liegen alle Komponenten des Ergebnisvektors c in nur einem Prozessor vor.

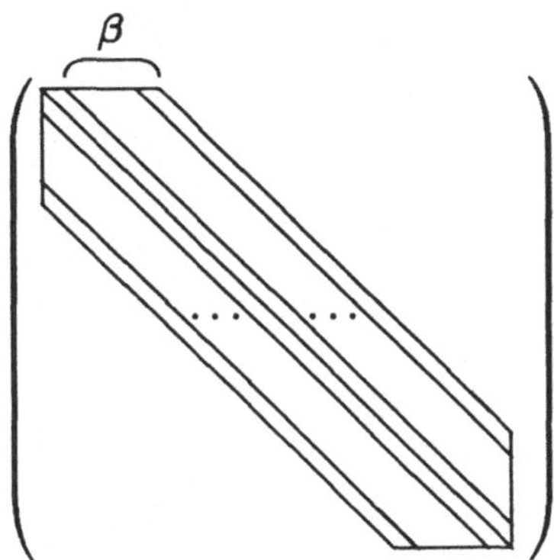

Abbildung 3.3: Bandmatrix mit der halben Bandbreite β

Zum Abschluß dieses Abschnitts wollen wir Abänderungen der bisherigen Algorithmen besprechen, welche für (quadratische) *Bandmatrizen A* besonders günstig sind.

3.3.4 Definition: Es sei $A = (a_{ij}) \in \mathbf{R}^{n\times n}$ und $\beta \in \mathbf{N}$, $\beta < n$. Dann heißt *A Bandmatrix mit der halben Bandbreite* β, falls gilt

$$a_{ij} = 0 \quad \text{für } |i-j| > \beta.$$

Für $\beta = 1$ nennt man *A Tridiagonalmatrix*, für $\beta = 2$ *Pentadiagonalmatrix.*

Eine Bandmatrix besitzt also nur in den ersten β Nebendiagonalen oberhalb und unterhalb der Hauptdiagonalen von Null verschiedene Elemente (s. Abbildung 3.3). In der Praxis kommen Tridiagonal– und Pentadiagonalmatrizen besonders häufig vor.

Wegen der vielen Nullen ist es nicht sinnvoll, eine Bandmatrix als Feld der Größe $n \times n$ abzuspeichern. Man wird vielmehr die besetzten Diagonalen von A in je einem Vektor ablegen, so daß für eine Bandmatrix mit der halben Bandbreite β insgesamt nur ein Feld der Größe $(2\beta + 1) \times n$ benötigt wird. Es bietet sich dazu an, die Elemente a_{ij} mit $|i-j| \leq \beta$, $i,j = 1,\ldots,n$, durch die Vorschrift

$$\tilde{a}_{is} := a_{i,i+s}, \quad i = 1,\ldots,n, \quad s = \max\{-\beta, 1-i\},\ldots,\min\{\beta, n-i\},$$

bzw.

$$a_{ij} = \tilde{a}_{i,j-i}, \quad i,j = 1,\ldots,n, \quad |i-j| \leq \beta,$$

$$\begin{pmatrix} \tilde{a}_{10} & \cdots & \tilde{a}_{1\beta} & & & \\ \vdots & & & \ddots & & \\ \tilde{a}_{\beta+1,-\beta} & & \ddots & & \ddots & \\ & \ddots & & \ddots & & \tilde{a}_{n-\beta,\beta} \\ & & \ddots & & & \vdots \\ & & & \tilde{a}_{n,-\beta} & \cdots & \tilde{a}_{n0} \end{pmatrix}$$

Abbildung 3.4: Diagonale Abspeicherung

auf das Feld $\tilde{A} = (\tilde{a}_{is})$, $i = 1, \ldots, n$, $-\beta \leq s \leq \beta$, abzuspeichern (s. Abbildung 3.4). Die Werte von $\tilde{a}_{is}$ bleiben für $i \in \{1, \ldots, \beta\}$, $s \in \{-\beta, \ldots, -i\}$ und $i \in \{n-\beta+1, \ldots, n\}$, $s \in \{n-i+1, \ldots, \beta\}$ undefiniert.

Allein dieses *diagonale Abspeicherschema* für eine Bandmatrix erfordert bereits neue Algorithmen zur Berechnung des Matrix–Vektor–Produkts. Abgesehen davon sind bei gewöhnlicher (für Bandmatrizen ungeschickter) Abspeicherung von A viele der bisherigen Algorithmen prinzipiell ineffizient. Zum Beispiel kann man in Algorithmus 3.3.2 unnötige Operationen mit den Nullen von A dadurch vermeiden, daß man in der inneren Schleife den Index i nur über den Bereich $\max\{1, j-\beta\}, \ldots, \min\{n, j+\beta\}$ laufen läßt. Damit verringert sich jedoch die Vektorlänge bei den Vektoroperationen auf $2\beta+1$.

Mit dem diagonalen Abspeicherschema für A erhalten wir für die Komponenten des Produkts $c = Ab$ die Darstellung

$$c_i = \sum_{s=\max\{-\beta,1-i\}}^{\min\{\beta,n-i\}} \tilde{a}_{is} b_{i+s}, \quad i = 1, \ldots, n. \tag{3.5}$$

Vektorrechner

Aus (3.5) ergeben sich prinzipiell zwei Möglichkeiten für Algorithmen zur Berechnung von c, welche zu unterschiedlichen Anordnungen der Schleifen über s und i gehören. Nur wenn die innere Schleife über i läuft erhalten wir jedoch die angestrebte große Vektorlänge. Wir formulieren das resultierende Verfahren in Algorithmus 3.3.5.

3.3.5 Algorithmus (Matrix–Vektor–Multiplikation mit Bandmatrix):

> **for** $s = -\beta$ **to** β
>   **for** $i = \max\{1 - s, 1\}$ **to** $\min\{n - s, n\}$
> $c_i := c_i + \tilde{a}_{is} b_{i+s}$

Die innere Schleife von Algorithmus 3.3.5 besteht aus einer allgemeinen Triade, welche wir — zumindest auf Speicher–Speicher–Maschinen — als zwei aufeinanderfolgende Vektoroperationen auffassen. Auf Register–Register–Maschinen können wir in diesem speziellen Fall dagegen die allgemeine Triade durch das Hintereinanderschalten der Vektorprozessoren für Multiplikation und Addition als nur *eine* Vektoroperation realisieren. Weil die Vektoren b und c während des ganzen Algorithmus in je einem Vektorregister gehalten werden können, ist nämlich immer nur *ein* Ladevorgang zwischen Vektorregister und Hauptspeicher nötig. Die Länge der verwendeten Vektoren in der inneren Schleife von Algorithmus 3.3.5 ist $n - |s|$, so daß wir für die durchschnittliche Vektorlänge

$$\bar{l} = \left(\sum_{s=-\beta}^{\beta} n - |s| \right) / (2\beta + 1) = n - \frac{\beta(\beta+1)}{2\beta+1}$$

erhalten. Für kleine Werte von β liegt $\bar{l}$ also sehr nahe bei n.

In Algorithmus 3.3.5 müssen die Grenzen für die Laufvariable i ständig neu berechnet werden. Man kann diese Berechnungen einsparen und i immer von 1 bis n laufen lassen, wenn man die dann in der inneren Schleife auftretenden undefinierten Komponenten $\tilde{a}_{is}$ und b_{i+s} alle mit 0 vorbelegt. Die innere Schleife von 3.3.5 verwendet so stets Vektoren der Länge n. Der entstehende Mehraufwand bei den Vektoroperationen kann bei kleiner Bandbreite durch den Wegfall der Indexgrenzen–Berechnungen mehr als ausgeglichen werden.

Parallelrechner

Für einen Parallelrechner mit p Prozessoren $P(r)$, $r = 1, \ldots, p$, betrachten wir die Mengen

$$I_r = \{m_r, \ldots, M_r\}, \quad r = 1, \ldots, p,$$

mit

$$\begin{aligned} m_1 &= 1, \quad M_p = n, \\ m_r &\le M_r, \quad r = 1, \ldots, p, \\ M_r + 1 &= m_{r+1}, \quad r = 1, \ldots, p-1. \end{aligned}$$

Die Mengen I_r, $r = 1, \ldots, p$, bilden also eine aus Blöcken von aufeinanderfolgenden Zahlen bestehende Partitionierung von $\{1, \ldots, n\}$. Mit Hilfe dieser Mengen können wir aus (3.5) das im nachstehenden Pseudocode für Prozessor $P(r)$ beschriebene parallele Verfahren zur Berechnung von $c = Ab$ formulieren.

3.3.6 Algorithmus (Matrix–Vektor–Multiplikation bei Bandmatrix):

for $i \in I_r$

$$c_i := \sum_{s=\max\{-\beta,1-i\}}^{\min\{\beta,n-i\}} \tilde{a}_{is} b_{i+s}$$

Dieser Algorithmus setzt ein auf *überlappenden Blöcken* beruhendes Abspeicherschema für den Vektor b voraus. Prozessor $P(r)$ benötigt nämlich nicht nur die Komponenten b_j, $j \in I_r$ $(= \{m_r, \ldots, M_r\})$, sondern alle Komponenten b_j mit $j \in \{\max\{1, m_r - \beta\}, \ldots, \min\{n, M_r + \beta\}\}$. Für das Feld $\tilde{A}$ erfordert 3.3.6 dagegen ein Abspeicherschema mit disjunkten Blöcken von Zeilen.

Prinzipiell kann man Algorithmus 3.3.6 in Analogie zu Algorithmus 3.3.3 so verallgemeinern, daß man eine zusätzliche Partitionierung J_t, $t = 1, \ldots, T$, der Menge $\{-\beta, \ldots, \beta\}$ vornimmt, die Summation in 3.3.6 auf $s \in J_t$ einschränkt und ein Fan–in anschließt. Da β jedoch gewöhnlich klein ist, enthalten die Mengen J_t nur wenige Elemente. Auch ein Unterschied von nur 1 in den Beträgen zweier Mengen J_t und $J_{t'}$ wirkt sich deshalb stark nachteilig auf die Verteilung der Rechenlast aus.

Literaturhinweise: Die ijk–Formen für Matrizenmultiplikation wurden in [2] eingeführt und auf ihre Eignung für Vektorrechner untersucht. Aus diesem Artikel stammt auch der Begriff des GAXPY. Zeitmessungen zu bestimmten ijk–Formen auf Vektorrechnern finden sich in [10]. In [4] wird die ijk–Form auch als *inner-product*, die jki–Form als *middle-product*, die kij–Form als *outer-product method* bezeichnet. Die Algorithmen für Parallelrechner finden sich zum Teil in [8] und dem ersten Kapitel von [9]. In [3] werden GAXPY–Operation und Matrizenmultiplikation für verschiedene Architekturen ausführlich besprochen.

In [5] wird über eine konkrete Realisierung der Multiplikation zweier 16×16–Matrizen mit 4096 $(= 16^3)$ Prozessoren berichtet (Spezialfall 3.2.3 d). Der Artikel [6] behandelt speichereffiziente parallele Algorithmen zur Matrix–Vektor–Multiplikation bei einer symmetrischen Matrix.

Mit weitergehenden Algorithmen für Bandmatrizen, insbesondere für die Matrix–Matrix–Multiplikation bei diagonalem Abspeicherschema, beschäftigen sich [7] und [9].

Die LINPACK–Programmbibliothek ist in [1] beschrieben.

[1] Dongarra, J., Bunch, J., Moler, C., Stewart, G.: LINPACK Users Guide, Philadelphia: SIAM Publications (1978)

[2] Dongarra, J., Gustavson, F., Karp, A.: Implementing Linear Algebra Algorithms for Dense Matrices on a Vector Pipeline Machine, SIAM Review **26**, 91–112 (1984)

[3] Golub, G., van Loan, Ch.: Matrix Computations, 2nd Edition, Baltimore: Johns Hopkins (1989)

[4] Hockney, R., Jesshope, C.: Parallel Computers, Bristol: Adam Hilger (1981)

[5] Jesshope, C., Craigie, J.: Small is O.K. too (Another Matrix Algorithm for the DAP), DAP Newsletter **4**, 7–12 (1980)

[6] Lang, B.: Matrix Vector Multiplication with Symmetric Matrices on Parallel Computers and Applications, Int. Ber. Inst. Angew. Math., Univ. Karlsruhe, erscheint in ZAMM **71** (1991)

[7] Madsen, N., Rodrigue, G., Karush, J.: Matrix Multiplication by Diagonals on a Vector/Parallel Processor, Inf. Proc. Lett. **5**, 41–45

[8] Modi, J.: Parallel Algorithms and Matrix Computation, Oxford: Clarendon Press (1988)

[9] Ortega, J.: Introduction to Parallel and Vector Solution of Linear Systems, New York: Plenum Press (1988)

[10] Schönauer, W.: Scientific Computation on Vector Computers, Amsterdam: North Holland (1987)

Kapitel 4

Gauß–Elimination

Zur Lösung eines linearen Gleichungssystems

$$Ax = b \tag{4.1}$$

mit der nichtsingulären Matrix $A = (a_{ij}) \in \mathbf{R}^{n\times n}$ und der rechten Seite $b \in \mathbf{R}^n$ versucht man gewöhnlich — zumindest bei gut konditionierten, vollbesetzten Matrizen —, eine Zerlegung von A (oder einer Permutation von A) in der Form

$$A = LU, \quad L = (l_{ij}), \; U = (u_{ij}) \in \mathbf{R}^{n\times n} \tag{4.2}$$

zu berechnen wobei die Matrix L *untere*, die Matrix U *obere Dreiecksgestalt* ($l_{ij} = 0$ für $j > i$, $u_{ij} = 0$ für $j < i$) besitzt. Die Lösung $x \in \mathbf{R}^n$ von (4.1) erhält man dann über die beiden gestaffelten Systeme

$$Ly = b, \quad Ux = y, \tag{4.3}$$

welche wegen der Dreiecksgestalt der auftretenden Matrizen äußerst einfach aufzulösen sind. Ist A eine beliebige nichtsinguläre Matrix, so braucht die *LU–Zerlegung* (4.2) nicht zu existieren. Sie existiert dann aber auf jeden Fall für eine gewisse Permutation von A .

Der weitaus rechenaufwendigste Teil bei der angegebenen Vorgehensweise zur Lösung von (4.1) liegt in der Berechnung der LU–Zerlegung von A in das Produkt zweier Dreiecksmatrizen.

In diesem Kapitel behandeln wir das Verfahren der *Gauß–Elimination* zur Berechnung der Zerlegung (4.2) . Wir setzen dabei zunächst voraus, daß tatsächlich A selbst (und nicht eine Permutation von A) eine LU–Zerlegung besitzt. Die andernfalls notwendigen Modifikationen (Pivotsuche) diskutieren wir in Abschnitt 4.4 .

Der Vektor $y = L^{-1}b$ aus (4.3) wird bei der Gauß–Elimination normalerweise gleichzeitig mit der Zerlegung (4.2) berechnet. Man behandelt dabei b wie eine zusätzliche, $(n+1)$-te Spalte von A . Wir werden darauf nicht weiter eingehen.

4.1 Gauß–Elimination ohne Pivotsuche

Wir bezeichnen die Matrix $A = (a_{ij})$ aus (4.1) im folgenden auch mit $A = A^{(1)} = (a_{ij}^{(1)})$. Bei der Gauß–Elimination transformiert man die Matrix $A^{(1)}$ der Reihe nach in Matrizen $A^{(2)}, \dots, A^{(n)}$, so daß $A^{(k)}$ in den ersten $k-1$ Spalten unterhalb der Diagonalen nur Nullen aufweist. $A^{(k+1)}$ erhält man dabei aus $A^{(k)}$, indem man in $A^{(k)}$ geeignete Vielfache der k-ten Zeile zu den Zeilen $k+1, k+2, \dots, n$ hinzuaddiert.

4.1.1 Verfahren (Gauß–Elimination ohne Pivotsuche):

1. Setze $A^{(1)} = (a_{ij}^{(1)}) := A$.

2. Bestimme für $k = 1, \dots, n-1$ die Zahlen l_{ik}, $i = k+1, \dots, n$, und die Matrizen $A^{(k+1)} = (a_{ij}^{(k+1)})$ rekursiv durch

$$\begin{aligned} l_{ik} &:= a_{ik}^{(k)} / a_{kk}^{(k)}, \quad i = k+1, \dots, n, \\ a_{ij}^{(k+1)} &:= \begin{cases} a_{ij}^{(k)} - l_{ik} a_{kj}^{(k)} & \text{für } i \in \{k+1, \dots, n\},\ j \in \{k, \dots, n\} \\ a_{ij}^{(k)} & \text{sonst} \end{cases} \end{aligned}$$

Wir setzen für diesen und die beiden folgenden Abschnitte voraus, daß alle in 4.1.1 auftretenden Zahlen $a_{kk}^{(k)}$, $k = 1, \dots, n$, von Null verschieden sind.

Die Berechnung von $A^{(k+1)}$ aus $A^{(k)}$ bezeichnen wir als ***k-te Stufe*** der Gauß–Elimination, k ist der zugehörige *Stufenindex*. Durch die Berechnungsvorschrift für die $a_{ij}^{(k+1)}$ werden in der k-ten Spalte von $A^{(k+1)}$ unterhalb der Diagonalen lauter Nullen erzeugt, d.h. es gilt

$$a_{ik}^{(k+1)} = 0, \quad i = k+1, \dots, n.$$

Für $k = 1, \dots, n$ besitzt $A^{(k)}$ also die Gestalt

$$A^{(k)} = \begin{pmatrix} a_{11}^{(1)} & & \dots & & a_{1n}^{(1)} \\ & \ddots & & & \vdots \\ & & a_{kk}^{(k)} & \dots & a_{kn}^{(k)} \\ & 0 & \vdots & & \vdots \\ & & a_{nk}^{(k)} & \dots & a_{nn}^{(k)} \end{pmatrix}.$$

Bezeichnen wir für $k = 1, \dots, n-1$ mit $L^{(k)}$ die Matrix

$$L^{(k)} := \begin{pmatrix} 1 & & & & \\ & \ddots & & & 0 \\ & & 1 & & \\ & & -l_{k+1,k} & 1 & \\ & 0 & \vdots & & \ddots & \\ & & -l_{nk} & & & 1 \end{pmatrix},$$

so besteht die k-te Stufe der Gauß–Elimination 4.1.1 gerade aus der Berechnung von $A^{(k+1)}$ als Produkt

$$A^{(k+1)} = L^{(k)} \cdot A^{(k)}.$$

Die Matrix $A^{(n)}$ besitzt obere Dreiecksgestalt, und es gilt

$$A^{(n)} = L^{(n-1)} \cdot L^{(n-2)} \cdot \dots \cdot L^{(1)} A,$$

also

$$A = \left(L^{(1)}\right)^{-1} \cdot \dots \cdot \left(L^{(n-2)}\right)^{-1} \cdot \left(L^{(n-1)}\right)^{-1} \cdot A^{(n)}. \tag{4.4}$$

Hierin läßt sich das Produkt L der $n-1$ Faktoren $\left(L^{(k)}\right)^{-1}$ sofort berechnen, und man erhält

$$\begin{aligned} L &:= \left(L^{(1)}\right)^{-1} \cdot \dots \cdot \left(L^{(n-2)}\right)^{-1} \cdot \left(L^{(n-1)}\right)^{-1} \\ &= \begin{pmatrix} 1 & & & & \\ l_{21} & 1 & & 0 & \\ l_{31} & l_{32} & 1 & & \\ \vdots & \vdots & \ddots & \ddots & \\ l_{n1} & l_{n2} & \dots & l_{n,n-1} & 1 \end{pmatrix}. \end{aligned} \tag{4.5}$$

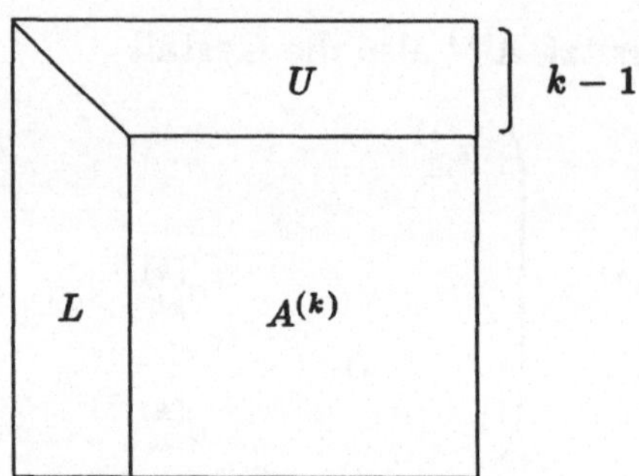

Abbildung 4.1: Überschreiben von A

Setzen wir außerdem

$$U := A^{(n)} = \begin{pmatrix} a_{11}^{(1)} & & \cdots & a_{1n}^{(1)} \\ & a_{22}^{(2)} & \cdots & a_{2n}^{(2)} \\ & 0 & \ddots & \vdots \\ & & & a_{nn}^{(n)} \end{pmatrix}, \tag{4.6}$$

so sehen wir aus (4.4), daß das Gauß–Eliminationsverfahren die LU–Zerlegung $A = LU$ mit der unteren Dreiecksmatrix L aus (4.5) und der oberen Dreiecksmatrix U aus (4.6) liefert. Für spätere Untersuchungen wollen wir hier festhalten:

- Die Zahlen $a_{ik}^{(k)}$, $i = k+1, \ldots, n$, ergeben über $l_{ik} = a_{ik}^{(k)}/a_{kk}^{(k)}$ die k-te *Spalte* von L ;
- die Zahlen $a_{kj}^{(k)}$, $j = k, \ldots, n$, ergeben die k-te *Zeile* von U .

Bei der Gauß–Elimination werden für festes k die Zahlen $a_{ik}^{(k)}$, $i = k+1, \ldots, n$, nicht mehr benötigt, sobald l_{ik} berechnet ist. Bei der praktischen Durchführung auf einem Rechner wird man deshalb $a_{ik}^{(k)}$ mit l_{ik} überschreiben. Ebenso kann $a_{ij}^{(k)}$ für $i, j \in \{k+1, \ldots, n\}$ mit dem neu berechneten $a_{ij}^{(k+1)}$ überschrieben werden, denn auch $a_{ij}^{(k)}$ wird für den weiteren Verlauf der Rechnung nicht weiter benötigt. Die Gauß–Elimination erfordert also nur soviel Speicherplatz, wie zu Beginn durch die Matrix A ohnehin belegt ist. Abbildung 4.1 zeigt, wie so die ursprüngliche $n \times n$–Matrix A für einen festen Stufenindex k mit den berechneten Elementen von L, U und $A^{(k)}$ überschrieben wurde.

Der besseren Verständlichkeit halber werden wir in den nun folgenden Pseudocodes zur Gauß–Elimination diese Überspeicherungsmechanismen *nicht* anwenden. Wir formulieren die Algorithmen vielmehr unter Verwendung aller in 4.1.1 definierten Zahlen l_{ik} und $a_{ij}^{(k)}$. In zusätzlichen Schaubildern geben wir dann an, wie die Ausgangsmatrix A durch die eben beschriebenen Überspeicherungen verändert wird.

4.2 ijk–Formen, Vektorrechner

Wie bei der Matrizenmultiplikation untersuchen wir nun systematisch die Algorithmen für die Gauß–Elimination 4.1.1, welche durch unterschiedliche Anordnung von drei zu den Indizes i, j und k gehörigen **for**–Schleifen entstehen. Da wir diese Varianten dann auf ihre Eignung für Vektorrechner prüfen wollen, werden wir sie stets so formulieren, daß möglichst viele Operationen als Vektoroperationen realisiert werden können. In jedem Algorithmus zur Gauß–Elimination werden wir natürlich für $k = 1, \ldots, n-1$ auf die explizite Berechnung der Zahlen $a_{ik}^{(k+1)}$, $i = k+1, \ldots, n$ verzichten, denn es ist von vornherein bekannt, daß diese Zahlen alle Null werden.

Aus 4.1.1 ergibt sich damit sofort die *kij–Form* der Gauß–Elimination.

4.2.1 Algorithmus (kij–Form):

for $k = 1$ **to** $n-1$
  for $s = k+1$ **to** n
    $l_{sk} := a_{sk}^{(k)} / a_{kk}^{(k)}$
  for $i = k+1$ **to** n
    for $j = k+1$ **to** n
      $a_{ij}^{(k+1)} := a_{ij}^{(k)} - l_{ik} a_{kj}^{(k)}$

Abbildung 4.2 (s. nächste Seite) stellt eine Momentaufnahme für die kij–Form dar. Sie gibt genauer als Abbildung 4.1 an, welche Operationen für einen festen Wert von k gerade ausgeführt werden, wie weit die Berechnung von L und U bis dahin fortgeschritten ist und ob bereits berechnete Elemente von L und U im weiteren Verlauf der Rechnung nochmals verwendet werden. Die innere Schleife (über j) ist ein SAXPY mit den Zeilen von $A^{(k)}$; $A^{(k+1)}$ wird zeilenweise berechnet.

Durch Vertauschen der Schleifen über j und i erhalten wir aus der kij–Form die *kji–Form.*

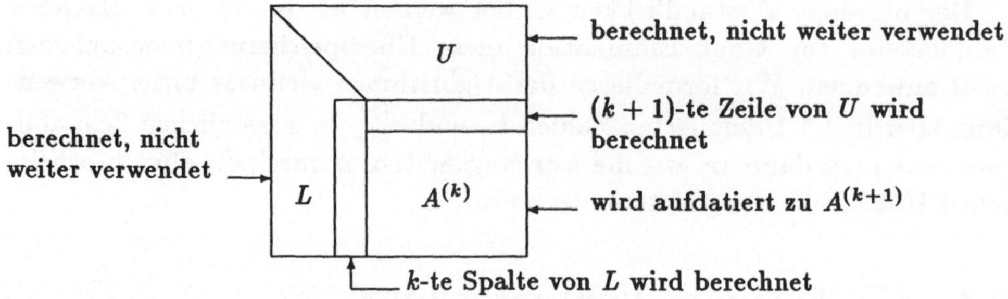

Abbildung 4.2: kij– und kji–Form

4.2.2 Algorithmus (kji–Form):

for $k = 1$ **to** $n - 1$
  for $s = k + 1$ **to** n
    $l_{sk} := a_{sk}^{(k)} / a_{kk}^{(k)}$
  for $j = k + 1$ **to** n
    for $i = k + 1$ **to** n
      $a_{ij}^{(k+1)} := a_{ij}^{(k)} - l_{ik} a_{kj}^{(k)}$

Die Momentaufnahme für die kji–Form ist genau gleich wie bei der kij–Form. Allerdings wird diesmal $A^{(k+1)}$ spaltenweise berechnet; die innere Schleife (über i) ist jetzt ein SAXPY mit den Spalten von $A^{(k)}$.

Die Formulierung der übrigen ijk–Formen ist etwas schwieriger. Halten wir zunächst fest, daß die Laufvariable i als Zeilenindex, die Laufvariable j als Spaltenindex für $A^{(k)}$ verwendet wird, während die Laufvariable k als Stufenindex für die jeweilige Stufe des Eliminationsprozesses angesehen werden kann.

Bei jeder ijk–Form wird in der inneren Schleife die Berechnung

$$a_{ij}^{(k+1)} := a_{ij}^{(k)} - l_{ik} a_{kj}^{(k)}$$

ausgeführt. Dazu muß sichergestellt sein, daß in vorherigen Teilschritten des Algorithmus die benötigten Zahlen $a_{ij}^{(k)}$, l_{ik} und $a_{kj}^{(k)}$ bereits berechnet worden sind. Außerdem muß man sich überlegen, in welchen Grenzen die Laufvariablen i, j und k jeweils variieren.

Wir beginnen mit der *ikj–Form.* Da die äußere Schleife hier über i läuft, bedeutet dies, daß in den beiden inneren Schleifen (über k und j) alle Transformationen der i-ten Zeile von A bis hin zur Berechnung der i-ten Zeile

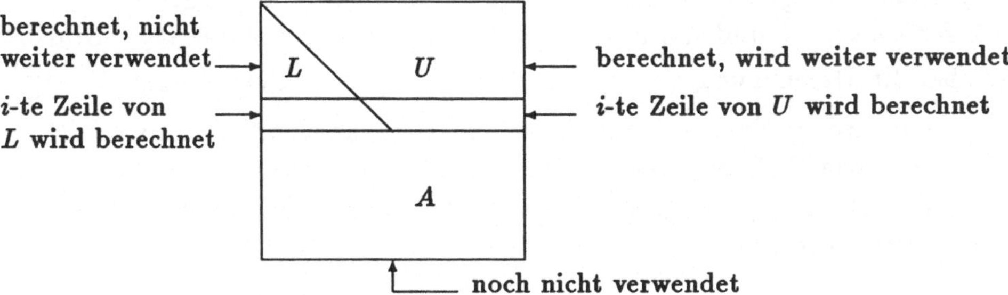

Abbildung 4.3: *ikj*– und *ijk*– Form

von $A^{(i)}$ (und damit von U) durchgeführt werden. In den Stufen $k = 1$ bis $k = i - 1$ wird die i-te Zeile von $A^{(k)}$ ab dem $(k+1)$-ten Element zur i-ten Zeile von $A^{(k+1)}$ transformiert. Benötigt wird dazu die k-te Zeile von U und der Faktor $l_{ik} = a_{ik}^{(k)} / a_{kk}^{(k)}$.

4.2.3 Algorithmus (*ikj*–Form):

for $i = 2$ **to** n
  for $k = 1$ **to** $i - 1$
    $l_{ik} := a_{ik}^{(k)} / a_{kk}^{(k)}$
    for $j = k + 1$ **to** n
      $a_{ij}^{(k+1)} := a_{ij}^{(k)} - l_{ik} a_{kj}^{(k)}$

Abbildung 4.3 gibt eine Momentaufnahme (für festes i) der *ikj*–Form. Die Berechnung der l_{ik} erfolgt hier verschränkt mit der Berechnung der i-ten Zeile von $A^{(k+1)}$: Mit Hilfe von l_{i1} wird die i-te Zeile von $A^{(2)}$ berechnet; aus $a_{i2}^{(2)}$ (und $a_{22}^{(2)}$) ergibt sich l_{i2}, womit dann wiederum die i-te Zeile von $A^{(3)}$ ausgerechnet wird, usw. Die Berechnung der l_{ik}, $k = 1, \ldots, i-1$, kann also nicht in einer separaten Schleife erfolgen. Die beiden inneren Schleifen (über k und j) bestehen aus einem GAXPY mit der i-ten Zeile von A und den ersten $i - 1$ Zeilen von U.

Bei der *ijk–Form* werden alle Transformationen für jedes einzelne Element der i-ten Zeile von A direkt hintereinander ausgeführt. Man muß dabei unterscheiden zwischen den Elementen a_{ij} mit $j \leq i$ und denen mit $j > i$. Für $j \leq i$ wird a_{ij} sukzessive in $a_{ij}^{(2)}, \ldots, a_{ij}^{(j)}$ transformiert und trägt im Fall

$j < i$ zu l_{ij} $(= a_{ij}^{(j)}/a_{jj}^{(j)})$ bei. Benötigt werden dazu Elemente der ersten $j-1$ Zeilen von U und die Zahlen $l_{i1}, \ldots, l_{i,j-1}$. Wie bei der *ikj*–Form ist hier also die Berechnung der l_{ij} verschränkt mit der Berechnung der $a_{ij}^{(j)}$. Für $j > i$ wird a_{ij} in $i-1$ Schritten auf $a_{ij}^{(i)}$ transformiert und ergibt so ein Element von U. Dafür werden die Elemente der ersten $(i-1)$ Zeilen von U und die Zahlen $l_{i1}, \ldots, l_{i,i-1}$ gebraucht, welche aus den Berechnungen für $j \leq i$ bereits vorliegen.

4.2.4 Algorithmus (*ijk*–Form):

```
for i = 2 to n
    for j = 2 to i
        l_{i,j-1} := a^{(j-1)}_{i,j-1} / a^{(j-1)}_{j-1,j-1}
        for k = 1 to j - 1
            a^{(k+1)}_{ij} := a^{(k)}_{ij} - l_{ik} a^{(k)}_{kj}
    for j = i + 1 to n
        for k = 1 to i - 1
            a^{(k+1)}_{ij} := a^{(k)}_{ij} - l_{ik} a^{(k)}_{kj}
```

Die Momentaufnahme für die *ijk*–Form ist identisch mit der für die *ikj*–Form (Abbildung 4.3). Der Unterschied zur *ikj*–Form besteht in der Weise, wie die Elemente der i-ten Zeile von U ausgerechnet werden: Bei der *ikj*–Form werden der Reihe nach die i-ten Zeilen von $A^{(2)}, A^{(3)}, \ldots, A^{(i)}$ ausgerechnet, während bei der *ijk*–Form die i-te Zeile von U elementweise aus A berechnet wird. Die Operation in der inneren Schleife (über k) ist hier ein Innenprodukt; die beteiligten Vektoren sind Teile der i-ten Zeile von L und Teile der j-ten Spalte von U.

Zur Formulierung der *jki–Form* stellen wir fest, daß nun alle Transformationen der j-ten Spalte von A bis hin zur Berechnung der j-ten Spalte von $A^{(j)}$ in den beiden inneren Schleifen (über k und i) durchgeführt werden. In den Stufen $k = 1$ bis $k = j-1$ wird die j-te Spalte von $A^{(k)}$ ab dem $(k+1)$-ten Element zur j-ten Spalte von $A^{(k+1)}$ transformiert und liefert dann das Element $a_{k+1,j}^{(k+1)}$ von U. Dafür werden die k-te Spalte von L und das Element $a_{kj}^{(k)}$ von U benötigt. Die j-te Spalte von $A^{(j)}$ liefert wegen $l_{ij} = a_{ij}^{(j)}/a_{jj}^{(j)}$ die j-te Spalte von L; ihre Berechnung kann in einer separaten Schleife erfolgen. In dem folgenden Algorithmus für die *jki*–Form wird diese separate Schleife zur Berechnung der $j-1$-ten Spalte von L unmittelbar vor den Transformationen für die j-te Spalte von A ausgeführt.

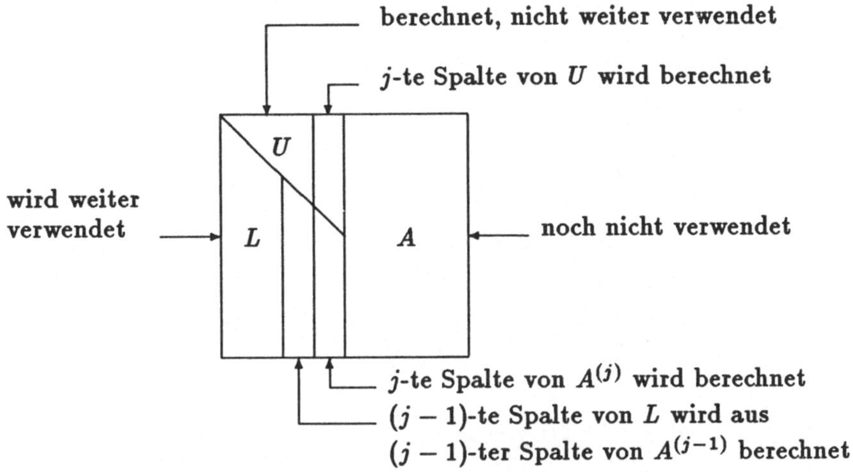

Abbildung 4.4: *jki*– und *jik*–Form

4.2.5 Algorithmus (*jki*–Form):

$$
\begin{array}{l}
\textbf{for } j = 2 \textbf{ to } n \\
\quad \textbf{for } s = j \textbf{ to } n \\
\quad\quad l_{s,j-1} := a^{(j-1)}_{s,j-1} / a^{(j-1)}_{j-1,j-1} \\
\quad \textbf{for } k = 1 \textbf{ to } j-1 \\
\quad\quad \textbf{for } i = k+1 \textbf{ to } n \\
\quad\quad\quad a^{(k+1)}_{ij} := a^{(k)}_{ij} - l_{ik} a^{(k)}_{kj}
\end{array}
$$

Abbildung 4.4 zeigt eine Momentaufnahme (für festes j) der *jki*–Form. Die beiden inneren Schleifen (über k und i) bestehen aus einem GAXPY mit der j-ten Spalte von A und den ersten $j-1$ Spalten von L .

Schließlich werden bei der *jik–Form* alle Transformationen für jedes einzelne Element der j-ten Spalte von A direkt hintereinander ausgeführt. Ähnlich wie bei der *ijk*–Form muß man hier zwischen den Elementen a_{ij} mit $i \leq j$ und denen mit $i > j$ unterscheiden. Für $i \leq j$ wird a_{ij} sukzessive in $a^{(2)}_{ij}, \ldots, a^{(i)}_{ij}$ transformiert und ergibt so ein Element der j-ten Spalte von U. Notwendig sind dazu die Elemente der i-ten Zeile von L und die ersten $i-1$ Elemente der j-ten Spalte von U. Für $i > j$ wird a_{ij} in den Stufen $k = 1$ bis $k = j-1$ auf $a^{(j)}_{ij}$ transformiert und trägt dann zu l_{ij} bei. Benötigt werden hier die ersten $j-1$ Elemente der i-ten Zeile von L und die j-te Spalte von U. In dem folgenden Algorithmus für die *jik*–Form geschieht die Berechnung der j-ten Spalte von L wie bei der *jki*–Form wieder in einer separaten Schleife.

4.2.6 Algorithmus (*jik*–Form):

$$
\begin{array}{l}
\textbf{for } j = 2 \textbf{ to } n \\
\quad \textbf{for } s = j \textbf{ to } n \\
\quad\quad l_{s,j-1} := a_{s,j-1}^{(j-1)} / a_{j-1,j-1}^{(j-1)} \\
\quad \textbf{for } i = 2 \textbf{ to } j \\
\quad\quad \textbf{for } k = 1 \textbf{ to } i-1 \\
\quad\quad\quad a_{ij}^{(k+1)} := a_{ij}^{(k)} - l_{ik} a_{kj}^{(k)} \\
\quad \textbf{for } i = j+1 \textbf{ to } n \\
\quad\quad \textbf{for } k = 1 \textbf{ to } j-1 \\
\quad\quad\quad a_{ij}^{(k+1)} := a_{ij}^{(k)} - l_{ik} a_{kj}^{(k)}
\end{array}
$$

Die Momentaufnahme für die *jik*–Form ist identisch mit der für die *jki*–Form (Abbildung 4.4). Beide Formen unterscheiden sich jedoch in der Weise, in welcher die Transformationen für die j-te Spalte von A durchgeführt werden: Bei der *jki*–Form werden der Reihe nach die j-ten Spalten von $A^{(2)}, \ldots, A^{(j)}$ ausgerechnet, während bei der *jik*–Form für jedes Element alle Transformationen einzeln direkt hintereinander vorgenommen werden. Die Operation der inneren Schleife (über k) ist hier ein Innenprodukt mit einem Teil der i-ten Zeile von L und einem Teil der j-ten Spalte von U.

Vektorrechner

Wir bestimmen zunächst die durchschnittliche Vektorlänge $\bar{l}$ für die sechs *ijk*–Formen. Dabei wollen wir die insgesamt $n(n-1)/2$ Divisionen, welche zur Berechnung der Elemente von L benötigt werden, vernachlässigen und nur die Operationen für die Berechnungen $a_{ij}^{(k+1)} = a_{ij}^{(k)} - l_{ik} a_{kj}^{(k)}$ zählen.

4.2.7 Satz: Die Gauß–Elimination erfordert (in jeder *ijk*–Form) einen Rechenaufwand von

$n^3/3 + O(n^2)$ Additionen und
$n^3/3 + O(n^2)$ Multiplikationen.

Bei der *kij*–, *kji*–, *ikj*– und *jki*–Form gilt für die durchschnittliche Vektorlänge $\bar{l}$

$$\bar{l} = \frac{2}{3} n + O(1) \ ,$$

wogegen bei der ijk– und der jik–Form gilt

$$\bar{l} = \frac{1}{3}n + O(1) \ .$$

Beweis: Wir betrachten zunächst die kij–Form. Die innere Schleife besteht dort für festes i und k aus einem SAXPY mit Vektoren der Länge $(n-k)$. Insgesamt werden

$$\sum_{k=1}^{n-1} \sum_{i=k+1}^{n} 1 = \sum_{k=1}^{n-1} (n-k) = \frac{n(n-1)}{2}$$

solche SAXPYs durchgeführt; die Summe der vorkommenden Vektorlängen ist

$$\sum_{k=1}^{n-1} \sum_{i=k+1}^{n} (n-k) = \sum_{k=1}^{n-1} (n-k)^2 = \frac{(n-1)n(2n-1)}{6} \ .$$

Weil alle Operationen SAXPYs sind, werden also insgesamt $(n-1)n(2n-1)/6 = n^3/3 + O(n^2)$ Additionen und ebensoviele Multiplikationen durchgeführt. Hieraus ergibt sich der angegebene Rechenaufwand, welcher selbstverständlich unabhängig von der speziellen ijk–Form ist.

Für die durchschnittliche Vektorlänge bei der kij–Form erhalten wir aus den bisherigen Abzählungen

$$\bar{l} = \left(\frac{(n-1)n(2n-1)}{6} \right) \Big/ \left(\frac{n(n-1)}{2} \right) = \frac{2}{3}n + O(1) \ .$$

Für die kji– , die ikj– und die jki–Form bestimmt man $\bar{l}$ analog.

Bei der ijk–Form besteht für festes i und j die innere Schleife aus einem Innenprodukt mit Vektoren der Länge $i-1$ bzw. $j-1$. Die Gesamtzahl der Vektoroperationen beträgt hier

$$\sum_{i=2}^{n} \sum_{j=2}^{n} 1 = (n-1)^2.$$

Die Summe der vorkommenden Vektorlängen ist gleich der Gesamtzahl an Additionen oder Multiplikationen, also $n^3/3 + O(n^2)$. Wir erhalten damit

$$\bar{l} = \frac{n^3/3 + O(n^2)}{(n-1)^2} = \frac{n}{3} + O(1).$$

Entsprechend ergibt sich auch bei der jik–Form eine durchschnittliche Vektorlänge von $n/3 + O(1)$. □

	kij	kji	ikj	ijk	jki	jik
Zugriff auf A, U	z	s	z	s	s	s
Zugriff auf L	–	s	–	z	s	z
Berechnung von U	z	z	z	z	s	s
Berechnung von L	s	s	z	z	s	s
$\bar{l}$	$\frac{2}{3}n$	$\frac{2}{3}n$	$\frac{2}{3}n$	$\frac{1}{3}n$	$\frac{2}{3}n$	$\frac{1}{3}n$
Vektoroperation	SAXPY	SAXPY	GAXPY	Innenpr.	GAXPY	Innenpr.

Tabelle 4.1: ijk–Formen für Vektorrechner

Wie bei allen Verfahren mit variabler Vektorlänge wird man bei jeder ijk–Form in den Skalarmodus umschalten, sobald die Vektorlängen genügend klein sind. Wir gehen darauf nicht weiter ein und verweisen auf die Überlegungen zum Fan–in aus Abschnitt 2.1 .

Tabelle 4.1 faßt die Eigenschaften der ijk–Formen zusammen, die für ihre Effizienz auf einem Vektorrechner von Bedeutung sind: Zugriffsart auf die Matrizen A, U und L, ungefähre durchschnittliche Vektorlänge $\bar{l}$, Art der vorkommenden Vektoroperation und Berechnungsart der Matrizen L und U . Die Abkürzung „s“ bzw. „z“ steht dabei wie in Kapitel 3 wieder für spaltenweisen bzw. zeilenweisen Zugriff. Wir diskutieren diese Tabelle in einigen Bemerkungen.

4.2.8 Bemerkungen:

a) Die ijk– und die jik–Form besitzen eine geringe durchschnittliche Vektorlänge. Außerdem erfordern beide Formen sowohl zeilen- als auch spaltenweisen Zugriff auf Matrizen. Dies führt zu zusätzlichen Verzögerungen – unabhängig davon, welches Speicherschema für Matrizen in der verwendeten Programmiersprache realisiert ist. Die ijk– und die jik–Form sind daher für Vektorrechner ungeeignet.

b) Für Register–Register–Maschinen sind die ikj– und die jki–Form wegen der vorkommenden GAXPY–Operationen besonders günstig. Welche dieser beiden Formen verwendet werden sollte, hängt vom Speicherschema der jeweiligen Programmiersprache ab. Zum Beispiel ist für FORTRAN die jki–Form am besten geeignet.

c) Die ikj– und die ijk–Form erlauben keine Vektoroperationen bei der Berechnung der Elemente von L. Bei den übrigen vier Formen dagegen können die l_{ik}, zumindest im Prinzip, durch eine Vektoroperation erhalten werden. Bei der kij– erfordert dies allerdings neben dem zeilenweisen Zugriff auf A und U den spaltenweisen Zugriff auf L. Bei der ijk–Form ist dafür sowohl spalten– als auch zeilenweiser Zugriff auf L notwendig. Eine effiziente Berechnung der Elemente von L ist also nur bei der kji– und der jki–Form möglich. Für Speicher–Speicher–Maschinen erscheinen diese beiden Formen (bei Programmierung in FORTRAN) gleichermaßen gut geeignet.

d) Bei der Berechnung der *Cholesky–Zerlegung* einer symmetrisch positiv definiten Matrix erweisen sich die Analoga zur ijk– und jik–Form als besonders günstig.

4.3 Gauß–Elimination auf Parallelrechnern

Die sechs ijk–Formen aus Abschnitt 4.2 müssen zum Teil erheblich modifiziert werden, wenn sie auf einem Parallelrechner effizient realisiert werden sollen. Es kommt dabei entscheidend mit darauf an, wie die Eingangsdaten (d.h. die Elemente von A) auf die einzelnen Prozessoren verteilt sind.

Wir stellen in der folgenden Definition zwei Abspeicherschemata für A vor, welche für gewisse ijk–Formen eine ausgeglichene Verteilung der Rechenlast bewirken.

4.3.1 Definition: Die Matrix $A \in \mathbf{R}^{n \times n}$ heißt im Parallelrechner mit den Prozessoren $P_1, \ldots, P_p$ *zyklisch nach Zeilen (Spalten)* abgespeichert, falls Prozessor P_i genau die Zeilen (Spalten) j von A enthält mit $j \equiv i \bmod p$.

Ist z.B. $p = 4, n = 17$, und erfolgt die Abspeicherung von A zyklisch nach Zeilen, so erhalten wir folgende Verteilung der Zeilen von A auf die einzelnen Prozessoren:

$$\begin{array}{llllll} P_1: & 1, & 5, & 9, & 13, & 17, \\ P_2: & 2, & 6, & 10, & 14, & \\ P_3: & 3, & 7, & 11, & 15, & \\ P_4: & 4, & 8, & 12, & 16. & \end{array}$$

Für bestimmte Modifikationen der ijk–Formen für Parallelrechner enthält die Menge $\{j \mid k < j \leq n \wedge j \equiv i \bmod p\}$ bei zyklischer Abspeicherung von A gerade die Indizes zu den Zeilen oder Spalten, welche in Prozessor P_i in der k-ten Stufe der Gauß–Elimination transformiert werden. Für festes k und verschiedenes i unterscheiden sich die Beträge dieser Mengen höchstens um

1, was eine ausgeglichene Verteilung der Rechenlast auf die einzelnen Prozessoren bedeutet. Wir wollen diese wichtige Tatsache formelmäßig genauer in einem Lemma festhalten.

4.3.2 Lemma: Für $k \in \{0,\ldots,n\}$ und $i \in \{1,\ldots,p\}$ seien die Mengen $M(k,i)$ definiert durch

$$M(k,i) = \{j \mid k < j \leq n \wedge j \equiv i \bmod p\}. \tag{4.7}$$

Außerdem seien die Zahlen $a, a_k \in \mathbf{N} \cup \{0\}$ und $b, b_k \in \{0,\ldots,p-1\}$ festgelegt durch

$$n = ap + b, \quad k = a_k p + b_k, \quad k = 0,\ldots,n.$$

Dann gilt im Fall $b_k < b$

$$|M(k,i)| = \begin{cases} a - a_k + 1 & \text{für} \quad b_k < i \leq b \\ a - a_k & \text{sonst} \end{cases}, \tag{4.8}$$

im Fall $b_k \geq b$

$$|M(k,i)| = \begin{cases} a - a_k - 1 & \text{für} \quad b < i \leq b_k \\ a - a_k & \text{sonst} \end{cases}. \tag{4.9}$$

Insbesondere gilt für $j \in \{1,\ldots,p\}$, $j \equiv k+1 \bmod p$,

$$|M(k,j)| \geq |M(k,i)| \quad \text{für } i = 1,\ldots,p. \tag{4.10}$$

Beweis: Wir betrachten zunächst den Fall $b_k < b$. Für $1 \leq i \leq b_k$ ist dann

$$M(k,i) = \{(a_k+1)p + i, (a_k+2)p + i, \ldots, ap + i\},$$

für $b_k < i \leq b$ gilt

$$M(k,i) = \{a_k p + i, (a_k+1)p + i, \ldots, ap + i\},$$

und für $b < i \leq p$ erhalten wir

$$M(k,i) = \{a_k p + i, (a_k+1)p + i, \ldots, (a-1)p + i\}.$$

Durch Abzählen ergibt sich daraus (4.8). Die Aussage (4.9) folgt analog. Die Ungleichung (4.10) erhält man dann leicht aus (4.8) und (4.9). □

Die sechs ijk–Formen aus Abschnitt 4.2 ergeben zusammen mit den beiden zyklischen Abspeicherschemata aus Definition 4.3.1 im Prinzip zwölf

Ansätze zur Realisierung der Gauß–Elimination auf einem Parallelrechner. Nicht alle Ansätze führen allerdings zu wirklich effizienten Verfahren auf Parallelrechnern. Zum Teil müssen erhebliche Modifikationen angebracht werden, um überhaupt eine parallele Durchführung zu ermöglichen. Wir beschränken uns auf die beiden einfachsten Möglichkeiten, welche eine große Effizienz auf Parallelrechnern erwarten lassen.

Wir betrachten zunächst die kij–Form und nehmen an, daß A zyklisch nach Zeilen abgespeichert ist. Mit $P(k)$ bezeichnen wir den Prozessor, der die k-te Zeile von A enthält, also $P(k) = P_i$ mit $i \equiv k \bmod p$. In dem Pseudocode für den anschließenden Algorithmus 4.3.3 bedeutet außerdem *myrows* für Prozessor P_i gerade die Nummern aller in P_i vorliegenden Zeilen von A, also die Menge $\{s \mid s \equiv i \bmod p\}$.

4.3.3 Algorithmus (kij–Form, A zyklisch nach Zeilen abgespeichert):

for $k = 1$ **to** $n - 1$
  if $k \in$ *myrows* **then**
    broadcast$(a_{kk}^{(k)}, \ldots, a_{kn}^{(k)})$
  else
    receive$(a_{kk}^{(k)}, \ldots, a_{kn}^{(k)})$ **from** $P(k)$
  for $(i \geq k + 1)$ **and** $(i \in$ *myrows*$)$
    $l_{ik} := a_{ik}^{(k)} / a_{kk}^{(k)}$
    for $j = k + 1$ **to** n
      $a_{ij}^{(k+1)} := a_{ij}^{(k)} - l_{ik} a_{kj}^{(k)}$

In Algorithmus 4.3.3 führt für festes k jeder Prozessor zunächst einen Kommunikationsschritt (Senden oder Empfangen der k-ten Zeile von $A^{(k)}$) aus; danach berechnet in der **for**–Schleife über i jeder Prozessor „seine" Elemente l_{ik} von L und „seine" Zeilen von $A^{(k+1)}$. Für Prozessor P_s läuft i dabei gerade über die Elemente der Menge $M(k, s)$ aus (4.7).

Wegen (4.10) gehört Prozessor $P(k+1)$ zu den Prozessoren, die als letzte die Berechnung „ihrer" Zeilen von $A^{(k+1)}$ vollenden. Die anderen Prozessoren können mit der Stufe $k + 1$ erst dann beginnen, wenn $P(k + 1)$ diese Stufe ebenfalls erreicht hat und die $(k + 1)$-te Zeile von $A^{(k+1)}$ versendet hat. Wir erhalten so eine Synchronisierung der einzelnen Prozessoren durch die Kommunikation.

Abbildung 4.5 veranschaulicht den Ablauf von Algorithmus 4.3.3 für $p = 3, n = 9$. Gestrichelte Linien bedeuten dabei, daß ein Prozessor Kommunikation durchführt (Senden oder Empfangen); durchgezogene Linien geben

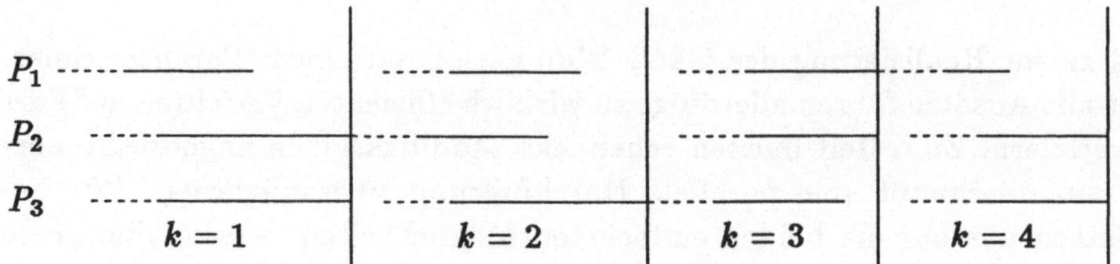

Abbildung 4.5: Zeitlicher Ablauf von Algorithmus 4.3.3

an, daß der Prozessor rechnet. Ist ein Prozessor ohne Arbeit (wenn er Daten empfangen möchte, die noch nicht versendet worden sind), so ist die Linie unterbrochen. Zur Vereinfachung haben wir dabei angenommen, daß das Versenden der k-ten Zeile von $A^{(k)}$ gleich viel Zeit benötigt wie das Empfangen dieser Zeile und daß eine konstante Verzögerungszeit vergeht, bis ein von einem Prozessor verschicktes Datum in irgendeinem der anderen Prozessoren ankommt. Aus Abbildung 4.5 erkennen wir, daß auch Prozessor $P(n)$ (hier P_3) Inaktivitätszeiten durchläuft, obwohl er, wie man mit Lemma 4.3.2 nachprüft, für jedes k mindestens ebensoviele Zeilen von $A^{(k)}$ transformieren muß wie jeder andere Prozessor. Diese Inaktivitätszeiten resultieren aus den Verzögerungszeiten bei der Datenkommunikation.

Halten wir schließlich noch fest, daß nach Beendigung von Algorithmus 4.3.3 die Matrizen L und U aus der LU–Zerlegung von A beide zyklisch nach Zeilen abgespeichert sind.

Wir betrachten jetzt die kji–Form der Gauß–Elimination unter der Voraussetzung, daß A zyklisch nach Spalten abgespeichert ist. Für Prozessor P_i bezeichnen wir die Menge $\{s \mid s \equiv i \bmod p\}$ nun mit *mycolumns.*

4.3.4 Algorithmus (kji–Form, A zyklisch nach Spalten abgespeichert):

for $k = 1$ **to** $n-1$
  if ($k \in$ *mycolumns*) **then**
    for $i = k+1$ **to** n
      $l_{ik} := a_{ik}^{(k)} / a_{kk}^{(k)}$
    broadcast($l_{k+1,k}, \ldots, l_{nk}$)
  else
    receive($l_{k+1,k}, \ldots, l_{nk}$) **from** $P(k)$
  for ($j \geq k+1$) **and** ($j \in$ *mycolumns*)
    for $i = k+1$ **to** n
      $a_{ij}^{(k+1)} := a_{ij}^{(k)} - l_{ik} a_{kj}^{(k)}$

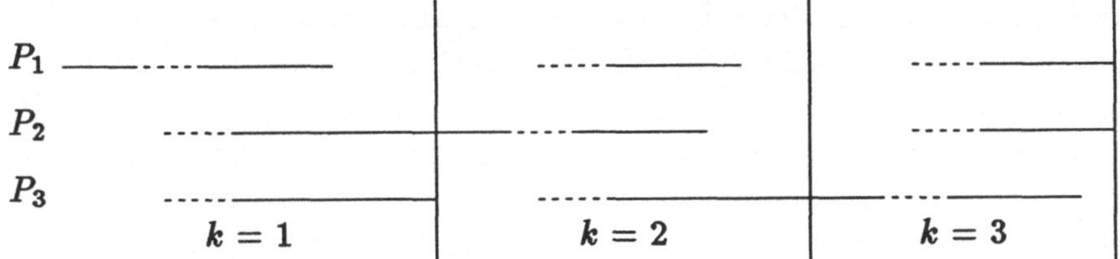

Abbildung 4.6: Zeitlicher Ablauf von Algorithmus 4.3.4

Auch Algorithmus 4.3.4 besteht für festes k im wesentlichen aus einem Kommunikationsteil (Senden oder Empfangen der k-ten Spalte von L) und einem Kalkulationsteil (**for**–Schleife über j), in welchem jeder Prozessor „seine" Spalten von $A^{(k+1)}$ berechnet. Für Prozessor P_s läuft diesmal j über die Elemente der Menge $M(k, s)$ aus (4.7). Im Gegensatz zu Algorithmus 4.3.3 erfolgt die Berechnung der Elemente von L hier nicht parallel. Vielmehr wird für festes k die ganze k-te Spalte von L allein in Prozessor $P(k)$ berechnet. Dies hat eine weniger gute Ausbalancierung der Rechenlast als in Algorithmus 4.3.3 zur Folge. Dagegen haben wir auch jetzt wieder eine Synchronisierung der einzelnen Prozessoren durch den Kommunikationsprozeß. Nach Beendigung des Algorithmus sind die Matrizen L und U zyklisch nach Spalten abgespeichert. Wir veranschaulichen den zeitlichen Ablauf von Algorithmus 4.3.4 in Abbildung 4.6, wieder für $p = 3, n = 9$.

Die Inaktivitätszeiten für die einzelnen Prozessoren sind für Algorithmus 4.3.4 größer als für Algorithmus 4.3.3. Zu ihnen tragen nicht nur die Verzögerungszeiten bei der Kommunikation sondern auch die serielle Berechnung von L bei. Für sehr große Matrizen fallen diese zusätzlichen Verzögerungen nicht sehr ins Gewicht, da (außer gegen Ende des Algorithmus) der weitaus größte Teil der Rechenarbeit dann in der Transformation der jeweiligen Spalten von $A^{(k)}$ liegt. Trotzdem wird Algorithmus 4.3.4 stets mehr Zeit benötigen als Algorithmus 4.3.3: Die erforderlichen Kommunikationsschritte sind vom Prinzip her für beide Algorithmen identisch; die Rechenlast ist in Algorithmus 4.3.3 aber besser auf die Prozessoren verteilt. Dieser Vergleich berücksichtigt allerdings nicht, wie einfach das jeweils benötigte Abspeicherungsschema für A hergestellt werden kann.

Asynchrone Varianten

In den Algorithmen 4.3.3 und 4.3.4 bewirkt die Datenkommunikation eine Synchronisation in dem Sinne, daß zu jedem festen Zeitpunkt alle aktiven

Prozessoren an derselben Stufe k der Gauß–Elimination arbeiten. Diese Synchronisation macht die Algorithmen übersichtlich, sie ist aber auch eine Ursache für die Inaktivitätszeiten, die in allen Prozessoren auftreten. Bei beiden Algorithmen sind in den Kommunikationsphasen Sende– und Empfangsvorgänge direkt gekoppelt: Dem Versenden einer Zeile/Spalte in einem Prozessor folgt unmittelbar der zugehörige Empfangsschritt in allen anderen Prozessoren. Diese enge Bindung von Sende– und Empfangsschritten kann man dadurch aufheben, daß ein Prozessor einen Sendevorgang sofort dann ausführt, wenn er die zugehörigen Daten berechnet hat. In Algorithmus 4.3.3, zum Beispiel, versendet P_2 die zweite Zeile von U erst dann, wenn er alle „seine" Zeilen von $A^{(2)}$, also die Zeilen $2, 2+p, 2+2p, \ldots$ von $A^{(2)}$ bei den Transformationen zur Stufe $k = 1$ berechnet hat. Tatsächlich könnte P_2 zunächst nur die zweite Zeile von $A^{(2)}$ berechnen, dann diese bereits versenden und erst anschließend die übrigen Transformationen zur Stufe $k = 1$ durchführen. Entsprechend kann Prozessor P_2 in Algorithmus 4.3.4 zunächst nur die zweite Spalte von $A^{(2)}$ ausrechnen und direkt anschließend die zweite Spalte von L berechnen und versenden.

Bei dieser Vorgehensweise wird es vorkommen, daß in den übrigen Prozessoren $P_1, P_3, P_4, \ldots, P_p$ die zweite Spalte von L bereits ankommt, obwohl diese Prozessoren noch an den Transformationen für $k = 1$ arbeiten. Die eben beschriebenen Varianten sind also nur dann auf einem Parallelrechner realisierbar, wenn in diesem Rechner in den einzelnen Prozessoren Empfangs– und Rechenschritte gewissermaßen gleichzeitig ablaufen können. Dies kann technisch z.B. dadurch erreicht werden, daß bei den einzelnen Prozessoren die Daten zunächst in Pufferspeicher eingelesen werden, während der Prozessor selbst noch Rechenschritte durchführt.

Wird diese Strategie des *Sende–sobald–möglich* systematisch angewendet, so erhält man asynchrone Varianten der Algorithmen 4.3.3 und 4.3.4, bei denen zu einem festen Zeitpunkt verschiedene Prozessoren an verschiedenen Stufen der Gauß–Elimination arbeiten. Zu ihrer Beschreibung verwenden wir die gleichen Bezeichnungen wie bei 4.3.3 und 4.3.4.

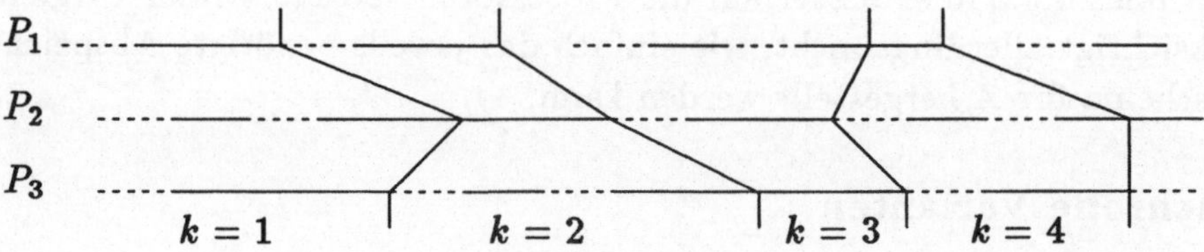

Abbildung 4.7: Zeitlicher Ablauf von Algorithmus 4.3.5

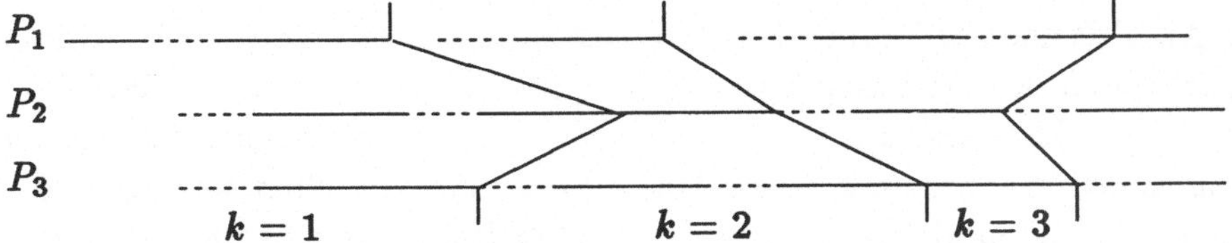

Abbildung 4.8: Zeitlicher Ablauf von Algorithmus 4.3.6

4.3.5 Algorithmus (asynchrone Form von 4.3.3):

```
if 1 ∈ myrows then
    broadcast(a_11^(1), ..., a_1n^(1))
for k = 1 to n − 1
    if k ∉ myrows then
        receive(a_kk^(k), ..., a_kn^(k)) from P(k)
    for (i ≥ k + 1) and (i ∈ myrows)
        l_ik := a_ik^(k) / a_kk^(k)
        for j = k + 1 to n
            a_ij^(k+1) := a_ij^(k) − l_ik a_kj^(k)
        if (i = k + 1) and (i ≠ n) then
            broadcast (a_{k+1,k+1}^(k+1), ..., a_{k+1,n}^(k+1))
```

4.3.6 Algorithmus (asynchrone Form von 4.3.4):

```
if 1 ∈ mycolumns then
    for i = 2 to n
        l_i1 := a_i1^(1) / a_11^(1)
    broadcast(l_21, ..., l_n1)
for k = 1 to n − 1
    if k ∉ mycolumns then
        receive(l_{k+1,k}, ..., l_nk) from P(k)
    for (j ≥ k + 1) and (j ∈ mycolumns)
        for i = k + 1 to n
            a_ij^(k+1) := a_ij^(k) − l_ik a_kj^(k)
        if (j = k + 1) and (j ≠ n) then
            for i = k + 2 to n
                l_{i,k+1} := a_{i,k+1}^(k+1) / a_{k+1,k+1}^(k+1)
            broadcast(l_{k+2,k+1}, ..., l_{n,k+1})
```

Die Abbildungen 4.7 und 4.8 veranschaulichen den zeitlichen Ablauf der asynchronen Algorithmen ($p = 3, n = 9$). Sie verdeutlichen, daß jetzt tatsächlich verschiedene Prozessoren gleichzeitig an verschiedenen Stufen der Gauß–Elimination arbeiten können. Das asynchrone Vorgehen verringert dabei wesentlich die Zahl und Dauer der Inaktivitätszeiten in den einzelnen Prozessoren.

Abbildung 4.7 legt insbesondere nahe, daß Prozessor $P(n)$ (hier P_3) in Algorithmus 4.3.5 nie inaktiv ist. Diese Optimalitätseigenschaft kann theoretisch (mit Voraussetzungen an das Verhältnis zwischen Rechen– und Kommunikationszeit und an die Verzögerungszeit bei der Kommunikation) bewiesen werden. Für Algorithmus 4.3.6 sind dagegen (noch) keine Optimalitätsresultate bekannt.

Für die asynchronen Verfahren gilt im übrigen, daß die zu einem festen Zeitpunkt von den einzelnen Prozessoren bearbeiteten Stufen der Gauß–Elimination um höchstens p differieren. Für Algorithmus 4.3.5 sieht man das folgendermaßen ein: Zu einem bestimmten Zeitpunkt halten wir einen Prozessor fest, der unter allen Prozessoren an der höchsten Stufe k_o der Gauß–Elimination arbeitet. Dann hat dieser Prozessor bereits die Zeilen $k_o - 1, \ldots, k_o - p + 1$ von U empfangen und verarbeitet. Diese Zeilen werden in 4.3.5 aber gerade in allen übrigen Prozessoren berechnet und versendet. Da die Versendung der i-ten Zeile von U in 4.3.5 bei den Transformationen zur $(i-1)$-ten Stufe der Gauß–Elimination erfolgt, bedeutet dies, daß alle Prozessoren mindestens die Stufe $k_o - p$ erreicht haben.

4.4 Pivotstrategien

Bei der bisherigen Diskussion der Gauß–Elimination sind wir immer davon ausgegangen, daß die Zahlen $a_{kk}^{(k)}$ alle von Null verschieden sind. Nur dann sind die Elemente $l_{ik} = a_{ik}^{(k)}/a_{kk}^{(k)}$ von L überhaupt definiert. Diese vereinfachende Annahme ist aus zwei Gründen unrealistisch:

- Bei nichtsingulären Matrizen A kann es durchaus vorkommen, daß ein $a_{kk}^{(k)}$ Null wird.

- Ist $a_{kk}^{(k)}$ sehr klein, so können die Zahlen l_{ik} sehr groß werden. Rundungsfehler bewirken dann eventuell große Ungenauigkeiten bei der numerischen Berechnung von L und U.

Fügt man in die Gauß–Elimination gewisse Pivotstrategien ein, so erhält man Verfahren, welche — exaktes numerisches Rechnen vorausgesetzt — für jede nichtsinguläre Matrix A durchführbar sind. Außerdem kann man für diese Verfahren günstigere Abschätzungen über den Einfluß von Rundungsfehlern beweisen als für das Verfahren ohne Pivotsuche.

Wir formulieren für die kij–Form der Gauß–Elimination (Algorithmus 4.2.1) mehrere verschiedene Pivotstrategien.

Bei der *Spaltenpivotsuche* wird in jeder Stufe k das betragsgrößte Element in der k-ten Spalte (ab dem k-ten Element) von $A^{(k)}$ bestimmt. Danach werden die zugehörige Zeile s und die Zeile k von $A^{(k)}$ explizit vertauscht. Die daraus resultierende permutierte Matrix von $A^{(k)}$ wird in dem folgenden Algorithmus wieder mit $A^{(k)}$ bezeichnet.

4.4.1 Algorithmus (kij–Form, Spaltenpivotsuche, explizit):

for $k = 1$ **to** $n-1$
  bestimme s mit $|a_{sk}^{(k)}| = \max\{|a_{ik}^{(k)}| \mid i = k, \ldots, n\}$
  vertausche Zeilen s und k von $A^{(k)}$
  for $i = k+1$ **to** n
    $l_{ik} := a_{ik}^{(k)} / a_{kk}^{(k)}$
    for $j = k+1$ **to** n
      $a_{ij}^{(k+1)} := a_{ij}^{(k)} - l_{ik} a_{kj}^{(k)}$

Auf einem Rechner bedeutet das explizite Vertauschen von Zeilen von $A^{(k)}$ einen Umspeicherungsprozeß, der Zeit kostet. Deshalb realisiert man die Vertauschungen häufig implizit. Man verwendet dazu einen *Indexvektor ind*, der eine Abbildung der Menge $\{1, \ldots, n\}$ auf sich repräsentiert. Er wird vorbelegt als identische Abbildung, also $ind_i = i$, $i = 1, \ldots, n$. Im Lauf der Rechnung speichert man in *ind* die vorzunehmenden Vertauschungen ab, indem man die entsprechenden Komponenten von *ind* vertauscht. Vor der k-ten Stufe der Gauß–Elimination enthalten also die ersten $k-1$ Komponenten von *ind* die Nummern der bereits verwendeten Pivotzeilen.

In dem folgenden Algorithmus 4.4.2 realisiert man das implizite Vertauschen im wesentlichen dadurch, daß nun die **for**–Schleife über i statt von $k+1$ bis n über die Menge $\{ind_i \mid i = k+1, \ldots, n\}$ läuft. Beim Überspeichern der Matrix $A^{(k)}$ muß man hier darauf achten, die neu berechneten Elemente von L und U tatsächlich dort abzulegen, wo sich nicht mehr benötigte Elemente von $A^{(k)}$ befinden. Wir deuten dies hier und im folgenden durch die systematische Verwendung der Indizes i', j' und k' an.

4.4.2 Algorithmus (*kij*–Form, Spaltenpivotsuche, implizit):

for $k = 1$ **to** $n - 1$
  `bestimme` s `mit` $|a^{(k)}_{ind_s,k}| = \max\{|a^{(k)}_{ind_i,k}| \mid i = k, \ldots, n\}$
  `vertausche` ind_s und ind_k
  $k' := ind_k$
  for $i = k + 1$ **to** n
    $i' := ind_i$
    $l_{i'k} := a^{(k)}_{i'k} / a^{(k)}_{k'k}$
    for $j = k + 1$ **to** n
      $a^{(k+1)}_{i'j} := a^{(k)}_{i'j} - l_{i'k} a^{(k)}_{k'j}$

Die in 4.4.1 und 4.4.2 angegebenen Algorithmen zur Gauß–Elimination mit Spaltenpivotsuche berechnen eine LU–Zerlegung

$$PA = LU$$

der Matrix PA mit einer durch die Vertauschungen bestimmten Permutationsmatrix P. Die Matrix PA entsteht aus A also durch Vertauschen von Zeilen. Das lineare Gleichungssystem $Ax = b$ löst man dann über die beiden gestaffelten Systeme

$$Ly = Pb, \quad Ux = y.$$

Gauß–Elimination mit Spaltenpivotsuche ist für jede nichtsinguläre Matrix durchführbar.

Anstatt vor der k-ten Stufe nach dem betragsgrößten Element in der k-ten Spalte von $A^{(k)}$ zu suchen, kann man auch das betragsgrößte Element in der k-ten *Zeile* von $A^{(k)}$ (ab dem k-ten Element) bestimmen (*Zeilenpivotsuche*) und dann die entsprechenden Spalten von $A^{(k)}$ vertauschen. Wie bei der Spaltenpivotsuche kann man die Vertauschungen explizit oder implizit realisieren. Die zugehörigen Algorithmen verlaufen völlig analog zu 4.4.1 und 4.4.2 und sollen deshalb nicht extra aufgeschrieben werden. Zu beachten ist allerdings, daß beim impliziten Vertauschen diesmal die **for**–Schleife für j über die Menge $\{ind_j \mid j = k + 1, \ldots, n\}$ läuft.

Bei Zeilenpivotsuche berechnet man die LU–Zerlegung

$$AP = LU$$

der Matrix AP mit einer gewissen Permutationsmatrix P. Die Matrix AP entsteht aus A durch Vertauschen von Spalten. $Ax = b$ wird hier über die beiden gestaffelten Systeme

$$Ly = b, \quad U\tilde{x} = y,$$

gelöst, woraus sich dann $x = P\tilde{x}$ ergibt. Gauß–Elimination mit Zeilenpivotsuche ist wieder für jede nichtsinguläre Matrix A durchführbar.

Bei der *Totalpivotsuche* bestimmt man das betragsgrößte Element der gesamten rechten unteren $(n-k) \times (n-k)$–Teilmatrix von $A^{(k)}$. Obwohl für die Totalpivotsuche die besten theoretischen Abschätzungen zu Rundungsfehlern bekannt sind, wird sie wegen des hohen Aufwands in der Praxis selten durchgeführt. Wir wollen die Totalpivotsuche hier nicht behandeln.

Vektorrechner

Für die sechs ijk–Formen aus Abschnitt 4.2 muß eine Zeilen– oder Spaltenpivotsuche mit den zugehörigen Vertauschungen immer in der äußeren Schleife vor der jeweiligen mittleren Schleife eingefügt werden. Prinzipiell ist die Pivotsuche nur dann durchführbar, wenn die benötigten Elemente von $A^{(k)}$ bereits berechnet sind. Mit Hilfe der Abbildungen 4.2 bis 4.4 erkennt man sofort: Bei der kij– und der kji–Form sind Zeilen– und Spaltenpivotsuche möglich; die ikj– und ijk–Form erlauben nur Zeilen– , die jki– und jik–Form nur Spaltenpivotsuche.

Auf einigen Vektorrechnern ist es möglich, das betragsgrößte Element eines Vektors mit einem Vektorprozessor auszurechnen. Dafür ist wichtig, daß die Elemente des zugehörigen Vektors im Speicher aufeinanderfolgend abgelegt sind. Bei der Pivotsuche für die Gauß–Elimination hängt dies davon ab, nach welchem Schema die Matrix A (und damit die $A^{(k)}$) abgespeichert sind.

Zum Beispiel besteht für die kji–Form die innere Schleife aus einem SAXPY mit den Spalten von $A^{(k)}$. A wird hier also spaltenweise abgespeichert sein. Folglich ist hier Spaltenpivotsuche günstiger als Zeilenpivotsuche. Für die übrigen ijk–Formen sind die entsprechenden Überlegungen in der Zeile *Vektorisierung* in Tabelle 4.2 eingetragen. Ein „+“ bedeutet, daß die Pivotsuche auf $A^{(k)}$ in derselben Weise zugreift wie die Vektoroperation der inneren Schleife, andernfalls steht ein „–“.

Das explizite Vertauschen von Zeilen einer Matrix kostet Zeit. Vertauscht man dagegen implizit, so kann es vorkommen, daß jetzt Operationen auftreten mit Vektoren, deren Elemente nicht aufeinanderfolgend abgespeichert sind. Bei der kij–Form, z.B., tritt dies bei Zeilenpivotsuche auf, denn die innere Schleife (über j) läuft dann über den Indexvektor. Spaltenpivotsuche

	kij	*kji*	*ikj*	*ijk*	*jki*	*jik*
Spaltenpivotsuche	ja	ja	nein	nein	ja	ja
Vektorisierung	−	+			+	−
implizit	+	−			−	+
Zeilenpivotsuche	ja	ja	ja	ja	nein	nein
Vektorisierung	+	−	+	−		
implizit	−	+	−	+		

Tabelle 4.2: Pivotstrategien für die *ijk*–Formen

mit implizitem Vertauschen erhält dagegen die Anordnung der Vektorelemente bei der *kij*–Form. In Tabelle 4.2 sind in der Zeile *implizit* die entsprechenden Überlegungen für die anderen *ijk*–Formen eingetragen. Dabei steht „+“ für Erhaltung, „−“ für Zerstörung der Anordnung der Vektorelemente.

Tabelle 4.2 muß in Zusammenhang mit Tabelle 4.1 interpretiert werden. Alle *ijk*–Formen erlauben entweder keine Vektorisierung der Pivotsuche oder kein implizites Vertauschen. Für einen spezifischen Vektorrechner sollte man daher zunächst feststellen, ob explizites Vertauschen mehr Zeit beansprucht als die serielle Ausführung der Pivotsuche, und sich danach ein geeignetes Verfahren aussuchen.

Bei Programmierung in FORTRAN auf einer Register–Register–Maschine hatten wir bisher die *jki*–Form als optimal angesehen. Diese Form erlaubt kein implizites Vertauschen bei Spaltenpivotsuche. Man muß sich also überlegen, ob in diesem Fall nicht doch die *kji*–Form mit Zeilenpivotsuche und implizitem Vertauschen günstiger wird.

Parallelrechner

Wir betrachten im wesentlichen nur die *kij–Form* wie sie für Parallelrechner in Algorithmus 4.3.3 beschrieben wurde. A sei dazu wieder zyklisch nach Zeilen auf die einzelnen Prozessoren abgespeichert.

Möchte man *Zeilenpivotsuche* verwenden, so wird diese in der Stufe k allein von Prozessor $P(k)$ durchgeführt. Die Zeilenpivotsuche an sich erfordert keine Kommunikation; allerdings muß $P(k)$ den Index der neuen Pivotspalte allen anderen Prozessoren mitteilen. Diese können die Vertauschung der zugehörigen Spalten in „ihren“ Zeilen von A dann implizit oder explizit vornehmen. Zu beachten ist, daß wegen der seriellen Durchführung der Pivotsuche die Rechenlast weniger ausgeglichen auf die einzelnen Prozessoren verteilt ist. Die Situation ist hier ähnlich wie bei Algorithmus 4.3.4, wo die Berechnung einer ganzen Spalte von L in nur einem Prozessor durchgeführt wurde. Durch asynchrones Vorgehen kann auch hier diese unausgeglichene Verteilung der Rechenlast kaschiert werden. Wir wollen daher den folgenden Algorithmus als korrekte Variante von 4.3.3 mit Zeilenpivotsuche ansehen.

4.4.3 Algorithmus (*kij*–Form, Zeilenpivotsuche, implizit, asynchron)**:**

```
if 1 ∈ myrows then
    bestimme s mit |a_{1s}^{(1)}| = max{|a_{1j}^{(1)}| | j = 1,...,n}
    broadcast(a_{11}^{(1)},...,a_{1n}^{(1)}, s)
for k = 1 to n − 1
    if k ∉ myrows then
        receive(a_{kk}^{(k)},...,a_{kn}^{(k)}, s) from P(k)
    vertausche ind_k und ind_s
    k' := ind_k
    for (i ≥ k + 1) and (i ∈ myrows)
        l_{ik'} := a_{i,k'}^{(k)} / a_{k,k'}^{(k)}
        for j = k + 1 to n
            j' := ind_j
            a_{i,j'}^{(k+1)} := a_{i,j'}^{(k)} − l_{ik'} a_{k,j'}^{(k)}
        if (i = k + 1) and (i ≠ n) then
            berechne s mit
                |a_{k+1,ind_s}^{(k+1)}| = max{|a_{k+1,ind_j}^{(k+1)}| | j = k + 1,...,n}
            broadcast(a_{k+1,k+1}^{(k+1)},...,a_{k+1,n}^{(k+1)}, s)
```

Bei der *kij*–Form erfordert die *Spaltenpivotsuche* allein bereits Kommunikation zwischen den Prozessoren. Die Elemente der k-ten Spalte von $A^{(k)}$ sind nämlich zyklisch auf die einzelnen Prozessoren verteilt, so daß das betragsgrößte Element und der zugehörige Index s mit einem Fan–in berechnet werden müssen. Dies bedeutet zugleich, daß hier kein asynchrones Vorgehen möglich ist: Zur Bestimmung von s müssen alle Prozessoren die $(k-1)$-te Stufe beendet haben; kein Prozessor kann mit der k-ten Stufe beginnen, bevor s ausgerechnet ist.

Nach der Bestimmung von s muß die s-te Zeile von $A^{(k)}$ an alle anderen Prozessoren versendet werden. Bei explizitem Vertauschen folgt ein zusätzlicher Kommunikationsschritt, bei welchem $P(k)$ die k-te Zeile von $A^{(k)}$ an

$P(s)$ sendet. Bei implizitem Vertauschen tritt dagegen keine weitere Kommunikation auf. Allerdings resultiert dann eventuell eine unausgeglichene Verteilung der Rechenlast. Wir illustrieren dies an einem einfachen Beispiel.

4.4.4 Beispiel: Sei $p = 3$ und $n = 9$. Dann haben wir bei zyklischer Abspeicherung von A folgende Verteilung der Zeilen von A auf die Prozessoren:

$$\begin{aligned} P_1 &: \; 1, \; 4, \; 7, \\ P_2 &: \; 2, \; 5, \; 8, \\ P_3 &: \; 3, \; 6, \; 9. \end{aligned}$$

Wir nehmen an, die Pivotzeilen sind für $k = 1, \ldots, 8$ der Reihe nach die Zeilen $1, 4, 7, 2, 5, 8, 3, 6$. Bei implizitem Vertauschen in der kij–Form mit Spaltenpivotsuche gilt dann: P_1 ist inaktiv ab der Stufe $k = 3$, P_2 ist inaktiv ab der Stufe $k = 6$.

Als korrektes Verfahren betrachten wir also die Variante mit explizitem Vertauschen. Wir beschreiben sie in Algorithmus 4.4.5.

4.4.5 Algorithmus (kij–Form, Spaltenpivotsuche, explizit):

```
for k = 1 to n − 1
    bestimme s mit |a_sk| = max{|a_ik| | i = k + 1, ..., n}
    if s ∈ myrows then
        broadcast(a_sk^(k), ..., a_sn^(k))
        if k ∈ myrows then
            vertausche Zeilen s und k von A^(k)
        else
            receive(a_sk^(k), ..., a_sn^(k)) from P(k)
    else
        if k ∈ myrows then
            send(a_kk^(k), ..., a_kn^(k)) to P(s)
            receive(a_kk^(k), ..., a_kn^(k)) from P(s)
    for (i ≥ k + 1) and (i ∈ myrows)
        l_ik := a_ik^(k) / a_kk^(k)
        for j = k + 1 to n
            a_ij^(k+1) := a_ij^(k) − l_ik a_kj^(k)
```

Wir müssen in Algorithmus 4.4.5 unterscheiden, ob das explizite Vertauschen zweier Zeilen innerhalb desselben Prozessors oder zwischen zwei verschiedenen Prozessoren stattfindet. Im letzteren Fall wird in der Stufe k nach Bestimmung des Pivotindex s die s-te Zeile von $A^{(k)}$ von Prozessor $P(s)$ an alle anderen Prozessoren versendet (und dort als k-te Zeile eingelesen), während Prozessor $P(k)$ die k-te Zeile von $A^{(k)}$ an $P(s)$ versendet (wo sie als s-te Zeile eingelesen wird).

Bei Experimenten auf einer Hypercube–Architektur wurde festgestellt, daß für eine (zufällig erzeugte) Matrix A explizites Vertauschen zu einem schnelleren Verfahren führt als implizites Vertauschen. Der geringere Kommunikationsaufwand beim impliziten Vertauschen zahlt sich wegen der ungleichen Rechenlast also nicht aus.

Algorithmus 4.4.5 hat in der angegebenen Form den Nachteil, daß eventuell unnötige Austauschschritte durchgeführt werden. Wir sehen dies in folgendem Beispiel.

4.4.6 Beispiel: Wie in 4.4.4 sei $p = 3$ und $n = 9$. Die Pivotzeilen seien diesmal der Reihe nach durch $2, 3, 4, 5, 6, 7, 8, 9$ gegeben.

In Algorithmus 4.4.5 werden dann für $k = 1, \ldots, 8$ jedesmal zwischen $P(k)$ und $P(k+1)$ explizit die Zeilen k und $k+1$ von $A^{(k)}$ ausgetauscht. Würde man hier implizit vertauschen, so hätte man trotzdem eine in gleicher Weise ausgeglichene Rechenlast wie beim expliziten Vertauschen: Für festes k unterscheidet sich die Zahl der zu transformierenden Zeilen von $A^{(k)}$ in den verschiedenen Prozessoren um höchstens 1.

Mit $M(k,i)$ wollen wir wie in Abschnitt 4.3 die Menge all der Indizes von Zeilen von $A^{(k)}$ bezeichnen, die Prozessor P_i in der Stufe k zu transformieren hat. Beim Verfahren ohne Pivotsuche sowie bei Spaltenpivotsuche mit explizitem Vertauschen ist $M(k,i)$ durch (4.7) gegeben. Bei implizitem Vertauschen erhält man dagegen die Mengen $M(k,i)$ anders als in (4.7).

Wichtig für die ausgeglichene Verteilung der Rechenlast ist allein der Umstand, daß bei explizitem Vertauschen die Beträge der $M(k,i)$ für festes k nur um maximal 1 differieren (s. Lemma 4.3.2). Dieser Zustand kann aber auch anders als durch ständiges explizites Vertauschen erreicht werden: Nachdem in der Stufe k der Pivotindex s bestimmt wurde, prüft Prozessor $P(s) = P_i$, ob

$$|M(k,i)| = \max\{|M(k,j)| \mid j = 1, \ldots, p\} \tag{4.11}$$

gilt. In diesem Fall wird implizit vertauscht; andernfalls vertauscht P_i die Pivotzeile mit einer anderen Zeile von $A^{(k)}$, welche in einem Prozessor P_j vorliegt, für den $|M(k,j)| = |M(k,i)| + 1$ gilt. Prozessor P_j wird man dabei geschickt so wählen, daß er möglichst „nahe“ an P_i liegt, so daß die

Kommunikationszeiten gering sind.

Diese Strategie des *dynamischen Vertauschens* bewirkt natürlich, daß — wie beim expliziten Vertauschen auch — die Beträge $|M(k,i)|$ bei festem k für verschiedenes i höchstens um 1 differieren. In der Situation von Beispiel 4.4.6 wird beim dynamischen Vertauschen gar keine explizite Vertauschung mehr vorgenommen.

Man beachte, daß beim dynamischen Vertauschen zusätzliche Kommunikation nötig ist, um festzustellen, ob die Situation (4.11) vorliegt oder nicht. Numerische Experimente auf einem Parallelrechner mit Hypercube–Architektur weisen darauf hin, daß dynamisches Vertauschen dem expliziten Vertauschen überlegen ist. Trotz des Mehraufwands für (4.11) verringert sich die Gesamtzeit wegen der Einsparungen bei den expliziten Vertauschungen.

Für die *kji–Form* mit zyklisch nach Spalten abgespeichertem A überlegt man sich in völlig analoger Weise, wie Zeilen– und Spaltenpivotsuche realisiert werden können. Diesmal kann bei Zeilenpivotsuche eine dynamische Austauschstrategie verfolgt werden, während bei Spaltenpivotsuche die asynchrone Variante noch mehr an Bedeutung gewinnt: Die Rechenlast ist hier weniger ausgeglichen verteilt, denn auf der Stufe k führt Prozessor $P(k)$ sowohl die ganze Pivotsuche als auch die gesamte Berechnung der k-ten Spalte von L alleine durch.

Welche der geschilderten Methoden auf einem bestimmten Parallelrechner am günstigsten sein wird, hängt u.a. davon ab, inwiefern auf ihm asynchrone Methoden überhaupt realisiert werden können und wie das Verhältnis zwischen Rechen– und Kommunikationsgeschwindigkeit ist.

Falls die Gauß–Elimination nur als Teil in einem größeren Programm auftritt, muß man außerdem berücksichtigen, wie gut das jeweils erforderliche Abspeicherschema für A hergestellt werden kann.

Zum Abschluß geben wir eine wichtige Klasse von Matrizen an, für die man bei der Gauß–Elimination keine Pivotsuche vorsehen muß. Für diese Matrizen fallen die Gauß–Elimination mit Zeilenpivotsuche und die Gauß–Elimination ohne Pivotsuche gewissermaßen zusammen. Man kann dann also die einfacheren Algorithmen aus den Abschnitten 4.2 und 4.3 verwenden.

4.4.7 Satz: Die Matrix $A = (a_{ij}) \in \mathbf{R}^{n\times n}$ sei nichtsingulär und diagonal dominant, d.h. es gelte

$$|a_{ii}| \geq \sum_{j=1,j\neq i}^{n} |a_{ij}|, \quad i = 1,\ldots,n.$$

Dann ist bei der Gauß–Elimination ohne Pivotsuche das Diagonalelement

$a_{kk}^{(k)}$ von $A^{(k)}$ stets ungleich Null. Es ist sogar ein betragsmäßig größtes Element der k-ten Zeile von $A^{(k)}$.

Beweis: Wir zeigen zuerst induktiv, daß für die Gauß–Elimination ohne Pivotsuche die Matrizen $A^{(k)}$, $k = 1, \dots, n$, nichtsingulär sind, und daß gilt

$$|a_{ii}^{(k)}| \geq \sum_{j=k, j\neq i}^{n} |a_{ij}^{(k)}|, \quad i = k, \dots, n. \tag{4.12}$$

Dies ist für $k = 1$ nach Voraussetzung richtig. Ist nun für ein $k \in \{1, \dots, n\}$ die Matrix $A^{(k)}$ nichtsingulär und gilt (4.12), so ist sicher $a_{kk}^{(k)} \neq 0$, denn andernfalls wäre wegen (4.12) die k-te Zeile von $A^{(k)}$ eine Nullzeile, und die Matrix wäre singulär. Die Zahlen l_{ik}, $i = k + 1, \dots, n$, sind also definiert, und wir können den nächsten Schritt der Gauß–Elimination ausführen. Mit (4.12) erhalten wir die folgende Ungleichungskette für $k + 1 \leq i \leq n$.

$$\begin{aligned}
\sum_{j=k+1, j\neq i}^{n} |a_{ij}^{(k+1)}| &\leq \sum_{j=k+1, j\neq i}^{n} |a_{ij}^{(k)}| + \sum_{j=k+1, j\neq i}^{n} |l_{ik} a_{kj}^{(k)}| \\
&\leq |a_{ii}^{(k)}| - |a_{ik}^{(k)}| + |l_{ik}| \sum_{j=k+1, j\neq i}^{n} |a_{kj}^{(k)}| \\
&\leq |a_{ii}^{(k)}| - |a_{ik}^{(k)}| + |l_{ik}| \left(|a_{kk}^{(k)}| - |a_{ki}^{(k)}| \right) \\
&= \left(|a_{ii}^{(k)}| - |l_{ik} a_{ki}^{(k)}| \right) + \left(|l_{ik} a_{kk}^{(k)}| - |a_{ik}^{(k)}| \right)
\end{aligned}$$

Nach Definition von l_{ik} verschwindet der Term in der zweiten Klammer, wogegen der Term in der ersten Klammer nach der Dreiecksungleichung nicht größer als $|a_{ii}^{(k+1)}|$ ist. Außerdem erfüllt die Matrix $A^{(k+1)}$ die Gleichung

$$A^{(k+1)} = L^{(k)} A^{(k)}$$

mit der nichtsingulären Matrix $L^{(k)}$ aus Abschnitt 4.1. Mit $A^{(k)}$ ist also auch $A^{(k+1)}$ nichtsingulär. Dies beendet den Induktionsbeweis.

Aus (4.12) ergibt sich schließlich sofort, daß für alle k die Zahl $a_{kk}^{(k)}$ das betragsmäßig größte Element der k-ten Zeile von $A^{(k)}$ ist. □

Für symmetrisch positiv definite Matrizen kann die Gauß–Elimination ebenfalls ohne Pivotsuche durchgeführt werden. In diesem Fall berechnet man aber wegen des geringeren Rechenaufwands gewöhnlich eine Zerlegung von A in der Form $A = LL^T$ mit dem Cholesky–Verfahren.

Literaturhinweise: In dem Lehrbuch [27] werden Gauß–Elimination sowie zahlreiche andere direkte Verfahren zur Gleichungslösung (Gauß–Jordan–Verfahren, Crout–Verfahren, Cholesky–Zerlegung, QR–Zerlegung) ausführlich dargestellt. Dort und in [28] finden sich auch die angesprochenen Stabilitätsresultate für die verschiedenen Pivotstrategien.

Die *ijk*–Formen der Gauß–Elimination wurden in [9] eingeführt; unsere Darstellung folgt [21], [22] bzw. [20]. In [22] werden alle möglichen *ijk*–Formen für Parallelrechner diskutiert; die Strategie des Sende–sobald–möglich heißt dort *send-ahead* im Gegensatz zum *compute-ahead*. Für die zyklischen Abspeicherschemata verwendet man in der englischen Literatur die Begriffe *interleaved storage* [20], *torus assignment* [19], *scattering* [16] oder auch *wrapped mapping* [13]. Der Satz über die Optimalität von Algorithmus 4.3.5 wurde in der Dissertation [23] bewiesen. In [4], [13] und [14] wird über Zeitmessungen auf einem Parallelrechner mit Hypercube–Architektur berichtet. In der Arbeit [24] wird die Gauß–Elimination für verschiedene Architekturen (u.a. Gitter und Ring) theoretisch auf ihren Kommunikationsaufwand hin untersucht.

Weitere Varianten der Gauß–Elimination (z.B. das sog. Verfahren von *Dongarra–Eisenstat* [8] und ein auf der *méthode des paramètres* [15] beruhendes Verfahren) werden in [20] und [21] für Vektorrechner, in [5] und [6] für Parallelrechner untersucht. Zeitmessungen auf Vektorrechnern finden sich in [8] und [10].

In [25] wird für Vektorrechner das *Verfahren von Crout* zur Berechnung der *LU*–Zerlegung besprochen. Außerdem findet sich dort, wie auch in [7], eine Diskussion des *Gauß–Jordan–Verfahrens* für Vektorrechner, welches trotz des um die Hälfte größeren Rechenaufwands seiner besseren Vektorisierbarkeit wegen interessant ist. Eine andere Variante der Gauß–Elimination mit *paarweisem Pivotisieren*, bei welcher der Aufwand für die Pivotisierung auf Parallelrechnern geringer ist als bei den üblichen Pivotstrategien, wird in [10] beschrieben. Eine ausführliche Fehleranalyse dazu gibt der Artikel [26].

Die verschiedenen Pivotstrategien für Parallelrechner werden in [3], [4] und [14] diskutiert. (Man beachte dazu, daß im Englischen *row* pivoting *Spalten*–Pivotsuche, *column* pivoting *Zeilen*–Pivotsuche bedeutet.) In [4] findet man die erwähnten Zeitmessungen zum impliziten und expliziten Vertauschen auf einer Hypercube–Architektur. Die Idee des dynamischen Vertauschens stammt aus [14], wo ebenfalls Zeitmessungen auf einem Hypercube angegeben werden. Der Satz über die Durchführbarkeit der Gauß–Elimination ohne Pivotsuche (Satz 4.4.7) kann nach [1] auf *H*–Matrizen (s. Definition B.3.1) verallgemeinert werden

Viele andere parallele Verfahren zur direkten Gleichungslösung basieren auf anderen Methoden als der Gauß–Elimination: Die Arbeit [17] beschäftigt sich mit den *ijk*–Formen bei der *QR–Zerlegung* mit Hilfe von Householder–Transformationen oder Givens–Rotationen. Bei symmetrisch positiv definiten Matrizen ist die *Cholesky–Zerlegung* besonders interessant, welche zusammen mit der *symmetrischen Gauß–Elimination* in [20], [21], [22] und [23] diskutiert wird. Alle vier Referenzen untersuchen die in Bemerkung 4.2.8 d) angesprochenen *ijk*–Formen für die Cholesky–Zerlegung. In [11] (s. auch [18]) wird die sogenannte *WZ–Zerlegung* als

Verfahren für Parallelrechner eingeführt. Darüberhinaus erweisen sich auf einigen Supercomputern *Blockversionen* dieser Verfahren als besonders effizient. Wir verweisen z.B. auf [12] für die Gauß–Elimination und [2] für die QR–Zerlegung.

[1] Alefeld, G.: Über die Durchführbarkeit des Gaußschen Algorithmus bei Gleichungen mit Intervallen als Koeffizienten, Computing Suppl. **1**, 15–19 (1977)

[2] Bischof, Ch., van Loan, Ch.: The WY Representation for Products of Householder Matrices, SIAM J. Sci. Stat. Comput. **8**, s2–s13 (1987)

[3] Chamberlain, R.: An Alternative View of *LU* Factorization with Partial Pivoting on a Hypercube Multiprocessor, in Heath, M.(ed.): Hypercube Multiprocessors, Philadelphia: SIAM (1987), 569–575

[4] Chu, E., George, J.: Gaussian Elimination With Partial Pivoting on a Hypercube Multiprocessor, Parallel Comput. **5**, 65–74 (1987)

[5] Cosnard, M., Marrakchi, M., Robert, Y., Trystram, D.: Parallel Gaussian Elimination on an MIMD computer, Parallel Comput. **6**, 275–296 (1988)

[6] Cosnard, M., Robert, Y., Trystram, D.: Résolution parallèle de systèmes linéaires denses par diagonalisation, Bulletin EDF C **2**, 67–87 (1986)

[7] Dekker, T., Hoffmann, W.: Rehabilitation of the Gauss–Jordan Algorithm, Numer. Math. **54**, 591–599 (1989)

[8] Dongarra, J., Eisenstat, S.: Squeezing the Most out of an Algorithm in CRAY–FORTRAN, ACM Trans. Math. Softw. **10**, 221–230 (1984)

[9] Dongarra, J., Gustavson, F., Karp, A.: Implementing Linear Algebra Algorithms for Dense Matrices on a Vector Pipeline Machine, SIAM Review **26**, 91–112 (1984)

[10] Dongarra, J., Sameh, A., Sorensen, D.: Implementation of some Concurrent Algorithms for Matrix Factorization, Parallel Comput. **3**, 25–34 (1986)

[11] Evans, D.: Parallel Numerical Algorithms for Linear Systems, in: Evans, D. (ed.): Parallel Processing Systems, Cambrigde: University Press (1982)

[12] Gallivan, K., Jalby, W., Meier, U.: The Use of BLAS3 in Linear Algebra on a Parallel Processor With a Hierarchical Memory, SIAM J. Sci. Stat. Comput. **8**, 1079–1084 (1987)

[13] Geist, A., Heath, M.: Matrix Factorization on a Hypercube Multiprocessor, in: Heath, M. (ed.): Hypercube Multiprocessors, Philadelphia: SIAM (1986)

[14] Geist, H., Romine, C.: *LU*–Factorization Algorithms on Distributed–Memory Multiprocessor Architectures, SIAM J. Sci. Stat. Comput. **9**, 639–649 (1988)

[15] Huard, P.: La méthode simplex sans inverse explicite, Bulletin EDF C, 79–98 (1979)

[16] Ipsen, I., Saad, Y., Schultz, M.: Complexity of Dense Linear System Solution on a Multiprocessor Ring, Linear Algebra Appl. **77**, 205–239 (1986)

[17] Mattingly, B., Meyer, C., Ortega, J.: Orthogonal Reduction on Vector Computers, SIAM J. Sci. Stat. Comput. **10**, 372–381 (1989)

[18] Modi, J.: Parallel Algorithms and Matrix Computation, Oxford: Clarendon Press (1988)

[19] O'Leary, D., Stewart, G.: Data–Flow Algorithms for Parallel Matrix Computation, Commun. ACM **28**, 840–853 (1985)

[20] Ortega, J.: Introduction to Parallel and Vector Solution of Linear Systems, New York: Plenum (1988)

[21] Ortega, J.: The *ijk*–Forms of Factorization Methods I. Vector Computers, Parallel Comput. **7**, 135–147 (1988)

[22] Ortega, J., Romine, C.: The *ijk*–Forms of Factorization Methods II. Parallel Systems, Parallel Comput. **7**, 149–162 (1988)

[23] Romine, C.: Factorization Methods for the Parallel Solution of Linear Systems, Ph.D. Thesis, Applied Mathematics, University of Virginia (1986)

[24] Saad, Y.: Communication Complexity of the Gaussian Elimination Algorithm on Multiprocessors, Linear Algebra Appl. **77**, 315–340 (1986)

[25] Schönauer, W.: Scientific Computation on Vector Computers, Amsterdam: North Holland (1987)

[26] Sorensen, D.: Analysis of Pairwise Pivoting in Gaussian Elimination, IEEE Trans. on Comp. **C–34**, 274–278 (1985)

[27] Stoer, J.: Einführung in die Numerische Mathematik I, 3. Auflage Berlin: Springer (1979)

[28] Wilkinson, J.: The Algebraic Eigenvalue Problem, Oxford: Clarendon Press (1965)

Kapitel 5

Gestaffelte lineare Gleichungssysteme

Lineare Gleichungssysteme mit einer Koeffizientenmatrix in unterer oder oberer Dreiecksgestalt bezeichnet man als *gestaffelte* lineare Gleichungssysteme. Wie wir zu Beginn von Kapitel 4 gesehen haben, treten gestaffelte Systeme u.a. bei der Gauß–Elimination zur Lösung eines (beliebigen) nichtsingulären linearen Gleichungssystems auf. Sucht man bei konstanter Koeffizientenmatrix A die Lösungen für verschiedene rechte Seiten b, so berechnet man einmal die LU–Zerlegung von A und löst dann die beiden gestaffelten Systeme (4.3) für die verschiedenen rechten Seiten.

Zur Lösung eines gestaffelten linearen Gleichungssystems der Dimension n benötigt man $n^2/2+O(n)$ Additionen und die gleiche Zahl von Multiplikationen — ein Aufwand, der gegenüber der LU–Zerlegung mit $n^3/3 + O(n^2)$ Additionen und Multiplikationen (s. Satz 4.2.7) praktisch vernachlässigbar erscheint. Diese Überlegung ist für Vektor– und Parallelrechner jedoch nur dann richtig, wenn auch für diese Rechner effiziente Verfahren für gestaffelte Systeme zur Verfügung stehen. Solche Verfahren werden in diesem Kapitel behandelt. Es wird sich herausstellen, daß die Verfahren eine relativ geringe durchschnittliche Vektorlänge bzw. einen relativ hohen Kommunikationsaufwand aufweisen.

Wir betrachten also ein gestaffeltes lineares Gleichungssystem

$$Lx = b \tag{5.1}$$

mit $x, b \in \mathbf{R}^n$ und $L = (l_{ij}) \in \mathbf{R}^{n \times n}$, wobei

$$l_{ij} = \begin{cases} 0 & \text{für} \quad i < j \\ \neq 0 & \text{für} \quad i = j \end{cases}$$

gelte. Das bedeutet, daß die Matrix L untere Dreiecksgestalt besitzt und alle ihre Diagonalelemente von Null verschieden sind. L ist demnach nichtsingulär.

Alle Ausführungen dieses Kapitels lassen sich sinngemäß auf Systeme mit einer oberen Dreiecksmatrix übertragen.

5.1 *ij*–Formen, Vektorrechner

Das gewöhnliche serielle Standardverfahren zur Lösung von (5.1) ist zeilenorientiert. Die Komponenten x_i, $i = 1, \ldots, n$, von x werden dabei der Reihe nach berechnet; für festes i erhält man x_i durch direktes Auflösen der i-ten Zeile von (5.1) mit Hilfe der bereits bekannten Werte $x_1, \ldots, x_{i-1}$. In unserer üblichen Terminologie ist dieses Verfahren eine *ij–Form*. Vor seiner algorithmischen Beschreibung legen wir für den Rest dieses Kapitels die Zahlen $s_i^{(1)}$, $i = 1, \ldots, n$, durch

$$s_i^{(1)} := 0, \quad i = 1, \ldots, n,$$

fest, und setzen weiter

$$s_i^{(j)} := \sum_{m=1}^{j-1} l_{im} x_m, \quad i = 1, \ldots, n, \quad j = 2, \ldots, i. \tag{5.2}$$

5.1.1 Algorithmus (*ij*-Form):

> **for** $i = 1$ **to** n
>   **for** $j = 1$ **to** $i - 1$
> $s_i^{(j+1)} := s_i^{(j)} + l_{ij} x_j$
> $x_i := (b_i - s_i^{(i)}) / l_{ii}$

Eigentlich ist es in Algorithmus 5.1.1 günstiger, die Zahlen $s_i^{(1)}$ mit b_i vorzubelegen und dann $s_i^{(j+1)}$ in der Form

$$s_i^{(j+1)} := s_i^{(j)} - l_{ij} x_j$$

zu berechnen. Man erhält dann nämlich x_i einfacher über $x_i := s_i^{(i)}/l_{ii}$. Darüber hinaus wird man in jedem tatsächlichen Programm $s_i^{(j)}$ mit $s_i^{(j+1)}$ überschreiben, sobald diese Zahl berechnet ist. Weil die später zu beschreibenden Algorithmen zum Teil wesentlich komplexer als Algorithmus 5.1.1 ausfallen werden, verwenden wir in den Pseudocodes möglichst durchgehend die in (5.2) eingeführten Zahlen $s_i^{(j)}$.

Ein spaltenorientiertes Verfahren zur Lösung von (5.1) erhält man, wenn man für festes j alle Zwischensummen $s_i^{(j+1)}$, $i = j+1, \ldots, n$, aus (5.2) direkt nacheinander aus den Zwischensummen $s_i^{(j)}$, $i = j+1, \ldots, n$, berechnet. Der hierfür benötigte Wert von x_j ergibt sich dabei aus $s_j^{(j)}$. Die resultierende *ji–Form* formulieren wir in Algorithmus 5.1.2.

5.1.2 Algorithmus (ji–Form):

```
for j = 1 to n
    x_j := (b_j - s_j^(j))/l_jj
    for i = j + 1 to n
        s_i^(j+1) := s_i^(j) + l_ij x_j
```

Wir diskutieren die beiden ij–Formen für Vektorrechner.

Vektorrechner

Bei der ij–Form (Algorithmus 5.1.1) ist die innere Schleife (über j) ein Innenprodukt der i-ten Zeile $(l_{i1}, \ldots, l_{i,i-1})$ von L mit dem Vektor $(x_1, \ldots, x_{i-1})^T$. Die Berechnung dieses Innenprodukts mit Vektorprozessoren erfordert zeilenweisen Zugriff auf L. Bei der ji–Form (Algorithmus 5.1.2) kann man die beiden Schleifen über j und i — sieht man von der Berechnung der x_j einmal ab — als GAXPY aller Spalten $(l_{j+1,j}, \ldots, l_{nj})^T$, $j = 1, \ldots, n-1$, von L ansehen. Dieser Algorithmus erfordert also den spaltenweisen Zugriff auf L. Bei Programmierung in FORTRAN ist die ji–Form demnach vorzuziehen.

Auf Register–Register–Maschinen sind beide Algorithmen hinsichtlich der notwendigen Register–Speicher–Operationen gleich aufwendig: Beim Übergang zum nächsten Durchlauf der inneren Schleife muß jeweils nur ein Vektor in ein Register geladen werden (eine Zeile von L bei der ij –Form, eine Spalte von L bei der ji–Form).

Wir beenden die Diskussion der ij–Formen für Vektorrechner mit der Bestimmung der durchschnittlichen Vektorlänge.

5.1.3 Satz: Für die durchschnittliche Vektorlänge $\bar{l}$ gilt in den Algorithmen 5.1.1 und 5.1.2

$$\bar{l} = \frac{n}{2} .$$

Beweis: In 5.1.1 wird für $i = 2, \ldots, n$ jeweils ein Innenprodukt von Vektoren der Länge $i - 1$ berechnet. Die Summe der Vektorlängen ist also

$$\sum_{i=2}^{n}(i-1) = \frac{(n-1)n}{2}$$

und damit

$$\bar{l} = \frac{(n-1)n}{2}/(n-1) = \frac{n}{2} .$$

Für 5.1.2 ergibt sich $\bar{l}$ analog. □

Die durchschnittliche Vektorlänge ist hier also geringer als bei den für Vektorrechner günstigen *ijk*–Formen der Gauß–Elimination (s. Satz 4.2.7).

5.2 *ij*–Formen für Parallelrechner

Bei der Übertragung der *ij*–Formen aus Abschnitt 5.1 auf Parallelrechner muß man die Art der Abspeicherung von L auf die einzelnen Prozessoren berücksichtigen. Da die Lösung eines gestaffelten Systems hauptsächlich als Teilaufgabe bei der Gauß–Elimination vorkommt, wollen wir hier die Speicherschemata für L betrachten, wie sie bei der Berechnung der LU–Zerlegung mit den in 4.3 behandelten Verfahren erzeugt werden. Wir nehmen also an, daß L entweder zyklisch nach Zeilen oder zyklisch nach Spalten auf die einzelnen Prozessoren abgespeichert ist. Zusammen mit den beiden *ij*–Formen aus Abschnitt 5.1 erhalten wir so vier Ansätze für Algorithmen auf Parallelrechnern. Drei davon wollen wir ausführlich diskutieren.

Die Mengen *myrows* und *mycolumns* seien wie in Abschnitt 4.3 definiert. Von dort übernehmen wir auch die Bezeichnung $P(i)$ für den Prozessor, der die i-te Zeile/Spalte von L enthält.

Zunächst sei L *zyklisch nach Spalten* abgespeichert. Dann kann die *ij*–Form folgendermaßen realisiert werden.

5.2.1 Algorithmus (ij–Form, L zyklisch nach Spalten abgespeichert):

> **for** $i = 1$ **to** n
> $\quad \tilde{s} := \sum_{j=1, j \in mycolumns}^{i-1} l_{ij} x_j$
> $\quad$ **fan–in**$(\tilde{s}\ ,\ s_i^{(i)}\ ,\ P_k,\ k = 1, \ldots, p)$
> $\quad$ **if** $i \in mycolumns$ **then**
> $\quad\quad x_i := (b_i - s_i^{(i)})/l_{ii}$

Wir haben dabei vorausgesetzt, daß auch die rechte Seite b zyklisch („nach Zeilen") abgespeichert ist und daß die Fan–ins so organisiert sind, daß $s_i^{(i)}$ in $P(i)$ vorliegt. Ist dies nicht der Fall, so ist ein weiterer Kommunikationsschritt vorzusehen, bei welchem $s_i^{(i)}$ an $P(i)$ gesendet wird. Zum Beispiel wird bei einer Binärbaum–Architektur (s. Abbildung 1.3) das Ergebnis des Fan–in gewöhnlich zunächst immer im Wurzelprozessor vorliegen.

Die Rechenlast ist in Algorithmus 5.2.1 ausgeglichen verteilt, denn für festes i unterscheiden sich die Mengen $mycolumns \cap \{j \mid 1 \le j \le i-1\}$ höchstens um 1. (Dies beweist man ähnlich wie Lemma 4.3.2.) Der Kommunikationsaufwand beträgt $n-1$ **fan–in**–Anweisungen, an denen jeweils alle Prozessoren beteiligt sind.

Die ji–Form kann bei *zyklisch nach Zeilen* abgespeichertem L in zu 5.2.1 „dualer" Weise parallel durchgeführt werden. Wir formulieren sofort den resultierenden Algorithmus.

5.2.2 Algorithmus (ji–Form, L zyklisch nach Zeilen abgespeichert):

> **for** $j = 1$ **to** n
> $\quad$ **if** $j \in myrows$ **then**
> $\quad\quad x_j := (b_j - s_j^{(j)})/l_{jj}$
> $\quad\quad$ **if** $j < n$ **then**
> $\quad\quad\quad$ **broadcast**(x_j)
> $\quad$ **else**
> $\quad\quad$ **if** $j < n$ **then receive**(x_j) **from** $P(j)$
> $\quad$ **for** $i \ge j+1$ **and** $i \in myrows$
> $\quad\quad s_i^{(j+1)} := s_i^{(j)} + l_{ij} x_j$

Auch hier haben wir vorausgesetzt, daß b zyklisch abgespeichert ist. Die Rechenlast ist wieder gleichmäßig verteilt, denn nach Lemma 4.3.2 unterscheiden sich die Mengen $myrows \cap \{i \mid j+1 \le i \le n\}$ für festes j höchstens um 1. Algorithmus 5.2.2 erfordert $n-1$ **send/receive**–Schritte, an welchen jeweils alle Prozessoren beteiligt sind.

Bei beiden bisher vorgestellten Algorithmen arbeiten zu einem festen Zeitpunkt alle Prozessoren an derselben „Stufe“, welche durch die Laufvariable in der äußeren Schleife der jeweiligen ij–Form bestimmt ist. Diese Synchronisation ergibt sich durch die Kommunikation und ist in 5.2.1 unvermeidbar. Die nächste Stufe kann dort erst dann begonnen werden, wenn jeder Prozessor an dem vorausgehenden Fan–in mitgemacht hat. Algorithmus 5.2.2 kann dagegen auch in einer asynchronen Variante durchgeführt werden, bei der man die Strategie des Sende–sobald–möglich anwendet.

5.2.3 Algorithmus (asynchrone Variante von 5.2.2):

if $1 \in myrows$ **then**
  $x_1 := (b_1 - s_1^{(1)})/l_{11}$
  broadcast(x_1)
for $j = 1$ **to** $n - 1$
  if $j \notin myrows$ **then receive**(x_j) **from** $P(j)$
  for $(i \geq j + 1)$ **and** $(i \in myrows)$
    $s_i^{(j+1)} := s_i^{(j)} + l_{ij}x_j$
    if $j + 1 = i$ **then**
      $x_{j+1} := (b_{j+1} - s_{j+1}^{(j+1)})/l_{j+1,j+1}$
      if $j + 1 < n$ **then broadcast**(x_{j+1})

Zum Abschluß wollen wir überlegen, wie die ji–Form mit *zyklisch nach Spalten* abgespeichertem L parallel realisiert werden kann. Hier soll Prozessor $P(j)$ also x_j und alle Zahlen $s_i^{(j+1)}$, $i = j + 1, \ldots, n$, aus $s_i^{(j)}$ und l_{ij}, $i = j + 1, \ldots, n$, berechnen. Danach werden die $s_i^{(j+1)}$ an Prozessor $P(j + 1)$ weitergesendet, welcher x_{j+1} und die $s_i^{(j+2)}$, $i = j + 2, \ldots, n$, bestimmt.

Dieser naive Ansatz führt zu einem rein seriellen Algorithmus, bei dem keine zwei Prozessoren gleichzeitig aktiv sind. An einer festen Stufe j der ji–Form arbeitet gerade nur der eine Prozessor $P(j)$.

Eine wirklich parallele Realisierung erreicht man hier mit einem *Pipeline–Algorithmus*. Dabei berechnet Prozessor $P(j)$ die $s_i^{(j+1)}$ in verschiedenen Blöcken oder *Segmenten* für den Index $i \in \{j + 1, \ldots, n\}$. Sind in $P(j)$ die Berechnungen zu einem bestimmten Segment beendet, werden die zugehörigen $s_i^{(j+1)}$ an $P(j + 1)$ gesendet. Prozessor $P(j + 1)$ kann dann die zu diesem Segment gehörigen $s_i^{(j+2)}$ bestimmen, während $P(j)$ das nächste Segment für die $s_i^{(j)}$ bearbeitet. Auf diese Weise erreicht man, daß verschiedene Prozessoren gleichzeitig an verschiedenen Stufen der ji–Form arbeiten.

Zur genauen algorithmischen Beschreibung bezeichne $\sigma \in \mathbf{N}$ die Segmentlänge. Der Einfachheit halber nehmen wir an, σ sei ein Teiler von n und setzen $N = n/\sigma$ $(\in \mathbf{N})$. Die Menge $\{1,\ldots,n\}$ wird nun in N aufeinanderfolgende Segmente

$$S_\nu := \{i \mid \sigma(\nu-1) < i \leq \sigma\nu\}, \;\; \nu = 1,\ldots,N,$$

der Länge σ aufgeteilt. Für $j \in \{1,\ldots,n\}$ legen wir außerdem die Zahl $m_j \in \mathbf{N}$ fest durch $j \in S_{m_j}$.

5.2.4 Algorithmus (ji–Form, L zyklisch nach Spalten abgespeichert):

> **for** $j \in mycolumns$
>   **receive**$\{s_i^{(j)} \mid i \in S_{m_j}, i \geq j\}$ **from** $P(j-1)$
> $x_j := (b_j - s_j^{(j)})/l_{jj}$
>   **for** $(i \in S_{m_j})$ **and** $(i > j)$
> $s_i^{(j+1)} := s_i^{(j)} + l_{ij}x_j$
>   **send**$\{s_i^{(j+1)} \mid i \in S_{m_j}, i > j\}$ **to** $P(j+1)$
>   **for** $\nu = m_j + 1$ **to** N
>   **receive**$\{s_i^{(j)} \mid i \in S_\nu\}$ **from** $P(j-1)$
>   **for** $i \in S_\nu$
> $s_i^{(j+1)} := s_i^{(j)} + l_{ij}x_j$
>   **send**$\{s_i^{(j+1)} \mid i \in S_\nu\}$ **to** $P(j+1)$

Dieser Algorithmus bedarf einiger Erläuterungen. Zunächst ist die angegebene Formulierung nur für $1 < j < n$ korrekt. Für $j = 1$ fallen die **receive**–, für $j = n$ die **send**–Befehle weg. Desweiteren besitzt für festes j das erste in $P(j)$ empfangene Segment

$$(s_j^{(j)},\ldots,s_{\sigma m_j}^{(j)})^T$$

i.a. nicht die volle Länge σ . Aus ihm wird x_j und das um eins verkürzte Segment

$$(s_{j+1}^{(j+1)},\ldots,s_{\sigma m_j}^{(j+1)})^T$$

berechnet und an $P(j+1)$ weitergesendet. Für $j \equiv 0 \bmod \sigma$ besteht dieses verkürzte Segment aus der leeren Menge, die zugehörige **send**–Anweisung fällt also weg. Alle anderen Segmente werden von $P(j)$ in voller Länge empfangen und nach erfolgter Berechnung in voller Länge weitergesendet.

In der Startphase von Algorithmus 5.2.4 werden die Prozessoren $P_1, \ldots,$ P_p der Reihe nach aktiv. Prozessor P_p kann erst dann beginnen, wenn das erste Segment in allen anderen Prozessoren bearbeitet worden ist. In der Endphase des Algorithmus werden die Prozessoren nacheinander inaktiv.

Die Segmentlänge σ ist eine variable Größe. Für einen bestimmten Parallelrechner versucht man sie so zu wählen, daß die Ausführungszeit von 5.2.4 minimal wird. Sicher hat man dazu $\sigma \leq n/p$ zu nehmen, denn sonst treten ständig inaktive Prozessoren auf. Für $\sigma > n/p$ hat nämlich z.B. in der Startphase Prozessor P_1 bereits alle Segmente der $s_i^{(1)}$ bearbeitet und möchte das erste Segment der $s_i^{(p+1)}$ von Prozessor P_p empfangen. Prozessor P_p ist aber frühestens zu diesem Zeitpunkt überhaupt aktiv geworden.

Bei dieser Überlegung sind Zeitverluste durch die Kommunikation nicht mit berücksichtigt worden. In der Praxis wird man deshalb σ deutlich kleiner als n/p wählen müssen, wenn man inaktive Prozessoren vermeiden will.

Wählt man die Segmentlänge sehr klein, so müssen die einzelnen Prozessoren viele **send**– und **receive**–Anweisungen durchführen. Für festes j empfängt und versendet P_j insgesamt

$$\sum_{j \in mycolumns} (N - m_j + 1)$$

Segmente von (zumeist) σ Zahlen. Ist σ sehr klein, so wird N sehr groß. Da das Initialisieren eines **send**– bzw. **receive**–Schrittes gewöhnlich relativ viel Zeit kostet, wird der Kommunikationsaufwand für kleines σ stark ansteigen.

Es kann in Algorithmus 5.2.4 vorkommen, daß Segmente an Prozessoren verschickt werden, die noch nicht empfangsbereit sind, weil sie noch mit den Berechnungen zu einer vorangehenden Stufe j beschäftigt sind. Wie die asynchronen Verfahren ist Algorithmus 5.2.4 also besonders für solche Parallelrechner geeignet, bei denen Rechnen und Empfangen gleichzeitig stattfinden kann.

Die Anzahl der **send**– und **receive**–Schritte pro Prozessor ist in 5.2.4 deutlich größer als in den Algorithmen 5.2.1 und 5.2.2. Dafür muß in 5.2.4 ein Prozessor nur mit zwei Nachbarprozessoren kommunizieren, während die **broadcast**– und **fan–in**–Schritte in 5.2.1 und 5.2.2 jeweils alle Prozessoren des Rechners beteiligen. Insofern erscheint der segmentierte Algorithmus z.B. für Rechner mit einer Ring–Architektur besonders geeignet. Numerische Experimente belegen, daß Algorithmus 5.2.4 bei optimaler Wahl von σ auch auf einer Hypercube–Architektur effizient ist und bis zu zweimal schneller abläuft als die Algorithmen 5.2.1 und 5.2.2.

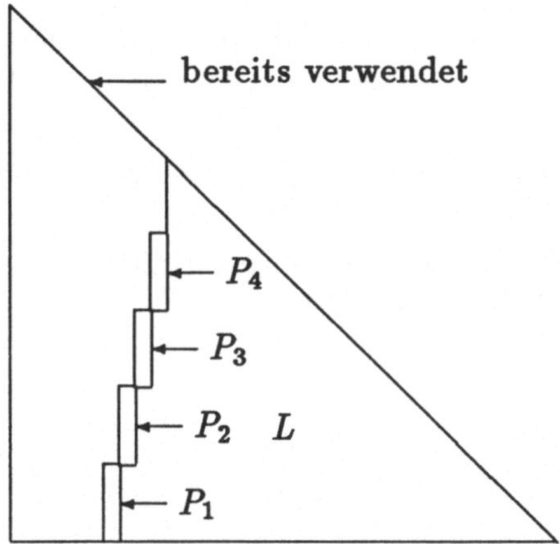

Abbildung 5.1: Momentaufnahme für Algorithmus 5.2.4

Für die ij–Form mit zyklisch nach Zeilen abgespeichertem L kann man ebenfalls ein segmentiertes, zu 5.2.4 „duales" Verfahren formulieren. Wir gehen darauf nicht weiter ein.

Die segmentierten Verfahren werden auch als *Frontwellen*–Verfahren bezeichnet, weil zu einem festen Zeitpunkt die einzelnen Prozessoren mit verschiedenen Spalten bzw. Zeilen von L arbeiten. Abbildung 5.1 illustriert diesen Sachverhalt für $p = 4$ in einer Momentaufnahme für Algorithmus 5.2.4.

Literaturhinweise: Die ji–Form wurde als *column–sweep* (spaltenüberstreichender) Algorithmus für Vektorrechner in [3] eingeführt. Der Großteil der Verfahren für Parallelrechner wurde erst in jüngster Zeit betrachtet. Dies gilt bereits für die ij–Form bei zyklisch nach Spalten abgespeichertem L (Algorithmus 5.2.1, s. [6]) und erst recht für die in [2] formulierten Pipeline–Algorithmen. Neben numerischen Beispielen auf einer Hypercube–Architektur behandelt und vergleicht die Arbeit [2] noch weitere, hier nicht angesprochene Verfahren aus [4] und [5], welche in [1] weiter modifiziert wurden. Alle drei zuletzt genannten Referenzen enthalten ebenfalls numerische Beispiele auf einem Hypercube.

[1] Eisenstat, S., Heath, M., Henkel, C., Romine, C.: Modified Cyclic Algorithms for Solving Triangular Systems on Distributed–Memory Multiprocessors, SIAM J. Sci. Stat. Comput. **9**, 589–600 (1988)

[2] Heath, M., Romine, C.: Parallel Solution of Triangular Systems on Distributed–Memory Multiprocessors, SIAM J. Sci. Stat. Comput. **9**, 558–588 (1988)

[3] Kuck, D.: Parallel Processing of Ordinary Programs, Adv. Comput. **15**, 119–179 (1976)

[4] Li, G., Coleman, Th.: A Parallel Triangular Solver for a Distributed-Memory Multiprocessor, SIAM J. Sci. Stat. Comput. **9**, 485–502 (1988)

[5] Li, G., Coleman, Th.: A New Method for Solving Triangular Systems on Distributed-Memory Message-Passing Multiprocessors, SIAM J. Sci. Stat. Comput. **10**, 382–396 (1989)

[6] Romine, C., Ortega, J.: Parallel Solution of Triangular Systems of Equations, Parallel Comput. **6**, 109–114 (1988)

Kapitel 6

Lineare Differenzengleichungen

Lineare Differenzengleichungen entsprechen linearen Gleichungssystemen mit einer Koeffizientenmatrix, welche Dreiecksgestalt und zusätzlich Bandstruktur besitzt. Für solche Matrizen sind die Verfahren aus Kapitel 5 sehr ineffizient. Andere serielle Standardverfahren können wegen ihres rekursiven Charakters für Vektor– und Parallelrechner ebenfalls nicht effizient eingesetzt werden. Für lineare Differenzengleichungen sind also grundsätzlich neue Ansätze erforderlich, von denen wir hier im wesentlichen drei, nämlich das *rekursive Verdoppeln*, die *zyklische Reduktion* und das *Partitionsverfahren*, besprechen wollen.

6.1 Lineare Differenzengleichungen r-ter Ordnung

6.1.1 Definition: Eine Folge von linearen Gleichungen der Form

$$x_i = \sum_{j=i-r}^{i-1} a_{ij}x_j + d_i, \quad i = r, \ldots, n, \tag{6.1}$$

mit

$$a_{ij},\, d_i \in \mathbf{R}, \quad j = i - r, \ldots, i - 1, \quad i = r, \ldots, n,$$

und vorgegebenen Startwerten $x_0, \ldots, x_{r-1} \in \mathbf{R}$ heißt *lineare Differenzengleichung r-ter Ordnung*. Der Vektor $(x_0, \ldots, x_n)^T$ heißt *Lösung* von (6.1).

Offensichtlich entspricht jede lineare Differenzengleichung (6.1) dem linearen Gleichungssystem in $\mathbf{R}^{n+1}$

$$\begin{pmatrix} 1 & & & & & \\ -a_{10} & 1 & & & 0 & \\ \vdots & \cdot & \cdot & & & \\ -a_{r0} & & \cdot & \cdot & & \\ & \ddots & & \cdot & \cdot & \\ 0 & & -a_{n,n-r} & \dots & -a_{n,n-1} & 1 \end{pmatrix} \begin{pmatrix} x_0 \\ \\ \vdots \\ \\ x_n \end{pmatrix} = \begin{pmatrix} d_0 \\ \\ \vdots \\ \\ d_n \end{pmatrix}, \qquad (6.2)$$

mit

$$\begin{aligned} d_i &= x_i, \; i = 0, \dots, r-1, \\ a_{ij} &= 0, \; i = 1, \dots, r-1, \; j = 0, \dots, i-1. \end{aligned}$$

Umgekehrt führt jedes lineare Gleichungssystem in $\mathbf{R}^{n+1}$ mit einer unteren Dreiecksmatrix und Bandstruktur der Gestalt

$$\begin{pmatrix} 1 & & & & & \\ \tilde{a}_{10} & 1 & & & 0 & \\ \vdots & \cdot & \cdot & & & \\ \tilde{a}_{r0} & & \cdot & \cdot & & \\ & \ddots & & \cdot & \cdot & \\ 0 & & \tilde{a}_{n,n-r} & \dots & \tilde{a}_{n,n-1} & 1 \end{pmatrix} \begin{pmatrix} x_0 \\ \\ \vdots \\ \\ x_n \end{pmatrix} = \begin{pmatrix} d_0 \\ \\ \vdots \\ \\ d_n \end{pmatrix} \qquad (6.3)$$

auf die lineare Differenzengleichung r-ter Ordnung

$$x_i = \sum_{j=i-r}^{i-1} (-\tilde{a}_{ij}) x_j + d_i, \; i = r, \dots, n,$$

wobei die Startwerte $x_0, \dots, x_{r-1}$ durch

$$x_i = \sum_{j=0}^{i-1} (-\tilde{a}_{ij}) x_j + d_i, \; i = 0, \dots, r-1,$$

gegeben sind.

Wir zeigen zunächst anhand einiger einfacher Beispiele, wo in der Numerik lineare Differenzengleichungen vorkommen.

6.1.2 Beispiel:

a) Bei der Auswertung eines reellen Polynoms

$$p(t) = \sum_{i=0}^{n} d_{n-i} t^i$$

an der Stelle t berechnet man mit dem *Hornerschema*

$$p(t) = (\ldots((d_0 t + d_1)t + d_2)t + \ldots)t + d_n.$$

Die Zwischenergebnisse beim Hornerschema sind gerade die Lösung $x_1, \ldots, x_n$ der linearen Differenzengleichung erster Ordnung

$$x_i = t x_{i-1} + d_i, \quad i = 1, \ldots, n,$$

mit dem Startwert $x_0 = d_0$ (und $x_n = p(t)$).

b) Die ersten $n+1$ *Fibonacci-Zahlen* $f_0, \ldots, f_n$ sind die Lösung der linearen Differenzengleichung zweiter Ordnung

$$f_i = f_{i-1} + f_{i-2}, \quad i = 2, \ldots, n,$$

mit vorgegebenem f_0 und f_1.

c) Wendet man auf die symmetrische Tridiagonalmatrix

$$C = \begin{pmatrix} b_1 & a_2 & & & \\ a_2 & b_2 & a_3 & & \\ & & & \ddots & \\ & & \ddots & \ddots & a_n \\ & & & a_n & b_n \end{pmatrix}$$

das *Bisektionsverfahren* zur Bestimmung der Eigenwerte von C an, so berechnet man für verschiedene Werte von λ die Lösung der linearen Differenzengleichung zweiter Ordnung

$$p_i = (b_i - \lambda)p_{i-1} - a_i^2 p_{i-2}, \quad i = 2, \ldots, n,$$

mit den Startwerten $p_0 = 1, \quad p_1 = b_1 - \lambda$.

Während man in 6.1.2 b) und c) an allen Komponenten der Lösung interessiert ist, benötigt man in a) — außer man möchte das sogenannte *vollständige Hornerschema* anwenden — lediglich die letzte Komponente der Lösung.

Lineare Differenzengleichungen sind in der numerischen linearen Algebra vor allem wegen des durch (6.2) und (6.3) gegebenen Zusammenhangs mit linearen Gleichungssystemen wichtig. Wir werden daher Algorithmen in diesem Kapitel immer so formulieren, daß sie alle Komponenten der Lösung berechnen.

Gewöhnlich löst man (6.1), indem man einfach der Reihe nach $x_r, \ldots, x_n$ direkt aus (6.1) ausrechnet. Durch Betrachtung der zugehörigen ij–Formen kann man so im Prinzip die Verfahren aus Kapitel 5 auf das gestaffelte Gleichungssystem (6.2) übertragen. Aufgrund der Bandstruktur erreicht man jedoch nur Vektorlängen von höchstens r bzw. höchstens r aktive Prozessoren. Im Extremfall $r = 1$ ergeben sich also rein serielle Verfahren.

Wir betrachten hier deshalb *neue* Verfahren für Vektor– und Parallelrechner. Um diese später mit dem seriellen Verfahren vergleichen zu können, halten wir dessen Rechenaufwand hier fest.

6.1.3 Bemerkung: Das gewöhnliche serielle Verfahren zur Lösung von (6.1) benötigt

$$r(n - r + 1) = rn + O(1) \text{ Multiplikationen}$$

und dieselbe Zahl von Additionen.

In den beiden nächsten Abschnitten behandeln wir ausführlich parallele Verfahren für lineare Differenzengleichungen *erster* Ordnung. In Abschnitt 6.4 skizzieren wir dann, wie diese Verfahren auf Differenzengleichungen höherer Ordnung übertragen werden können.

6.2 Rekursives Verdoppeln und zyklische Reduktion

Wir betrachten hier ausschließlich lineare Differenzengleichungen erster Ordnung, welche wir ab jetzt in der Form

$$x_i = a_i^{(0)} x_{i-1} + d_i^{(0)}, \quad i = 1, \ldots, n, \tag{6.4}$$

mit Startwert x_0 schreiben werden.

Eine Klasse paralleler Verfahren zur Lösung von (6.4) beruht auf dem folgenden Satz.

6.2.1 Satz: Für $k = 1, \dots, \lfloor \log_2 n \rfloor$ [1] seien die Zahlen $a_i^{(k)}, d_i^{(k)}, i = 2^k, \dots, n$, rekursiv definiert durch

$$a_i^{(k)} := a_i^{(k-1)} a_{i-2^{k-1}}^{(k-1)}, \quad d_i^{(k)} := a_i^{(k-1)} d_{i-2^{k-1}}^{(k-1)} + d_i^{(k-1)}. \tag{6.5}$$

Dann erfüllt für $k = 0, \dots, \lfloor \log_2 n \rfloor$ die Lösung $x_0, \dots, x_n$ von (6.4) die Gleichungen

$$x_i = a_i^{(k)} x_{i-2^k} + d_i^{(k)}, \quad i = 2^k, \dots, n. \tag{6.6}$$

Beweis: Für $k = 0$ sind die Gleichungen (6.6) gerade die ursprüngliche Differenzengleichung (6.4). Angenommen, (6.6) gilt für ein bestimmtes k, $0 \leq k < \lfloor \log_2 n \rfloor$. Dann erhalten wir für $i = 2^{k+1}, \dots, n$ unter Verwendung von (6.5)

$$\begin{aligned} x_i &= a_i^{(k)} x_{i-2^k} + d_i^{(k)} \\ &= a_i^{(k)} \left(a_{i-2^k}^{(k)} \cdot x_{i-2^{k+1}} + d_{i-2^k}^{(k)} \right) + d_i^{(k)} \\ &= a_i^{(k+1)} x_{i-2^{k+1}} + d_i^{(k+1)}. \end{aligned}$$

Damit ist (6.6) mit vollständiger Induktion bewiesen. □

Die Berechnung der Zahlen $a_i^{(k)}, d_i^{(k)}, i = 2^k, \dots, n$, aus (6.5) kann für festes k parallel erfolgen. Sind für ein k die Komponenten $x_0, \dots, x_{2^k-1}$ der Lösung bereits bekannt, so können die nächsten 2^k Komponenten aus (6.6) mit Hilfe der $a_i^{(k)}$ und $d_i^{(k)}$ berechnet werden. Es ergibt sich so ein Lösungsverfahren, bei dem sich in jedem Schritt die Anzahl der bekannten Komponenten der Lösung verdoppelt. Wir beschreiben dieses Verfahren des *rekursiven Verdoppelns* genau in 6.2.2 und illustrieren es in Abbildung 6.1 für $n = 7$. Wir verwenden dabei, wie im gesamten Rest dieses Kapitels, die Bezeichnung N für die Zahl

$$N := \lfloor \log_2 n \rfloor.$$

6.2.2 Verfahren (rekursives Verdoppeln):
Führe für $k = 1, \dots, N + 1$ die beiden folgenden Schritte durch:

1. Berechne für $i = 2^{k-1}, \dots, \min\{n, 2^k - 1\}$ die Zahlen x_i durch

$$x_i := a_i^{(k-1)} x_{i-2^{k-1}} + d_i^{(k-1)}.$$

[1] Für $a \in \mathbf{R}$ bedeutet $\lfloor a \rfloor$ die Zahl $\max\{n \in \mathbf{Z} \mid n \leq a\}$.

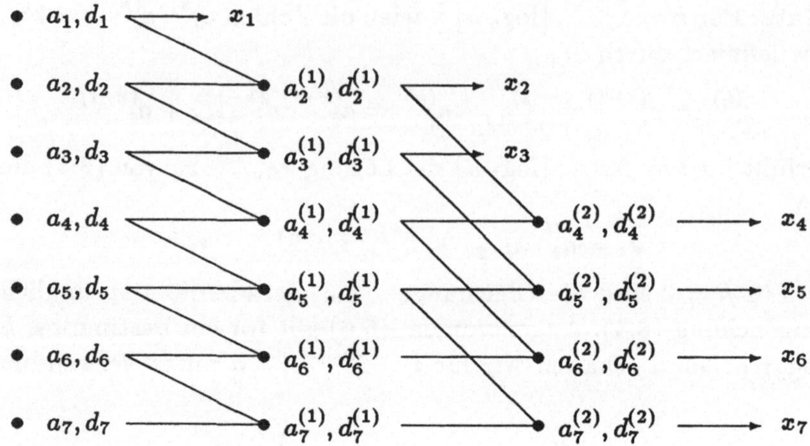

Abbildung 6.1: Rekursives Verdoppeln ($n = 7$)

2. Berechne für $i = 2^k, \ldots, n$ die Zahlen $a_i^{(k)}$ und $d_i^{(k)}$ durch

$$\begin{aligned} a_i^{(k)} &:= a_i^{(k-1)} a_{i-2^{k-1}}^{(k-1)}, \\ d_i^{(k)} &:= a_i^{(k-1)} d_{i-2^{k-1}}^{(k-1)} + d_i^{(k-1)}. \end{aligned}$$

Man beachte, daß der zweite Schritt für $k = N+1$ nicht mehr ausgeführt wird.

In etwas anderer Weise wird Satz 6.2.1 beim Verfahren der *zyklischen Reduktion* ausgenutzt, wo nur ein Teil der in (6.5) definierten Zahlen $a_i^{(k)}, d_i^{(k)}$ verwendet wird. Zur Beschreibung der zyklischen Reduktion gebrauchen wir die ALGOL–ähnliche Notation

$$i = p(q)t$$

als Abkürzung für $i = p, p+q, \ldots, p+mq$, mit $m \in \mathbf{Z}$, $p + mq \leq t < p + (m+1)q$. Wir setzen bei dieser Schreibweise ausdrücklich *nicht* voraus, daß q ein Teiler von $t - p$ ist.

Für festes k ergeben sich die Zahlen $a_i^{(k)}, d_i^{(k)}, i = 2^k(2^k)n$, gerade aus den Zahlen $a_i^{(k-1)}, d_i^{(k-1)}, i = 2^{k-1}(2^{k-1})n$. Es ist also möglich, die Berechnung der $a_i^{(k)}, d_i^{(k)}$ aus (6.5) nur für $i = 2^k(2^k)n$, $k = 1, \ldots, N$, durchzuführen. Die Anzahl der zu berechnenden $a_i^{(k)}, d_i^{(k)}$ reduziert sich jedesmal um rund

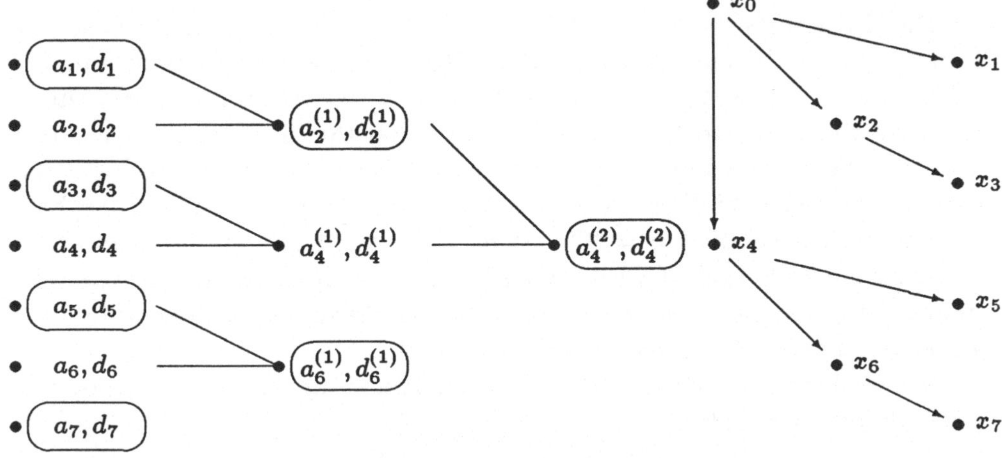

Abbildung 6.2: Zyklische Reduktion ($n = 7$)

die Hälfte, wenn k um 1 erhöht wird. Sind alle diese Zahlen berechnet, so erhält man die Komponenten der Lösung über einen Substitutionsprozeß: Die Komponente x_{2^N} ergibt sich mit Hilfe von x_0 aus (6.6) für $k = N$; danach berechnet man $x_{2^{N-1}}$ und eventuell $x_{2^N+2^{N-1}}$ aus (6.6) für $k = N-1$ und den bereits bekannten x_0 und x_{2^N}, usw. Die Komponenten der Lösung ergeben sich so in einer Reihenfolge, die dadurch bestimmt ist, wie oft der Faktor 2 im jeweiligen Index vorkommt. Die Komponenten mit ungeradem Index erhält man zum Schluß. Wir formulieren die zyklische Reduktion präzise im nachstehenden Verfahren.

6.2.3 Verfahren (zyklische Reduktion):

1. Berechne für $k = 1, \ldots, N$ die Zahlen $a_i^{(k)}$ und $d_i^{(k)}$ durch

$$\begin{aligned} a_i^{(k)} &:= a_i^{(k-1)} a_{i-2^{k-1}}^{(k-1)}, \quad i = 2^k(2^k)n, \\ d_i^{(k)} &:= a_i^{(k-1)} d_{i-2^{k-1}}^{(k-1)} + d_i^{(k-1)}, \quad i = 2^k(2^k)n. \end{aligned}$$

2. Berechne für $k = N, \ldots, 0$ die Zahlen x_i durch

$$x_i = a_i^{(k)} x_{i-2^k} + d_i^{(k)}, \quad i = 2^k(2^{k+1})n.$$

Die Bestimmung der $a_i^{(k)}, d_i^{(k)}$ bezeichnen wir als *Reduktionsphase*, die Berechnung der Lösung als *Substitutionsphase* der zyklischen Reduktion. Abbildung 6.2 stellt die zyklische Reduktion für $n = 7$ schematisch dar. Die in ein Oval eingeschlossenen Zahlen werden dabei für die Substitutionsphase benötigt. Es ist empfehlenswert, sich die zyklische Reduktion auch für andere Werte von n bildlich zu veranschaulichen, denn die Reduktionsphase läuft nur im Spezialfall $n = 2^N - 1$ so auf die „Mitte" zu wie dies durch Abbildung 6.2 nahegelegt wird. (Vom Prinzip her illustriert die in Kapitel 7 in anderem, wenn auch verwandtem Zusammenhang auftretende Abbildung 7.2 einen anderen Spezialfall, nämlich $n = 2^N$.)

Wir ermitteln als nächstes den Rechenaufwand für rekursives Verdoppeln und zyklische Reduktion.

6.2.4 Satz: Beim rekursiven Verdoppeln (Verfahren 6.2.2) benötigt man

$2n \log_2 n + O(n)$ Multiplikationen und
$n \log_2 n + O(n)$ Additionen .

Bei der zyklischen Reduktion (Verfahren 6.2.3) benötigt man

$3n + O(\log_2 n)$ Multiplikationen und
$2n + O(\log_2 n)$ Additionen .

Beweis: Wir nehmen zunächst einfachheitshalber an, es sei $n = 2^N$ mit $N \in \mathbf{N}$. Beim rekursiven Verdoppeln ergibt sich dann für die Anzahl der Multiplikationen

$$\begin{aligned}\left(\sum_{k=1}^{N} \sum_{i=2^{k-1}}^{2^k-1} 1 + 1\right) + \sum_{k=1}^{N} \sum_{i=2^k}^{n} 2 &= \sum_{k=1}^{N} \left(2^{k-1} + 2(n - 2^k + 1)\right) + 1 \\ &= 2Nn + O(n),\end{aligned}$$

für die Anzahl der Additionen entsprechend

$$\left(\sum_{k=1}^{N} \sum_{i=2^{k-1}}^{2^k-1} 1 + 1\right) + \sum_{k=1}^{N} \sum_{i=2^k}^{n} 1 = Nn + O(n).$$

Bei der zyklischen Reduktion erhalten wir für die Anzahl der Multiplikationen

$$\begin{aligned}\sum_{k=1}^{N} \left(2^{N-k}\right) 2 + \left(1 + \sum_{k=0}^{N-1} \frac{1}{2} 2^{N-k}\right) &= 2 \cdot 2^N - 2 + 2^N \\ &= 3n + O(1).\end{aligned}$$

Für die Zahl der Additionen ergibt sich hier

$$\sum_{k=1}^{N} 2^{N-k} + \left(1 + \sum_{k=0}^{N-1} \frac{1}{2} 2^{N-k}\right) = 2n + O(1).$$

Ist n keine Potenz von 2, so geht der Beweis analog. In diesen Fällen ergibt sich statt $O(1)$ tatsächlich der im Satz angegebene Term $O(\log_2 n)$. □

Nach Bemerkung 6.1.3 erfordert das gewöhnliche serielle Verfahren zur Lösung von (6.4) je n Multiplikationen und Additionen. Das zyklische Reduktionsverfahren hat demgegenüber ungefähr den zweieinhalbfachen Gesamtaufwand. Beim rekursiven Verdoppeln wird das Verhältnis sogar beliebig groß, wenn nur n genügend groß ist. Im Gegensatz zum seriellen Verfahren können in den neuen Verfahren aber Teilschritte, nämlich alle zu einer festen Stufe k gehörigen Berechnungen, parallel ausgeführt werden.

Vektorrechner

Für Vektorrechner betrachten wir nur die zyklische Reduktion (Verfahren 6.2.3), denn das rekursive Verdoppeln ist hier wegen des erheblich größeren Rechenaufwandes uninteressant.

Die Reduktionsphase der zyklischen Reduktion besteht für festes k aus je einer (komponentenweisen) Vektor–Multiplikation (zur Berechnung der $a_i^{(k)}$, $i = 2^k(2^k)n$) und einer allgemeinen Triade (zur Berechnung der $d_i^{(k)}$, $i = 2^k(2^k)n$). In der Substitutionsphase werden die x_i, $i = 2^k(2^{k+1})n$, ebenfalls über allgemeine Triaden berechnet. In der Reduktionsphase könnten die Werte von $a_i^{(k-1)}, d_i^{(k-1)}$ im Prinzip mit $a_i^{(k)}, d_i^{(k)}$ überschrieben werden, sobald diese Zahlen berechnet sind. Wie in Abbildung 6.2 angedeutet, würde man dann genau über die $a_i^{(k)}, d_i^{(k)}$ verfügen, welche für die Substitutionsphase benötigt werden.

Eine Realisierung der zyklischen Reduktion in dieser Weise besitzt auf Vektorrechnern den Nachteil, daß bei den Vektoroperationen *nicht* auf aufeinanderfolgende Vektorelemente zugegriffen wird. Vielmehr verwendet man für festes k nur jede 2^k-te Komponente. Weil ein Vektorrechner bei um eine (höhere) Potenz von 2 auseinanderliegenden Vektorelementen häufig sehr ineffizient arbeitet, speichert man bei einer Implementierung der zyklischen Reduktion die Werte $a_i^{(k)}, d_i^{(k)}, i = 2^k(2^k)n$, besser für jedes k aufeinanderfolgend, anschließend an die bereits berechneten Werte, in je einem Vektor ab. Der Speicheraufwand erhöht sich so auf rund das Doppelte, dafür wird jetzt bei der Berechnung der $a_i^{(k)}$ und $d_i^{(k)}$ auf Vektorelemente zugegriffen, die im Speicher nur jeweils zwei Plätze voneinander entfernt liegen. So sind Verzögerungszeiten durch den Speicherzugriff während der Reduktionsphase weitgehend ausgeschlossen.

Wir formulieren eine solche Realisierung der zyklischen Reduktion in Algorithmus 6.2.5. Dazu seien die Variablen a_i, d_i, $i = 1, \dots, n$, zu Beginn mit den Zahlen $a_i^{(0)}, d_i^{(0)}$ vorbelegt. Für einen festen Wert von k geben die Hilfsgrößen t und s den Ausschnitt der Komponenten der Vektoren a, d an, in welchem die Zahlen $a_i^{(k-1)}, d_i^{(k-1)}$ abgespeichert sind. In der Substitutionsphase wird in Algorithmus 6.2.5 immer noch in ungünstiger Weise auf die Komponenten des Vektors x zugegriffen.

6.2.5 Algorithmus (zyklische Reduktion):

$s := n$, $t := 0$,
for $k = 1$ **to** N
  for $i = 1$ **to** $\lfloor n/2^k \rfloor$
    $a_{s+i} := a_{t+2i} \cdot a_{t+2i-1}$
    $d_{s+i} := a_{t+2i} \cdot d_{t+2i-1} + d_{t+2i}$
  $t := s$, $s := s + \lfloor n/2^k \rfloor$
for $k = N$ **downto** 0
  for $i = 0$ **to** $\lfloor (n - 2^k)/2^{k+1} \rfloor$
    $x_{2^k + i \cdot 2^{k+1}} := a_{t+2i+1} \cdot x_{i \cdot 2^{k+1}} + d_{t+2i+1}$
  $t := t - \lfloor n/2^{k-1} \rfloor$

Abschließend bestimmen wir in dem folgenden Beispiel unter vereinfachenden Annahmen die durchschnittliche Vektorlänge und die Ausführungszeit von Algorithmus 6.2.5.

6.2.6 Beispiel: Es sei $n = 2^N$ mit $N \in \mathbf{N}$. Auf dem Vektorrechner benötige eine (komponentenweise) Vektor–Multiplikation dieselbe Startupzeit $n_{1/2}\tau$ wie eine Vektor–Addition. In der Reduktionsphase werden in Algorithmus 6.2.5 für $k = 1, \dots, N$ je zwei Vektor–Multiplikationen und eine Vektor–Addition mit Vektoren der Länge 2^{N-k} durchgeführt. Vernachlässigen wir in der Substitutionsphase die Berechnung von x_{2^N}, so besteht diese Phase für $k = N-1, \dots, 0$ aus jeweils einer dieser Operationen mit Vektoren der Länge 2^{N-k-1}. Wir erhalten so für die durchschnittliche Vektorlänge

$$\bar{l} = 5 \left(\sum_{k=1}^{N} 2^{N-k} \right) /(5N) = \frac{n-1}{N} = \frac{n-1}{\log_2 n}.$$

Treten keine Verzögerungen beim Speicherzugriff auf, so benötigt der Algorithmus eine Rechenzeit

$$t = 5N\tau\left(n_{1/2} + \bar{l}\right) = 5\tau n_{1/2}\log_2 n + 5\tau(n-1).$$

Die durchschnittliche Vektorlänge wächst also langsamer als linear in n. Ist für einen Vektorrechner die Rechengeschwindigkeit mit dem Vektorprozessor z.B. fünfmal schneller als im Skalarmodus, so wird man für die zyklische Reduktion wegen des zweieinhalbfachen Rechenaufwands bestenfalls die doppelte Geschwindigkeit gegenüber dem üblichen seriellen Verfahren im Skalarmodus erwarten. Durch die allgemeinen Triaden, welche bei der Berechnung der $d_i^{(k)}$ und der x_i auftreten, kann jedoch — zumindest auf Register–Register–Maschinen — der Geschwindigkeitsgewinn auch höher ausfallen. Die relativ geringe durchschnittliche Vektorlänge wirkt sich dagegen geschwindigkeitsmindernd aus. Dennoch gehört die zyklische Reduktion zu den in der Praxis häufig verwendeten Verfahren auf Vektorrechnern.

Parallelrechner

Wir nehmen zunächst an, Prozessorzahl und Länge der Differenzengleichung sind gleich groß, also $p = n$. Um das *rekursive Verdoppeln* zu realisieren, wählen wir für jedes feste $k \in \{1, \ldots, N+1\}$ verschiedene Prozessoren $P(k,i)$, $i = 2^{k-1}, \ldots, n$, aus. Für $i = 2^{k-1}, \ldots, \min\{n, 2^k - 1\}$ berechnet $P(k,i)$ die Zahl x_i , für $i \geq 2^k$ stattdessen die Zahlen $a_i^{(k)}$ und $d_i^{(k)}$. Für $i = 2^{k-1}, \ldots, \min\{n, 2^k - 1\}$ benötigt der Prozessor dazu die Daten $a_i^{(k-1)}, d_i^{(k-1)}$ sowie $x_{i-2^{k-1}}$, für $i \geq 2^k$ benötigt er $a_{i-2^{k-1}}^{(k-1)}$ und $d_{i-2^{k-1}}^{(k-1)}$. Wird x_i in $P(k,i)$ berechnet, so muß $P(k,i)$ sowohl $x_{i-2^{k-1}}$ als auch x_i weitersenden, denn dann wird $x_{i-2^{k-1}}$ in $P(k+1, i+2^{k-1})$ zur Berechnung von $x_{i+2^{k-1}}$ verwendet und x_i in $P(k+1, i+2^k)$ zur Berechnung von x_{i+2^k}.

In dem auf der nächsten Seite abgedruckten Pseudocode 6.2.7 kann es vorkommen, daß die k bzw. i entsprechenden Indizes außerhalb des zulässigen Bereichs $\{1, \ldots, N+1\}$ bzw. $\{2^{k-1}, \ldots, n\}$ liegen. Für diesen Fall soll der zugehörige Befehl im Algorithmus entfallen. Wir nehmen in 6.2.7 weiter an, daß anfangs (für $k = 1$) in Prozessor $P(1,i)$ die Zahlen $a_i, a_{i-1}, d_i, d_{i-1}$ vorliegen und daß der Startwert x_0 dem Prozessor $P(1,1)$ bekannt ist. Einen Teil der **send/receive**–Anweisungen in 6.2.7 könnte man dadurch vermeiden, daß die Zahlen x_i, $i = 2^{k-1}, \ldots, 2^k - 1$, nach erfolgter Berechnung der zugehörigen $a_i^{(k-1)}, d_i^{(k-1)}$ bereits in der Stufe $k-1$ in Prozessor $P(k-1, i)$

bestimmt werden. Wir haben trotzdem die in 6.2.7 gegebene Darstellung gewählt, weil sie sich enger an die ursprüngliche Formulierung des rekursiven Verdoppelns aus Verfahren 6.2.2 hält.

6.2.7 Algorithmus (rekursives Verdoppeln, $n = p$):

```
for k = 1 to N + 1
    if me = P(k, i) then
        receive(a_i^(k-1), d_i^(k-1)) from P(k - 1, i)
        if i < 2^k then
            if 2^(k-1) <= i < 2^(k-1) + 2^(k-2) then
                receive(x_{i-2^(k-1)}) from P(k - 1, i - 2^(k-2))
            else receive(x_{i-2^(k-1)}) from P(k - 1, i - 2^(k-1))
            x_i := a_i^(k-1) x_{i-2^(k-1)} + d_i^(k-1)
            send(x_{i-2^(k-1)}) to P(k + 1, i + 2^(k-1))
            send(x_i) to P(k + 1, i + 2^k)
        else
            receive (a_{i-2^(k-1)}^(k-1), d_{i-2^(k-1)}^(k-1)) from P(k - 1, i - 2^(k-1))
                a_i^(k) := a_i^(k-1) a_{i-2^(k-1)}^(k-1)
                d_i^(k) := a_i^(k-1) d_{i-2^(k-1)}^(k-1) + d_i^(k-1)
            send(a_i^(k), d_i^(k)) to P(k + 1, i) and P(k + 1, i + 2^k)
```

Die zyklische Reduktion kann in ähnlicher Weise auf einem Parallelrechner realisiert werden. Man gibt sich diesmal in der Reduktionsphase für festes $k \in \{0, \ldots, N\}$ verschiedene Prozessoren $P(k, i)$, $i = 2^k(2^k)n$, vor. Für $i = 1, \ldots, n$ enthalte Prozessor $P(0, i)$ die Ausgangsdaten $a_i^{(0)}$ und $d_i^{(0)}$; für festes $k \geq 1$ berechnen die Prozessoren $P(k, i)$ in N parallelen Stufen die Zahlen $a_i^{(k)}, d_i^{(k)}$. Das Kommunikationsschema ist dabei ähnlich wie bei einem Fan–in; eigentliche Rechenarbeit wird nur von $\lfloor n/2^k \rfloor$ Prozessoren gleichzeitig verrichtet. Die Substitutionsphase kann entsprechend in $N + 1$ parallelen Stufen $k = N, \ldots, 0$ durchgeführt werden, bei denen für $i = 2^k(2^{k+1})n$ Prozessor $P(k, i)$ die Komponente x_i berechnet. Wir schreiben den zugehörigen Pseudocode seiner Länge wegen nicht auf.

Algorithmus 6.2.7 besteht aus $N+1$ parallelen Stufen, welche den Indizes $k = 1, \ldots, N + 1$ entsprechen. In einer festen Stufe k sind die Prozessoren $P(k, i)$, $i = 2^{k-1}, \ldots, n$, aktiv; es überwiegt die Kommunikation. Die Zahl der inaktiven Prozessoren verdoppelt sich beim Übergang von Stufe k zur Stufe $k + 1$.

Die angedeutete Realisierung der zyklische Reduktion erfordert $2N + 1$ parallele Stufen. Die Zahl der inaktiven Prozessoren ist hier wesentlich größer, da sich z.B. in der Reduktionsphase die Zahl der aktiven Prozessoren nach jeder Stufe halbiert. Der Aufwand für die Kommunikation ist für einen aktiven Prozessor bei beiden Verfahren gleich groß.

In Algorithmus 6.2.7 und in seinem Analogon für die zyklische Reduktion findet die Kommunikation zwischen Prozessoren $P(k,i)$ statt, die sich im Index i um eine Potenz von 2 unterscheiden. Wie beim Fan–in in Beispiel 2.1.6 erläutert wurde, ist diese Art der Kommunikation für Rechner mit Hypercube– oder Binärbaum–Architektur besonders gut geeignet.

Wir untersuchen nun, wie das rekursive Verdoppeln aus Algorithmus 6.2.7 modifiziert werden kann, wenn — wie es realistisch ist — n wesentlich größer als p ist. Eine erste Möglichkeit ist, einfach $\lceil n/p \rceil$ mal rekursives Verdoppeln oder zyklische Reduktion auf aufeinanderfolgende „Blöcke" der Länge p von (6.4) anzuwenden. Auf diese Weise handelt man sich jedoch $\lceil n/p \rceil$ mal Verzögerungszeiten durch die Kommunikation ein. Besser ist es, ein Verfahren so zu formulieren, daß die Kommunikation von Algorithmus 6.2.7 (oder seines Analogons für die zyklische Reduktion) nur einmal durchgeführt werden muß. Wir nehmen dazu an, es sei $n = pq$ mit $q = 2^Q$, $Q \in \mathbf{N}$, und ordnen Prozessor P_s den Bereich $\{i \in \mathbf{N} \mid (s-1)q < i \leq sq\}$ zu. Wir beschreiben nun ein Verfahren, welches aus drei großen Teilschritten besteht. Im *ersten* Schritt führt Prozessor P_s die zu dem Bereich $\{i \in \mathbf{N} \mid (s-1)q < i \leq sq\}$ gehörigen Berechnungen zu den ersten Q Schritten der Reduktionsphase der zyklischen Reduktion durch, d.h. Prozessor P_s berechnet für $k = 1, \ldots, Q$ die Zahlen

$$a_i^{(k)}, d_i^{(k)}, \quad i = (s-1)q + 2^k \; (2^k) \; sq. \tag{6.7}$$

Danach liegen in P_s gerade die Koeffizienten der s-ten Gleichung der linearen Differenzengleichung erster Ordnung

$$\tilde{x}_s = \tilde{a}_s \tilde{x}_{s-1} + \tilde{d}_s, \quad s = 1, \ldots, p, \tag{6.8}$$

vor, mit

$$\begin{aligned} \tilde{a}_s &= a_{sq}^{(Q)}, \quad \tilde{d}_s = d_{sq}^{(Q)}, \quad s = 1, \ldots, p, \\ \tilde{x}_s &= x_{sq}, \quad s = 0, \ldots, p. \end{aligned}$$

In einem *zweiten* Schritt löst man diese Differenzengleichung mit Algorithmus 6.2.7 (oder seinem Analogon für die zyklische Reduktion).

Im *dritten* Schritt kann nun Prozessor P_s die übrigen Komponenten $x_{(s-1)q+1}, \ldots, x_{sq-1}$ der Lösung von (6.4) mit den letzten Q Stufen der Substitutionsphase der zyklischen Reduktion (oder auch mit dem seriellen Standardverfahren) berechnen. Die jeweiligen Startwerte $x_{(s-1)q}$ sind jetzt bekannt. Wir fassen dieses Vorgehen in Verfahren 6.2.8 zusammen.

6.2.8 Verfahren (zyklische Reduktion, $n = pq, q = 2^Q$):

1. Bestimme für $s = 1, \ldots, p$ in Prozessor P_s die Koeffizienten aus (6.7) mit den ersten Q Stufen der Reduktionsphase der zyklischen Reduktion.

2. Löse die Differenzengleichung (6.8) mit Algorithmus 6.2.7 (oder seinem Analogon für die zyklische Reduktion).

3. Berechne für $s = 1, \ldots, p$ in Prozessor P_s die Komponenten $x_{(s-1)q+1}, \ldots, x_{sq-1}$ der Lösung von (6.4).

In Verfahren 6.2.8 findet die gesamte Kommunikation im zweiten Teilschritt statt. Durch Nachzählen bestätigt man einen Rechenaufwand pro Prozessor von $3n/p + O(\log_2 p)$ Multiplikationen und $2n/p + O(\log_2 p)$ Additionen, unabhängig davon, ob der zweite Teilschritt mit rekursivem Verdoppeln oder mit zyklischer Reduktion durchgeführt wird. In Verbindung mit Bemerkung 6.1.3 ergibt sich hieraus die Aussage: Selbst wenn die Kommunikationszeiten im zweiten Schritt vernachlässigbar klein sind, wird man so mit p Prozessoren die Lösung von (6.2) nie mehr als $\frac{2}{5}p$-mal schneller berechnen als mit einem Prozessor.

Ist q keine Potenz von 2, so kann Verfahren 6.2.8 prinzipiell in derselben Weise durchgeführt werden. Es wird dann allerdings wesentlich unübersichtlicher, denn bereits in der Substitutionsphase werden verschiedene Prozessoren eventuell unterschiedlich viele Koeffizienten neu berechnen müssen. Im allgemeinen ist dann in allen drei Schritten Kommunikation zwischen den Prozessoren nötig. Wir gehen darauf nicht weiter ein, denn im nächsten Abschnitt besprechen wir mit dem Partitionsverfahren eine Methode, welche unabhängig von q immer gleich abläuft.

6.3 Partitionsverfahren

Es sei nun $n = pq$ mit $p, q \in \mathbb{N}$. Beim Partitionsverfahren zur Lösung von (6.4) teilt man den Indexbereich $\{1, \ldots, n\}$ in p Blöcke aufeinanderfolgender

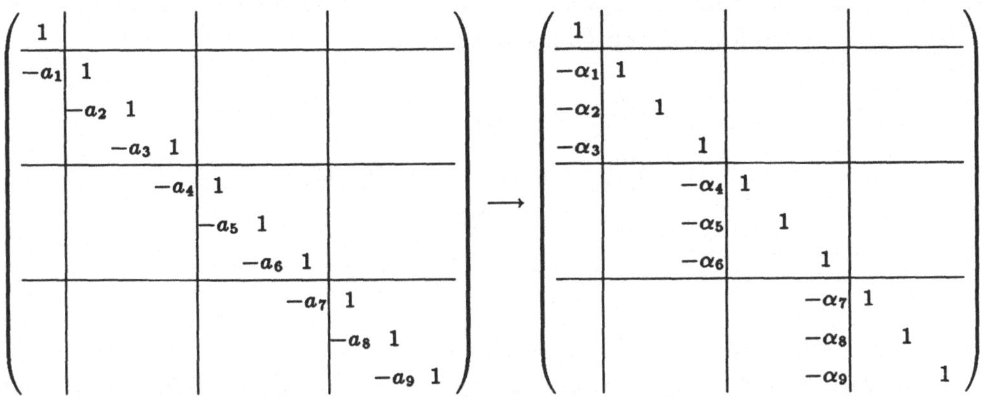

Abbildung 6.3: Partitionsverfahren ($n = 9,\ p = 3$)

Indizes $\{i \mid lq < i \leq (l+1)q\}$, $l = 0,\ldots,p-1$, auf. Jeder Block besitzt also die Länge q. In einem ersten *Eliminations*-Schritt werden nun die Gleichungen (6.4) so umgeformt, daß die Unbekannten x_{lq+j}, $j = 1,\ldots,q$, alle in Abhängigkeit von x_{lq} dargestellt werden. Abbildung 6.3 veranschaulicht diesen Schritt als Umformung der Koeffizientenmatrix des zu (6.4) äquivalenten linearen Gleichungssystems (6.2). Auf den Eliminationsschritt folgt dann ein zweiter *Auflösungs*-Schritt, bei dem die Komponenten der Lösung der Reihe nach in Blöcken zu je q Stück ausgerechnet werden. Der Eliminationsschritt beruht auf dem folgenden einfachen Satz.

6.3.1 Satz: Es sei $n = pq$ mit $p, q \in \mathbb{N}$. Für $l = 0,\ldots,p-1$ seien die Zahlen α_{lq+1}, δ_{lq+1} festgelegt durch

$$\alpha_{lq+1} := a^{(0)}_{lq+1}, \quad \delta_{lq+1} := d^{(0)}_{lq+1}. \tag{6.9}$$

Desweiteren seien für $l = 0,\ldots,p-1$ die Zahlen α_{lq+j}, δ_{lq+j}, $j = 2,\ldots,q$, rekursiv definiert durch

$$\alpha_{lq+j} := a^{(0)}_{lq+j} \cdot \alpha_{lq+j-1}, \quad \delta_{lq+j} := a^{(0)}_{lq+j} \cdot \delta_{lq+j-1} + d^{(0)}_{lq+j}, \quad j = 2,\ldots,q. \tag{6.10}$$

Dann erfüllt die Lösung x der Differenzengleichung (6.4) für $l = 0,\ldots,p-1$

$$x_{lq+j} = \alpha_{lq+j} \cdot x_{lq} + \delta_{lq+j}, \quad j = 1,\ldots,q. \tag{6.11}$$

Beweis: Für $j = 1$ fällt (6.11) mit (6.4) zusammen. Gilt (6.11) für ein $j-1 \in \{1, \dots, q-1\}$, so folgt durch Einsetzen sofort

$$\begin{aligned} x_{lq+j} &= a_{lq+j}^{(0)} \cdot x_{lq+j-1} + d_{lq+j}^{(0)} \\ &= a_{lq+j}^{(0)}(\alpha_{lq+j-1} \cdot x_{lq} + \delta_{lq+j-1}) + d_{lq+j}^{(0)} \\ &= \alpha_{lq+j} \cdot x_{lq} + \delta_{lq+j}. \end{aligned}$$

□

Sind die α_i und δ_i aus (6.9) und (6.10) erst einmal bestimmt, so erhalten wir mit dem bekannten Startwert x_0 aus (6.11) sofort die Komponenten $x_1, \dots, x_q$ der Lösung von (6.4). Danach ergeben sich mit dem nun bekannten x_q die Komponenten $x_{q+1}, \dots, x_{2q}$, usw. Wir fassen dieses Vorgehen des Partitionsverfahrens in 6.3.2 zusammen.

6.3.2 Verfahren (Partitionsverfahren):

1. Bestimme für $l = 0, \dots, p-1$ die Zahlen α_{lq+j}, δ_{lq+j}, $j = 1, \dots, q$, nach (6.9) und (6.10).

2. Berechne für $l = 0, \dots, p-1$ die Komponenten x_{lq+j}, $j = 1, \dots, q$, der Lösung von (6.4) nach (6.11).

Im ersten Teilschritt sind die Berechnungen zu verschiedenem l, im zweiten die zu verschiedenem j unabhängig voneinander. Sie können also jeweils parallel durchgeführt werden. Durch Abzählen erhält man den im nächsten Satz angegebenen Rechenaufwand.

6.3.3 Satz: Das Partitionsverfahren benötigt

$3n - 2p$ Multiplikationen und
$2n - p$ Additionen .

Für kleinere Werte von p besitzt das Partitionsverfahren also einen vergleichbaren Rechenaufwand wie die zyklische Reduktion (s. Satz 6.2.4). Mit der Zahl p steht dabei ein Parameter zur Verfügung, mit dem das Verfahren an den verwendeten Rechner angepaßt werden kann.

Vektorrechner

Wir geben gleich einen Pseudocode zur Realisierung des Partitionsverfahrens auf einem Vektorrechner an. Dazu seien die Komponenten der Vektoren a, d und α, δ jeweils mit den Zahlen $a_i^{(0)}, d_i^{(0)}$ vorbelegt.

6.3.4 Algorithmus (Partitionsverfahren):

```
for j = 2 to q
    for l = 0 to p − 1
        α_{lq+j} := a_{lq+j} · α_{lq+j−1}
        δ_{lq+j} := a_{lq+j} · δ_{lq+j−1} + d_{lq+j}
for l = 0 to p − 1
    for j = 1 to q
        x_{lq+j} := α_{lq+j} · x_{lq} + δ_{lq+j}
```

Bei den Operationen des ersten Teilschritts wird hier auf um jeweils q Plätze auseinanderliegende Vektorelemente zugegriffen, während im zweiten Teilschritt aufeinanderfolgende Vektorelemente verwendet werden. Im zweiten Teilschritt werden SAXPY–Operationen durchgeführt.

Unter vereinfachenden Annahmen führen wir im nächsten Beispiel aus, wie der Parameter p optimal angepaßt werden kann. Wir bestimmen dazu die durchschnittliche Vektorlänge und die Ausführungszeit von Algorithmus 6.3.4 in Abhängigkeit von p.

6.3.5 Beispiel: Auf dem Vektorrechner mögen eine (komponentenweise) Vektor–Multiplikation, eine Vektor–Addition und eine SAXPY–Operation alle die gleiche Startup–Zeit $n_{1/2}\tau$ benötigen. Im ersten Teilschritt von Algorithmus 6.3.4 werden $q-1$ Vektor–Additionen und $2(q-1)$ Vektor–Multiplikationen mit Vektoren der Länge p, im zweiten Teilschritt p SAXPY–Operationen mit Vektoren der Länge q durchgeführt. Wir erhalten also eine durchschnittliche Vektorlänge

$$\bar{l} = \bar{l}(p) = \frac{3(q-1)p + pq}{3(q-1) + p} = \frac{4n - 3p}{3n/p - 3 + p}.$$

Treten keine Verzögerungen durch den Speicherzugriff auf, so benötigt Algorithmus 6.3.4 die Rechenzeit

$$\begin{aligned} t = t(p) &= (3(q-1) + p)\tau(n_{1/2} + \bar{l}) \\ &= \tau(4n - 3p) + \tau n_{1/2}\left(3\frac{n}{p} - 3 + p\right). \end{aligned} \tag{6.12}$$

Die Funktion $t(p)$ besitzt ihr Minimum für $p = p^*$ mit

$$p^* = \sqrt{3n \frac{n_{1/2}}{n_{1/2} - 3}}\,.$$

Da $n_{1/2}$ i.a. deutlich größer als 3 ist, können wir den zweiten Faktor durch 1 annähern. Wir erhalten damit

$$p^* \simeq \sqrt{3n}$$

und

$$t(p^*) \simeq 4\tau n + 2\tau n_{1/2}\sqrt{3n}.$$

Im Vergleich zu Beispiel 6.2.6 lesen wir aus der Formel für $t(p^*)$ ab, daß für *sehr* große n das Partitionsverfahren i.a. günstiger als die zyklische Reduktion sein wird, denn dann wird die Rechenzeit im wesentlichen durch die führenden Terme $4\tau n$ bzw. $5\tau n$ bestimmt. (Man beachte hierzu jedoch, daß wir hier eine SAXPY–Operation als *eine*, in 6.2.6 eine allgemeine Triade dagegen als *zwei* Vektoroperationen gezählt haben.)

Die durchschnittliche Vektorlänge ist beim Partitionsverfahren mit optimalem p von der Größenordnung $\sqrt{n}$ und wächst damit noch langsamer als bei der zyklischen Reduktion. So wird bereits in dem Fall, daß $\sqrt{n}$ von derselben Größenordnung wie $n_{1/2}$ ist, das Partitionsverfahren langsamer ausfallen als die zyklische Reduktion.

Parallelrechner

In der Faktorisierung $n = pq$ mit $p, q \in \mathbf{N}$ sei nun p die Prozessorzahl. Speichert man für $i = 1, \ldots, p$ in Prozessor P_i die Zahlen

$$a^{(0)}_{(i-1)q+j}, \quad d^{(0)}_{(i-1)q+j}, \; j = 1, \ldots, q,$$

ab, so kann der erste Schritt des Partitionsverfahrens parallel in den einzelnen Prozessoren durchgeführt werden. Er erfordert keinerlei Kommunikation. Um den zweiten Schritt aus Verfahren 6.3.2 ebenfalls parallel durchführen zu können, ist nun aber eine völlige Umverteilung der berechneten Zahlen α_i und δ_i notwendig. Um nämlich einen Block $x_{(i-1)q+1}, \ldots, x_{iq}$ der Lösung von (6.4) effizient zu berechnen, müssen die Zahlen $\alpha_j, \delta_j,\; j =$

$(i-1)q+1,\ldots,iq$, welche zunächst alle in P_i vorliegen, möglichst gleichmäßig auf *alle* Prozessoren verteilt werden. Weil ein solcher Umverteilungsprozeß gewöhnlich sehr viel Zeit kostet, betrachten wir eine Abwandlung des zweiten Schritts von Verfahren 6.3.2, welche auf der folgenden Beobachtung beruht: Nach dem ersten Teilschritt erhalten wir mit den berechneten Zahlen $\alpha_{lq+q}, \delta_{lq+q}$, $l=0,\ldots,p-1$, die lineare Differenzengleichung erster Ordnung

$$x_{lq+q} = \alpha_{lq+q} \cdot x_{lq} + \delta_{lq+q}, \quad l = 0,\ldots,p-1, \tag{6.13}$$

für die Zahlen $x_q, x_{2q},\ldots,x_{pq}$. Weil α_{lq+q} und δ_{lq+q} gerade in Prozessor P_{l+1} vorliegen, können wir (6.13) also sofort mit Algorithmus 6.2.7 (oder seinem Analogon für die zyklische Reduktion) lösen. Schließt man nun einen Kommunikationsschritt an, bei dem für $i = 1,\ldots,p$ Prozessor P_i den Wert von $x_{(i-1)q}$ mitgeteilt bekommt, so können in jedem Prozessor parallel die übrigen Komponenten der Lösung nach (6.11) berechnet werden. Wir fassen dieses Vorgehen in Verfahren 6.3.6 zusammen.

6.3.6 Verfahren (Partitionsverfahren):

1. Bestimme für $l = 0,\ldots,p-1$ in Prozessor P_{l+1} die Zahlen α_{lq+j}, δ_{lq+j}, $j = 1,\ldots,q$, nach (6.9) und (6.10).

2. Berechne die Lösung $(x_q,\ldots,x_{pq})^T \in \mathbf{R}^p$ der Differenzengleichung (6.13) mit Algorithmus 6.2.7 (oder seinem Analogon für die zyklische Reduktion). Verteile die Komponenten der Lösung so, daß für $l = 0,\ldots,p-1$ die Zahl x_{lq} in Prozessor P_{l+1} vorliegt.

3. Berechne mit (6.11) für $l = 0,\ldots,p-1$ in Prozessor P_{l+1} die Komponenten x_{lq+j}, $j = 1,\ldots,q-1$, der Lösung von (6.4).

Die gesamte Kommunikation findet hier im zweiten Teilschritt statt. Sie ist im wesentlichen gleich aufwendig wie bei der in Verfahren 6.2.8 beschriebenen Variante der zyklischen Reduktion. Wie in 6.2.8 beträgt auch hier der Rechenaufwand pro Prozessor $3n/p + O(\log_2 p)$ Multiplikationen und $2n/p + O(\log_2 p)$ Additionen. Beim Partitionsverfahren wird man mit p Prozessoren also ebenfalls nie mehr als $\frac{2}{5}p$-mal schneller arbeiten als mit einem Prozessor (und dem üblichen seriellen Verfahren). Ein wichtiger Vorteil des Partitionsverfahrens gegenüber der zyklischen Reduktion aus 6.2.8 besteht jedoch darin, daß es völlig unabhängig davon abläuft, ob die Zahl q in der Darstellung $n = pq$ eine Potenz von 2 ist oder nicht.

6.4 Differenzengleichungen höherer Ordnung

In diesem Abschnitt beschreiben wir kurz, wie die bisher vorgestellten parallelen Verfahren auf lineare Differenzengleichungen höherer Ordnung übertragen werden können. Wir beschränken uns dabei auf mehr prinzipielle Überlegungen, ohne in konkreten Algorithmen auf Realisierungen für Vektor– und Parallelrechner einzugehen.

Wir betrachten also die lineare Differenzengleichung r-ter Ordnung

$$x_i = \sum_{j=i-r}^{i-1} a_{ij}x_j + d_i, \;\; i = r, \ldots, n, \tag{6.14}$$

mit den Startwerten $x_0, \ldots, x_{r-1}$.

Rekursives Verdoppeln und zyklische Reduktion

Die lineare Differenzengleichung (6.14) kann man mit Hilfe der Matrizen

$$A_{i-r+1} = \begin{pmatrix} 0 & 1 & 0 & \ldots & 0 \\ \vdots & . & . & \ddots & \vdots \\ & & . & . & 0 \\ 0 & \ldots & & 0 & 1 \\ a_{i,i-r} & \ldots & & a_{i,i-2} & a_{i,i-1} \end{pmatrix} \in \mathbf{R}^{r\times r}, \;\; i = r, \ldots, n, \tag{6.15}$$

und der Vektoren

$$X_{i-r+1} = \begin{pmatrix} x_{i-r+1} \\ \\ \vdots \\ \\ x_i \end{pmatrix}, \;\; D_{i-r+1} = \begin{pmatrix} 0 \\ \\ \vdots \\ 0 \\ d_i \end{pmatrix} \in \mathbf{R}^r, \;\; i = r, \ldots, n, \tag{6.16}$$

in eine lineare Differenzengleichung erster Ordnung für Vektoren aus $\mathbf{R}^r$ transformieren. Ist $x_0, \ldots, x_n$ Lösung von (6.14), so gilt mit A_i aus (6.15), X_i, D_i aus (6.16) und der Abkürzung $n' = n - r + 1$

$$X_i = A_i X_{i-1} + D_i, \;\; i = 1, \ldots, n', \tag{6.17}$$

mit dem Startwert $X_0 = (x_0, \ldots, x_{r-1})^T$. In Analogie zu Satz 6.2.1 erhalten wir hier für $k = 0, \ldots, \lfloor \log_2 n' \rfloor$

$$X_i = A_i^{(k)} X_{i-2^k} + D_i^{(k)}, \;\; i = 2^k, \ldots, n',$$

wobei $A_i^{(0)} = A_i$, $D_i^{(0)} = D_i$, $i = 1, \dots, n'$, gesetzt wurde und für $k = 1, \dots, \lfloor \log_2 n' \rfloor, i = 2^k, \dots, n'$, gilt

$$A_i^{(k)} = A_i^{(k-1)} A_{i-2^{k-1}}^{(k-1)}, \quad D_i^{(k)} = A_i^{(k-1)} D_{i-2^{k-1}}^{(k-1)} + D_i^{(k-1)}. \tag{6.18}$$

Das rekursive Verdoppeln und die zyklische Reduktion aus Abschnitt 6.2 können auf (6.17) deshalb völlig analog angewendet werden. Wir wollen deshalb nur die zyklische Reduktion in Vefahren 6.4.1 genauer formulieren. Dazu sei die Zahl N' definiert durch

$$N' := \lfloor \log_2 n' \rfloor.$$

6.4.1 Verfahren (Zyklische Reduktion):

1. Berechne für $k = 1, \dots, N'$ die Matrizen $A_i^{(k)} \in \mathbf{R}^{r \times r}$ und die Vektoren $D_i^{(k)} \in \mathbf{R}^r$ durch

$$\begin{aligned} A_i^{(k)} &:= A_i^{(k-1)} A_{i-2^{k-1}}^{(k-1)}, \quad i = 2^k(2^k)n', \\ D_i^{(k)} &:= A_i^{(k-1)} D_{i-2^{k-1}}^{(k-1)} + D_i^{(k-1)}, \quad i = 2^k(2^k)n'. \end{aligned}$$

2. Berechne für $k = N', \dots, 0$ die Vektoren $X_i \in \mathbf{R}^r$ durch

$$X_i = A_i^{(k)} X_{i-2^k} + D_i^{(k)}, \quad i = 2^k(2^{k+1})n'.$$

Die Berechnung von $A_i^{(k)}$ nach (6.18) erfordert jetzt eine Matrix–Matrix–Multiplikation, während sich die $D_i^{(k)}$ in (6.18) über eine Matrix–Vektor–Multiplikation und eine Vektor–Vektor–Addition berechnen. Das hat zur Folge, daß der Gesamtaufwand für rekursives Verdoppeln und zyklische Reduktion kubisch in r anwächst. Genauer gilt z.B. der folgende Satz.

6.4.2 Satz: Die zyklische Reduktion zur Lösung von (6.14) erfordert einen Rechenaufwand von

$n' + O(\log_2 n')$ Matrix–Matrix–Multiplikationen,
$2n' + O(\log_2 n')$ Matrix–Vektor–Multiplikationen und
$2n' + O(\log_2 n')$ Vektor–Vektor–Additionen.

Unter Vernachlässigung der Tatsache, daß für sehr kleines k in $A_i^{(k)}$ und $D_i^{(k)}$ gewisse Elemente verschwinden, ergibt sich ein Gesamtaufwand von

$r^2(r+2)n' + O(\log_2 n')$ Multiplikationen und
$r^2(r+1)n' + O(\log_2 n')$ Additionen.

Beweis: Für beliebiges r erhält man die Zahl der Operationen in $\mathbf{R}^r$ durch Abzählen wie in Satz 6.2.4. Eine Matrix–Vektor–Multiplikation in $\mathbf{R}^r$ erfordert r^2 reelle Multiplikationen und $r(r-1)$ reelle Additionen; eine Matrix–Matrix–Multiplikation jeweils das r-fache. Damit ergibt sich der angegebene Gesamtaufwand. □

Ein Vergleich mit Bemerkung 6.1.3 zeigt, daß der Gesamtaufwand für die zyklische Reduktion hier rund das $r(r+\frac{3}{2})$–fache des Aufwands für das gewöhnliche reelle Verfahren beträgt. Für $r = 2$ steigt er also bereits auf das Siebenfache. Weil auf Vektorrechnern die Rechengeschwindigkeit mit einem Vektorprozessor gewöhnlich ungefähr fünfmal so groß ist wie im Skalarmodus, wird die beschriebene Variante der zyklischen Reduktion bereits im Fall $r = 2$ für Vektorrechner *nicht* geeignet sein. Prinzipiell würde man mit Verfahren 6.4.1 Vektoroperationen dadurch erhalten, daß man die jeweils gleichen Teiloperationen für die Matrix–Matrix– und Matrix–Vektor–Multiplikationen sowie die Vektor–Vektor–Additionen zusammenfaßt.

Auf Parallelrechnern läßt sich Verfahren 6.4.1 (oder sein Analogon für das rekursive Verdoppeln) ähnlich wie im Fall $r = 1$ durchführen. Insbesondere bleibt die Kommunikation von ihrer Struktur her gleich. Anstelle von Zahlen müssen jetzt aber r-dimensionale Matrizen und Vektoren versendet werden.

Partitionsverfahren

Nun sei $n = pq + r - 1$ mit $p, q \in \mathbf{N}$, $p, q \geq r$. Wir teilen den Indexbereich $\{r, \ldots, n\}$ in p Blöcke aufeinanderfolgender Indizes $\{i \mid lq + r \leq i < (l+1)q + r\}$, $l = 0, \ldots, p-1$, auf, so daß also jeder Block die Länge q besitzt.

Im *Eliminations*-Schritt formen wir für $l = 0, \ldots, p-1$ die Gleichungen für x_{lq+j}, $j = r, \ldots, q+r-1$, aus (6.14) auf die Gestalt

$$x_{lq+j} = \sum_{i=0}^{r-1} \alpha_{lq+j,i} \cdot x_{lq+i} + \delta_{lq+j}, \quad j = r, \ldots, q+r-1, \tag{6.19}$$

um. Die Unbekannten x_{lq+j}, $j = r, \ldots, q+r-1$, sind so alle in Abhängigkeit von $x_{lq}, \ldots, x_{lq+r-1}$ gegeben. Abbildung 6.4 illustriert den Eliminationsschritt als Umformung der Koeffizientenmatrix des zu (6.14) gehörigen linearen Gleichungssystems.

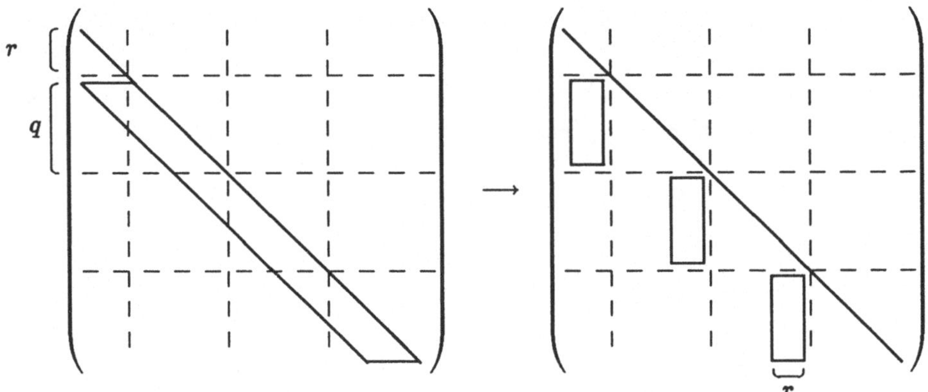

Abbildung 6.4: Schema des Partitionsverfahrens für $r > 1$ $(p = 3)$

Im *Auflösungs*–Schritt bestimmen wir dann aus (6.19) die Komponenten der Lösung blockweise. Zuerst erhalten wir $x_r, \ldots, x_{q+r-1}$ mit den bekannten Startwerten $x_0, \ldots, x_{r-1}$, dann $x_{q+r}, \ldots, x_{2q+r-1}$ mit den nun bekannten $x_q, \ldots, x_{q+r-1}$, usw. Wir formulieren dieses Vorgehen etwas genauer in Verfahren 6.4.3 .

6.4.3 Verfahren (Partitionsverfahren):

1. Bestimme für $l = 0, \ldots, p-1$ über die Gleichungen für x_{lq+j}, $j = r, \ldots, q+r-1$ aus (6.14) die Zahlen $\alpha_{lq+j,i}$ und δ_{lq+j}, $j = r, \ldots, q+r-1$, $i = 0, \ldots, r-1$, so daß (6.19) gilt.

2. Berechne sukzessive für $l = 0, \ldots, p-1$ aus (6.19) blockweise die Komponenten x_{lq+j}, $j = r, \ldots, q+r-1$, der Lösung von (6.14).

Wie im Fall $r = 1$ sind im ersten Teilschritt die Berechnungen für verschiedenes l, im zweiten die für verschiedenes j, unabhängig voneinander durchführbar. Auf Vektorrechnern arbeitet man im ersten Teilschritt mit Vektoren der Länge p, im zweiten mit Vektoren der Länge q. Mit p steht wieder ein Parameter zur Verfügung, mit dem die Rechenzeit minimiert werden kann.

Auf einem Parallelrechner mit p Prozessoren ist es für den ersten Teilschritt günstig, wenn die Koeffizienten der Gleichungen aus (6.14) gerade in zu den Indizes $(i-1)q+r, \ldots, iq+r-1$ gehörigen Blöcken in Prozessor P_i, $i = 1, \ldots, p$, abgespeichert werden. Die parallele Ausführung des zweiten

Teilschritts erfordert jedoch eine völlige Umverteilung der neu berechneten Koeffizienten. Zur Vermeidung eines solchen zeitintensiven Kommunikationsschritts bietet sich deshalb, analog zum Fall $r = 1$, die folgende Modifikation an: Die Gleichungen (6.19) beschreiben für $l = 0, \ldots, p-1$ und $j = q, \ldots, q + r - 1$ eine lineare Differenzengleichung erster Ordnung in $\mathbf{R}^r$ der Gestalt

$$X_i = A_i X_{i-1} + D_i, \quad i = 1, \ldots, p, \tag{6.20}$$

mit

$$X_i = \begin{pmatrix} x_{iq} \\ \vdots \\ x_{iq+r-1} \end{pmatrix} \in \mathbf{R}^r, \quad D_i = \begin{pmatrix} \delta_{iq} \\ \vdots \\ \delta_{iq+r-1} \end{pmatrix} \in \mathbf{R}^r,$$

und

$$A_i = \begin{pmatrix} \alpha_{iq,0} & \cdots & \alpha_{iq,r-1} \\ \vdots & & \vdots \\ \alpha_{iq+r-1,0} & \cdots & \alpha_{iq+r-1,r-1} \end{pmatrix} \in \mathbf{R}^{r \times r}.$$

Die Komponenten des Startwerts $X_0 = (x_0, \ldots, x_{r-1})^T$ sind alle bekannt. Die Differenzengleichung (6.20) kann nun mit rekursivem Verdoppeln oder zyklischer Reduktion so gelöst werden, wie es weiter oben für (6.17) beschrieben wurde. Werden danach für $l = 0, \ldots, p-1$ Prozessor P_{l+1} die Komponenten von X_l bekannt gegeben, so kann dieser aus (6.19) die übrigen Komponenten $x_{lq+r}, \ldots, x_{(l+1)q-1}$ der Lösung von (6.14) bestimmen.

Es ist relativ aufwendig, den genauen Rechenaufwand von Verfahren 6.4.3 zu bestimmen. Man überlegt sich allerdings leicht, daß die Umformungen im ersten Teilschritt pro Block $qr^2 + O(r^3)$ Multiplikationen und eine ähnliche Zahl von Additionen benötigen. Bei insgesamt p Blöcken ergibt sich für den ersten Teilschritt ein Gesamtaufwand von $nr^2 + p \cdot O(r^3)$ Multiplikationen und Additionen. Der zweiter Teilschritt erfordert genau den gleichen Aufwand wie das serielle Standardverfahren zur Lösung von (6.14), nach Bemerkung 6.1.3 also $n \cdot O(r)$. Dies begründet die folgende Bemerkung.

6.4.4 Bemerkung: Das Partitionsverfahren 6.4.3 benötigt

$n(r^2 + O(r)) + p \cdot O(r^3)$ Multiplikationen und
$n(r^2 + O(r)) + p \cdot O(r^3)$ Additionen.

Der Rechenaufwand beim Partitionsverfahren wächst also langsamer in r als bei der in 6.4.1 beschriebenen Variante der zyklischen Reduktion (s.

Satz 6.4.2), aber immer noch schneller als beim seriellen Standardverfahren (s. Bemerkung 6.1.3).

Literaturhinweise: Wir haben hier lineare Differenzengleichungen vor allem aus didaktischen Gründen in einem gesonderten Kapitel behandelt. Historisch sind rekursives Verdoppeln und zyklische Reduktion im Zusammenhang mit linearen Gleichungssystemen mit Bandstruktur entstanden, weshalb sich viele Hinweise auf Originalliteratur am Ende des nächsten Kapitels finden.

In den Büchern [2], [5] und [6] werden rekursives Verdoppeln und zyklische Reduktion für lineare Differenzengleichungen erster Ordnung ausführlich besprochen, [6] geht darüberhinaus auf parallele Verfahren für allgemeine rekurrente Relationen ein. Leider ist die Namensgebung bei rekursivem Verdoppeln und zyklischer Reduktion nicht einheitlich (z.B. heißen in [2] beide Verfahren *cyclic reduction*).

Das Partitionsverfahren wurde für lineare Differenzengleichungen beliebiger Ordnung in [1] eingeführt. Für Differenzengleichungen erster Ordnung gibt [7] eine Stabilitätsanalyse und bespricht verschiedene Modifikationen bei der Implementierung auf einem Vektorrechner. Für Parallelrechner werden weitere Modifikationen des Partitionsverfahrens in [4] auf ihren Kommunikationsaufwand hin untersucht. Der Artikel [3] enthält eine Anwendung des Partitionsverfahrens auf das Bisektionsverfahren zur Eigenwertbestimmung.

[1] Chen, S., Kuck, D., Sameh, A.: Practical Parallel Band Triangular System Solvers, ACM Trans. Math. Software **4**, 270–277 (1978)

[2] Hockney, R., Jesshope, C.: Parallel Computers 2, Bristol: Adam Hilger (1988)

[3] Lo, S., Philippe, B., Sameh, A.: A Multiprocessor Algorithm for the Symmetric Tridiagonal Eigenvalue Problem, SIAM J. Sci. Stat. Comput. **8**, s155–s165 (1987)

[4] Michielse, P., van der Vorst, H.: Data Transport in Wang's Partitioning Method, Parallel Comput.**7**, 87–95 (1988)

[5] Schendel, U.: Einführung in die parallele Numerik, München: Oldenbourg Verlag (1981)

[6] Schönauer, W.: Scientific Computation on Vector Computers, Amsterdam: North Holland (1987)

[7] van der Vorst, H., Dekker, K.: Vectorization of Linear Recurrence Relations, SIAM J. Sci. Stat. Comput. **10**, 27–35 (1989)

Kapitel 7

Systeme mit Bandmatrix

Für beliebige *dünnbesetzte* Matrizen ist es sehr schwierig, direkte Verfahren zur Gleichungslösung anzugeben, welche möglichst viele unnötige Operationen mit den Nullen der Matrix vermeiden. Wir betrachten hier nur den Spezialfall einer *Bandmatrix*, wo das Gauß–Eliminationsverfahren immer noch ein geeignetes *serielles* Lösungsverfahren darstellt. Bei kleiner Bandbreite führen die Algorithmen zur Gauß–Elimination aus Kapitel 4 jedoch zu ineffizienten Verfahren für Vektor- und Parallelrechner. Deshalb sind auch hier prinzipiell neue Ansätze zur Konstruktion effizienter paralleler Methoden notwendig. Von ihrem Aufbau her entsprechen diese neuen Verfahren teilweise den Verfahren für lineare Differenzengleichungen aus Kapitel 6.

Nach einem ersten Abschnitt über die Gauß–Elimination diskutieren wir für tridiagonale Gleichungssysteme ausführlich drei verschiedene parallele Verfahren: das *Verfahren von Stone*, das *Verfahren von Hockney und Golub* und das *Partitionsverfahren*. In Abschnitt 7.5 gehen wir kurz auf Bandmatrizen mit größerer Bandbreite ein.

7.1 Gauß–Elimination

Wir erinnern an die Definition einer Bandmatrix (Definition 3.3.4) und betrachten nun das lineare Gleichungssystem

$$Ax = d \tag{7.1}$$

mit einer Bandmatrix $A \in \mathbf{R}^{n \times n}$ der halben Bandbreite r und einer rechten Seite $d \in \mathbf{R}^n$. Wir wollen für den Moment annehmen, daß (7.1) mit dem Gauß–Eliminationsverfahren 4.1.1 ohne Pivotsuche gelöst werden kann. Man stellt sofort fest, daß dann alle Matrizen $A^{(k)}$ und $L^{(k)}$ aus Abschnitt 4.1 ebenfalls die halbe Bandbreite r aufweisen und daß $A^{(k)}$ ab der $(k+r)$-ten Zeile mit $A^{(1)}$ $(= A)$ übereinstimmt. Die Matrizen L und U in der LU–Zerlegung von A besitzen somit ebenfalls die halbe Bandbreite r. Bei der Gauß–Elimination kann man deshalb unnötige Operationen dadurch einsparen, daß man die Indizes i und j nur über den Bereich variiert, in dem von Null verschiedene Elemente auftreten. Wir beschreiben diese Modifikation in Verfahren 7.1.1.

7.1.1 Verfahren (Gauß–Elimination für Bandmatrix):

1. Setze $A^{(1)} = (a_{ij}^{(1)}) := A$.

2. Bestimme für $k = 1, \ldots, n-1$ die Zahlen l_{ik}, $i = k+1, \ldots, \min\{k+r, n\}$, und die Matrizen $A^{(k+1)} = (a_{ij}^{(k+1)})$ rekursiv durch

$$
\begin{aligned}
l_{ik} &:= a_{ik}^{(k)}/a_{kk}^{(k)}, \quad i = k+1, \ldots, \min\{k+r, n\}, \\
a_{ij}^{(k+1)} &:= \begin{cases} a_{ij}^{(k)} - l_{ik} a_{kj}^{(k)} & \text{für } \begin{cases} i = k+1, \ldots, \min\{k+r, n\}, \\ j = k, \ldots, \min\{k+r, n\}, \end{cases} \\ a_{ij}^{(k)} & \text{sonst.} \end{cases}
\end{aligned}
$$

Überträgt man die sechs ijk–Formen aus Abschnitt 4.2 auf diese Modifikation der Gauß–Elimination, so bestehen die jeweiligen inneren Schleifen jetzt aus Operationen mit Vektoren von höchstens der Länge r. Auf einem Vektorrechner werden die Algorithmen mit abnehmendem r also immer ineffizienter ausfallen. Im Extremfall $r = 1$ kommen gar keine Vektoroperationen mehr vor.

Auch für Parallelrechner ist Verfahren 7.1.1 für kleines r nicht geeignet. Modifiziert man z.B. 7.1.1 bei zyklisch nach Zeilen abgespeichertem A in ein Analogon zur kij–Form (Algorithmus 4.3.3), so erhält man im Fall $r < p$ eine sehr schlechte Verteilung der Rechenlast. Es sind dann ständig $p - r$ Prozessoren inaktiv. Im Extremfall $r = 1$ erhält man also ein rein serielles Verfahren.

Diese Überlegungen zeigen, daß für die parallele Lösung von Gleichungssystemen mit geringer halber Bandbreite r grundsätzlich neue Verfahren gesucht werden müssen. Wir betrachten dazu zunächst ausführlich Verfahren für Tridiagonalmatrizen. Wegen der steigenden Komplexität der Verfahren werden wir sie jetzt nicht mehr so bis in algorithmische Details formulieren können, wie dies bisher möglich war. Wir beschreiben vielmehr den prinzipiellen Ablauf der parallelen Verfahren und gehen nur sehr kurz auf die konkrete Realisierung auf Vektor– oder Parallelrechnern ein.

Zu Vergleichszwecken bestimmen wir vorab den Rechenaufwand zur Lösung von (7.1) mit der Gauß–Elimination: Verfahren 7.1.1 allein benötigt $nr + O(r^2)$ Divisionen, $nr^2 + O(r^3)$ Multiplikationen und $nr^2 + O(r^3)$ Additionen. Die Berechnung von $y = L^{-1}d$ und $x = U^{-1}y$ aus der LU–Zerlegung erfordert wegen der Bandstruktur von L und U jeweils $nr + O(r^2)$ Multiplikationen und gleich viele Additionen. Zusätzlich treten bei der Berechnung von $x = U^{-1}y$ weitere n Divisionen auf, denn die Diagonalelemente von U sind i.a. ungleich 1 . Daraus ergibt sich die folgende Bemerkung.

7.1.2 Bemerkung: Die Lösung von (7.1) mit Algorithmus 7.1.1 (Gauß–Elimination) erfordert einen Rechenaufwand von

$$\begin{array}{ll} n(r+1) + O(r^2) & \text{Divisionen,} \\ n(r^2+2r) + O(r^3) & \text{Multiplikationen,} \\ n(r^2+2r) + O(r^3) & \text{Additionen.} \end{array}$$

7.2 Das Verfahren von Stone

Wir betrachten hier und in den beiden folgenden Abschnitten das lineare Gleichungssystem

$$Ax = d \tag{7.2}$$

mit der rechten Seite $d \in \mathbf{R}^n$ und der *Tridiagonalmatrix* A der Gestalt

$$A = \begin{pmatrix} b_1 & c_1 & & & & \\ a_2 & b_2 & c_2 & & 0 & \\ & \cdot & \cdot & \cdot & & \\ & & \cdot & \cdot & \cdot & \\ & & & \cdot & \cdot & \cdot \\ & 0 & & a_{n-1} & b_{n-1} & c_{n-1} \\ & & & & a_n & b_n \end{pmatrix} \in \mathbf{R}^{n\times n}. \tag{7.3}$$

Das Verfahren von Stone beruht darauf, die bei der Gauß–Elimination 7.1.1 auftretenden Rekursionen in lineare Differenzengleichungen zu transformieren, welche dann mit den parallelen Verfahren aus 6.2 gelöst werden. Mit den Bezeichnungen aus (7.3) und l_{k+1} statt $l_{k+1,k}$, u_k statt $a_{kk}^{(k)}$ erhalten wir aus Verfahren 7.1.1 die rekursiven Beziehungen

$$\left.\begin{array}{rcl} l_{k+1} & = & a_{k+1}/u_k \\ u_{k+1} & = & b_{k+1} - l_{k+1}c_k \end{array}\right\} k = 1,\ldots,n-1, \tag{7.4}$$

wobei $u_1 = b_1$. Es ist dann $A = LU$ mit

$$L = \begin{pmatrix} 1 & & & \\ l_2 & \cdot & & 0 \\ & \cdot & \cdot & \\ & & \cdot & \cdot \\ 0 & & \cdot & \cdot \\ & & l_n & 1 \end{pmatrix}, \quad U = \begin{pmatrix} u_1 & c_1 & & \\ & \cdot & \cdot & 0 \\ & & \cdot & \cdot \\ & & & \cdot \\ 0 & & & \cdot \quad c_{n-1} \\ & & & u_n \end{pmatrix}.$$

Für die Komponenten des Vektors $y := L^{-1}d$ gilt

$$y_i = d_i - l_i y_{i-1}, \quad i = 2,\ldots,n, \tag{7.5}$$

mit $y_1 = d_1$. Die Komponenten der Lösung x von (7.2) ergeben sich in rückwärtiger Reihenfolge durch

$$x_i = \frac{y_i}{u_i} - \frac{c_i}{u_i} x_{i+1}, \quad i = n-1,\ldots,1, \tag{7.6}$$

mit $x_n = y_n/u_n$.

(7.5) und (7.6) stellen lineare Differenzengleichungen erster Ordnung dar, für die wir in Kapitel 6 parallele Verfahren kennengelernt haben. Bei (7.6) erfolgt die Numerierung dabei in absteigender Reihenfolge. Aus (7.4) ergibt sich für die u_k eine *nichtlineare* Differenzengleichung erster Ordnung

$$u_{k+1} = b_{k+1} - \frac{a_{k+1}}{u_k} c_k, \quad k = 1,\ldots,n-1, \tag{7.7}$$

mit $u_1 = b_1$, welche man mit dem Ansatz

$$u_k = \frac{z_k}{z_{k-1}}, \quad k = 1,\ldots,n, \tag{7.8}$$

mit $z_0 = 1$ in die (homogene) lineare Differenzengleichung zweiter Ordnung

$$z_{k+1} = b_{k+1} z_k - a_{k+1} c_k z_{k-1}, \quad k = 1,\ldots,n-1, \tag{7.9}$$

mit $z_0 = 1, z_1 = b_1$ überführen kann. Falls, wie wir angenommen haben, bei der Gauß–Elimination für (7.1) keine Pivotsuche nötig ist, sind die Zahlen u_k

alle von Null verschieden. In diesem Fall sind alle z_k durch (7.8) tatsächlich definiert (und ungleich Null).

Die Gauß–Elimination für (7.2) ist so auf die beiden linearen Differenzengleichungen erster Ordnung (7.5), (7.6) und die lineare Differenzengleichung zweiter Ordnung (7.9) zurückgeführt. Löst man die drei linearen Differenzengleichungen mit der zyklischen Reduktion oder mit dem rekursiven Verdoppeln aus Kapitel 6, so erhält man das Verfahren von Stone.

7.2.1 Verfahren (Stone):

1. Berechne $a_{k+1}c_k, \quad k = 1, \ldots, n-1$.
2. Berechne $z_k, \quad k = 2, \ldots, n$, nach (7.9) mit rekursivem Verdoppeln oder zyklischer Reduktion.
3. Berechne $u_k, \quad k = 2, \ldots, n$, nach (7.8) und $l_k, \quad k = 2, \ldots, n$, nach (7.4).
4. Berechne $y_k, \quad k = 2, \ldots, n$, nach (7.5) mit rekursivem Verdoppeln oder zyklischer Reduktion.
5. Berechne $y_i/u_i, c_i/u_i, \quad i = 1, \ldots, n-1$.
6. Berechne $x_i, \quad i = n, \ldots, 1$, nach (7.6) mit rekursivem Verdoppeln oder zyklischer Reduktion.

Wir bestimmen die Zahl der Operationen für die Variante mit dem geringsten Gesamtaufwand.

7.2.2 Satz: Verwendet man überall zyklische Reduktion, so erfordert das Verfahren von Stone einen Rechenaufwand von

$$\begin{array}{ll} 4n + O(1) & \text{Divisionen,} \\ 19n + O(\log_2 n) & \text{Multiplikationen,} \\ 10n + O(\log_2 n) & \text{Additionen.} \end{array}$$

Beweis: Die angegebenen Werte erhält man leicht durch Abzählen zusammen mit Satz 6.4.2. Zu beachten ist lediglich, daß die Differenzengleichung (7.9) homogen ist. In der Reduktionsphase der zyklischen Reduktion fallen deshalb die Matrix–Vektor–Multiplikationen und die Vektor–Additionen in $\mathbf{R}^2$ weg, in der Substitutionsphase die Vektor–Additionen. Der zweite Teilschritt des Verfahrens von Stone benötigt deshalb nur $12n + O(\log_2 n)$ Multiplikationen und $6n + O(\log_2 n)$ Additionen. Es werden dafür also weniger Operationen benötigt als in Satz 6.4.2 angegeben sind. □

Ein Vergleich mit Bemerkung 7.1.2 zeigt, daß der Gesamtaufwand rund viermal so groß ist wie bei der gewöhnlichen Gauß–Elimination. Er würde sich um rund $6n$ Multiplikationen verringern, wenn man im zweiten Teilschritt statt der zyklischen Reduktion das Partitionsverfahren verwenden würde. In jedem Fall ist der Aufwand beim Verfahren von Stone deutlich größer als bei dem anschließend zu besprechenden Verfahren von Hockney und Golub, weshalb wir uns nicht weiter mit dem Verfahren von Stone beschäftigen wollen.

7.3 Das Verfahren von Hockney und Golub

Der parallele Ansatz des *Verfahrens von Hockney und Golub* zur Lösung von (7.2) liegt darin, je drei aufeinanderfolgende Gleichungen mit den Nummern $i-1, i$ und $i+1$ so zu kombinieren, daß die Variablen x_{i-1} und x_{i+1} eliminiert werden. Man erhält so ein neues Gleichungssystem, bei dem in der i-ten Gleichung die Variablen x_{i-2}, x_i und x_{i+2} verknüpft sind. Bei geeigneter Interpretation der Koeffizienten und Variablen, deren Indizes außerhalb der Menge $\{1,\ldots,n\}$ liegen, kann man das neue Gleichungssystem auf analoge Weise wieder transformieren, so lange, bis in jeder Gleichung nur noch eine Variable x_i mit $i \in \{1,\ldots,n\}$ vorkommt.

Wir formulieren dieses Vorgehen genauer in einem Satz, legen zuvor aber einige zusätzliche Bezeichnungen fest. So sei die Zahl N' definiert durch

$$N' := \lceil \log_2 n \rceil .$$

Wir setzen außerdem

$$\left.\begin{array}{rcl} a_i^{(0)} &:=& a_i, \; i=2,\ldots,n, \quad a_1^{(0)} \;:=\; 0, \\ b_i^{(0)} &:=& b_i, \; i=1,\ldots,n, \\ c_i^{(0)} &:=& c_i, \; i=1,\ldots,n-1, \quad c_n^{(0)} \;:=\; 0, \\ d_i^{(0)} &:=& d_i, \; i=1,\ldots,n, \\ a_i^{(k)} &:=& c_i^{(k)} \;:=\; d_i^{(k)} \;:=\; 0, \quad b_i^{(k)} := 1, \\ && i \in \mathbf{Z}\backslash\{1,\ldots,n\}, \; k=0,\ldots,N'. \end{array}\right\} \qquad (7.10)$$

Mit $x = (x_1,\ldots,x_n)^T$ bezeichnen wir die Lösung von (7.2) und setzen

$$x_i := 0, \; i \in \mathbf{Z}\backslash\{1,\ldots,n\}.$$

Dann gilt der folgende Satz.

7.3.1 Satz: Für $k = 1, \ldots, N'$ seien die Zahlen $a_i^{(k)}, b_i^{(k)}, c_i^{(k)}$ und $d_i^{(k)}$, $i = 1, \ldots, n$, rekursiv definiert durch

$$\left.\begin{aligned} a_i^{(k)} &:= \alpha_i^{(k-1)} a_{i-2^{k-1}}^{(k-1)}, \\ c_i^{(k)} &:= \gamma_i^{(k-1)} c_{i+2^{k-1}}^{(k-1)}, \\ b_i^{(k)} &:= \alpha_i^{(k-1)} c_{i-2^{k-1}}^{(k-1)} + b_i^{(k-1)} + \gamma_i^{(k-1)} a_{i+2^{k-1}}^{(k-1)}, \\ d_i^{(k)} &:= \alpha_i^{(k-1)} d_{i-2^{k-1}}^{(k-1)} + d_i^{(k-1)} + \gamma_i^{(k-1)} d_{i+2^{k-1}}^{(k-1)}, \end{aligned}\right\} \tag{7.11}$$

mit

$$\begin{aligned} \alpha_i^{(k-1)} &:= -a_i^{(k-1)} / b_{i-2^{k-1}}^{(k-1)}, \\ \gamma_i^{(k-1)} &:= -c_i^{(k-1)} / b_{i+2^{k-1}}^{(k-1)}. \end{aligned}$$

Dann gilt für $k = 0, \ldots, N'$

$$a_i^{(k)} x_{i-2^k} + b_i^{(k)} x_i + c_i^{(k)} x_{i+2^k} = d_i^{(k)}, \quad i \in \mathbf{Z}. \tag{7.12}$$

Beweis: Wegen $a_1^{(0)} = c_n^{(0)} = 0$ stellt (7.12) für $k = 0$ und $i = 1, \ldots, n$ gerade das Gleichungssystem (7.2) dar. Für $i \notin \{1, \ldots, n\}$ und $k = 0$ ist (7.12) trivialerweise richtig. Angenommen, (7.12) ist richtig für ein festes k, $0 \leq k < N'$. Für $i \in \{1, \ldots, n\}$ gelten dann die drei Gleichungen

$$\begin{aligned} a_{i-2^k}^{(k)} x_{i-2^{k+1}} + b_{i-2^k}^{(k)} x_{i-2^k} + c_{i-2^k}^{(k)} x_i &= d_{i-2^k}^{(k)}, \\ a_i^{(k)} x_{i-2^k} + b_i^{(k)} x_i + c_i^{(k)} x_{i+2^k} &= d_i^{(k)}, \\ a_{i+2^k}^{(k)} x_i + b_{i+2^k}^{(k)} x_{i+2^k} + c_{i+2^k}^{(k)} x_{i+2^{k+1}} &= d_{i+2^k}^{(k)}. \end{aligned}$$

Multiplizieren wir die erste Gleichung mit $\alpha_i^{(k)}$, die dritte mit $\gamma_i^{(k)}$ und addieren alle drei Gleichungen auf, so erhalten wir mit (7.11) gerade die Gleichung (7.12) für $k+1$. Für $i \notin \{1, \ldots, n\}$ ist (7.12) wieder trivial. Also ist der Satz mit vollständiger Induktion bewiesen. □

Die Rekursionsvorschriften für die $a_i^{(k)}, b_i^{(k)}, c_i^{(k)}$ und $d_i^{(k)}$ sind in (7.11) der besseren Übersicht wegen einheitlich für $i = 1, \ldots, n$ formuliert worden. Tatsächlich bestätigt man durch vollständige Induktion sofort, daß dabei gilt

$$\left.\begin{aligned} a_i^{(k)} &= \alpha_i^{(k)} = 0, \quad i = 1, \ldots, 2^k, \\ c_i^{(k)} &= \gamma_i^{(k)} = 0, \quad i = n - 2^k + 1, \ldots, n. \end{aligned}\right\} \tag{7.13}$$

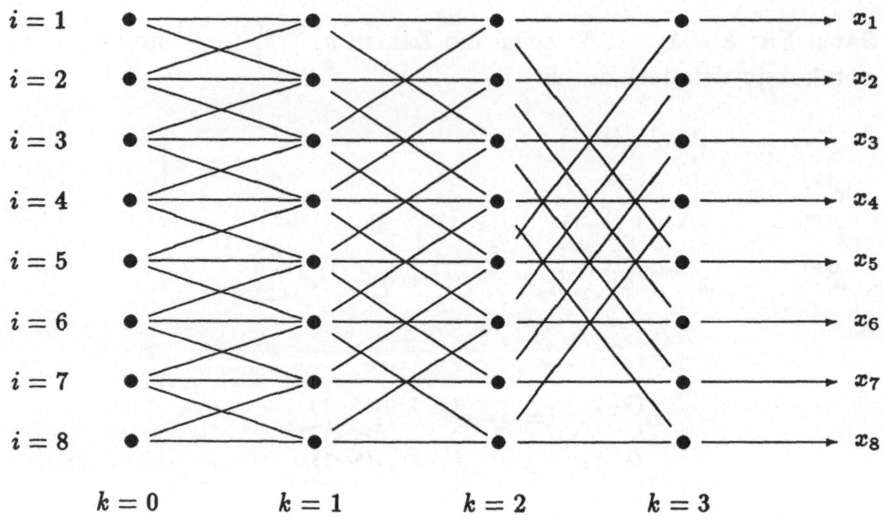

Abbildung 7.1: Rekursives Verdoppeln ($n = 8$)

Für festes k können die Zahlen $a_i^{(k)}, b_i^{(k)}, c_i^{(k)}$ und $d_i^{(k)}$, $i = 1, \ldots, n$, parallel ausgerechnet werden.

Das Verfahren von Hockney und Golub existiert in zwei Varianten, bei denen die Gleichungen (7.11) und (7.12) ganz oder teilweise verwendet werden. Bei der ersten Variante werden alle durch (7.11) definierten Zahlen bestimmt. Für $i \in \{1, \ldots, n\}$ ist dann $i \leq 2^{N'}$ und $i \geq n - 2^{N'} + 1$, so daß aus (7.12) und (7.13) für $k = N'$ sofort

$$x_i = d_i^{(N')} / b_i^{(N')}, \quad i = 1, \ldots, n,$$

folgt. In Analogie zu dem Verfahren bei linearen Differenzengleichungen, bei dem ebenfalls sämtliche Koeffizienten in den Rekursionsformeln bestimmt werden, wollen wir diese Variante wieder als *rekursives Verdoppeln* bezeichen.

7.3.2 Verfahren (Hockney und Golub, rekursives Verdoppeln)**:**

1. Berechne für $k = 1, \ldots, N'$ die Zahlen $a_i^{(k)}, b_i^{(k)}, c_i^{(k)}, d_i^{(k)}$, $i = 1, \ldots, n$, nach (7.11).

2. Berechne $x_i = d_i^{(N')} / b_i^{(N')}$ für $i = 1, \ldots, n$.

Abbildung 7.1 illustriert das rekursive Verdoppeln für $n = 8$.

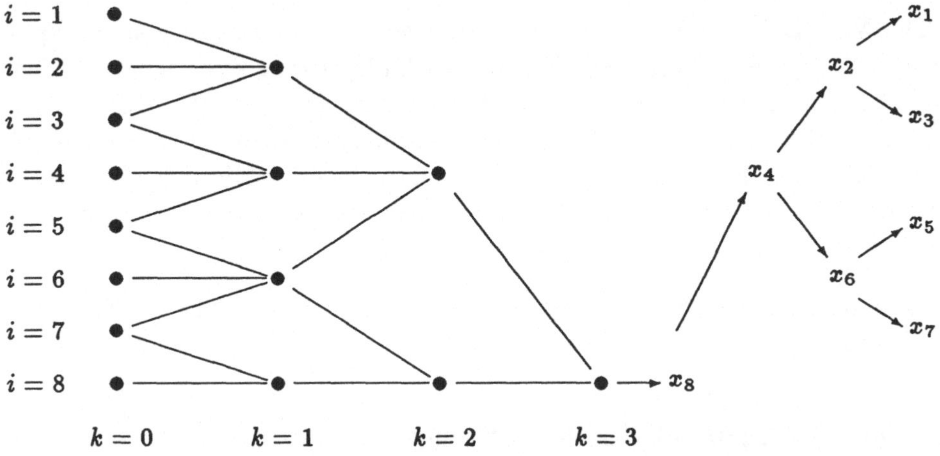

Abbildung 7.2: Zyklische Reduktion ($n = 8$)

Vor der Beschreibung der zweiten Variante setzen wir die Zahl N wie in Kapitel 6 fest durch

$$N := \lfloor \log_2 n \rfloor .$$

Die zweite Variante besteht nun darin, die Zahlen $a_i^{(k)}, b_i^{(k)}, c_i^{(k)}, d_i^{(k)}$ nur für $i = 2^k(2^k)n$ zu berechnen. Die Zahl der zur Verfügung stehenden Gleichungen aus (7.12) vermindert sich in dieser Reduktionsphase in jedem Schritt um rund die Hälfte, bis für $k = N$ nur noch eine, zu $i = 2^N$ gehörige Gleichung aus (7.12) übrig bleibt. Aus dieser Gleichung bestimmt man x_{2^N} und dann die übrigen Komponenten der Lösung durch einen Substitutionsprozeß. In Analogie zum Vorgehen bei Differenzengleichungen bezeichnet man diese Variante auch als *zyklische Reduktion*.

7.3.3 Verfahren (Hockney und Golub, zyklische Reduktion):

1. Berechne für $k = 1, \dots, N$ die Zahlen $a_i^{(k)}, b_i^{(k)}, c_i^{(k)}, d_i^{(k)}$, $i = 2^k(2^k)n$, nach (7.11).

2. Berechne aus (7.12) für $k = N, \dots, 0$ die Komponenten x_i, $i = 2^k(2^{k+1})n$, der Lösung durch

$$x_i = \left(d_i^{(k)} - a_i^{(k)} x_{i-2^k} - c_i^{(k)} x_{i+2^k} \right) / b_i^{(k)} .$$

Abbildung 7.2 veranschaulicht die zyklische Reduktion ($n = 8$).

Die Verwandtschaft der beiden Varianten des Verfahrens von Hockney und Golub mit den Verfahren für lineare Differenzengleichungen (Verfahren 6.2.2 und 6.2.3) ist offensichtlich. Wie bei den linearen Differenzengleichungen ist der Rechenaufwand beim rekursiven Verdoppeln größenordnungsmäßig um den Faktor $\log_2 n$ höher als bei der zyklischen Reduktion. Für die zyklische Reduktion geben wir den Rechenaufwand genauer im nächsten Satz an.

7.3.4 Satz: Der Rechenaufwand für die zyklische Reduktion (Verfahren 7.3.3) beträgt

$$\begin{array}{ll} 3n + O(\log_2 n) & \text{Divisionen,} \\ 8n + O(\log_2 n) & \text{Multiplikationen und} \\ 6n + O(\log_2 n) & \text{Additionen.} \end{array}$$

Beweis: Die angegebenen Werte erhält man durch Abzählen, was wir hier nicht durchführen wollen. □

Die Überlegungen zur Realisierung der zyklischen Reduktion und des rekursiven Verdoppelns auf Vektor- und Parallelrechnern aus Kapitel 6 lassen sich analog auf die Verfahren 7.3.2 und 7.3.3 übertragen. Deshalb gehen wir darauf im folgenden nur relativ kurz ein.

Vektorrechner

Auf Vektorrechnern besitzt die zyklische Reduktion wieder eine zu $n/\log_2 n$ proportionale durchschnittliche Vektorlänge. Die einzelnen Vektoroperationen bestehen aus (komponentenweisen) Vektor–Multiplikationen, –Divisionen und allgemeinen Triaden. Nach Satz 7.3.4 und Bemerkung 7.1.2 ist der Gesamtaufwand für die zyklische Reduktion rund doppelt so groß wie bei der Gauß–Elimination. Ist die Rechengeschwindigkeit mit Vektorprozessoren z.B. fünfmal so groß wie im Skalarmodus, wird der Geschwindigkeitsgewinn gegenüber der (seriellen) Gauß–Elimination also weniger als das zweieinhalbfache betragen. Speicherzugriffsprobleme haben wir bei dieser Überlegung nicht berücksichtigt.

Auf jedem Rechner beansprucht eine Division gewöhnlich deutlich mehr Rechenzeit als eine Multiplikation oder Addition. Auch ein Vektorprozessor benötigt jeweils mehrere Zyklen, bis ein weiteres Ergebnis einer Division vorliegt. Dieser Tatsache kann man dadurch Rechnung tragen, daß man bei Divisionen der Zeitformel (1.1) die Gestalt

$$t(n) = \tilde{\tau}(n_{1/2} + n)$$

gibt, wobei die neue „Zykluszeit“ $\tilde{\tau}$ größer ist als bei Multiplikationen oder Additionen.

Aus diesem Grunde kann es sinnvoll sein, ein bestimmtes Verfahren so zu modifizieren, daß es möglichst wenig Divisionen erfordert, *auch wenn dabei der Gesamtrechenaufwand zunimmt.* Beim Verfahren von Hockney und Golub bietet es sich dazu an, alle definierenden Gleichungen aus (7.11) jeweils mit dem Faktor

$$\beta_i^{(k-1)} := b_{i-2^{k-1}}^{(k-1)} \cdot b_{i+2^{k-1}}^{(k-1)}$$

zu multiplizieren. Man setzt also für $k = 1, \ldots, N'$, $i = 1, \ldots, n$, statt (7.11) nun

$$\left.\begin{aligned}
a_i^{(k)} &:= \alpha_i^{(k-1)} a_{i-2^{k-1}}^{(k-1)}, \\
c_i^{(k)} &:= \gamma_i^{(k-1)} c_{i+2^{k-1}}^{(k-1)}, \\
b_i^{(k)} &:= \alpha_i^{(k-1)} c_{i-2^{k-1}}^{(k-1)} + \beta_i^{(k-1)} b_i^{(k-1)} + \gamma_i^{(k-1)} a_{i+2^{k-1}}^{(k-1)}, \\
d_i^{(k)} &:= \alpha_i^{(k-1)} d_{i-2^{k-1}}^{(k-1)} + \beta_i^{(k-1)} d_i^{(k-1)} + \gamma_i^{(k-1)} d_{i+2^{k-1}}^{(k-1)},
\end{aligned}\right\} \qquad (7.14)$$

mit

$$\begin{aligned}
\alpha_i^{(k-1)} &:= -a_i^{(k-1)} \cdot b_{i+2^{k-1}}^{(k-1)}, \\
\gamma_i^{(k-1)} &:= -c_i^{(k-1)} \cdot b_{i-2^{k-1}}^{(k-1)},
\end{aligned}$$

Mit diesen neuen Koeffizienten gelten die Gleichungen (7.12) ebenfalls. Wir erhalten so eine Variante des Verfahrens von Hockney und Golub, die bei der zyklischen Reduktion $2n+O(\log_2 n)$ Divisionen auf Kosten von $5n+O(\log_2 n)$ zusätzlichen Multiplikationen einspart. Wenn eine Division mehr als zweieinhalb mal so lange dauert wie eine Multiplikation, wird diese Variante also der ursprünglichen, in 7.3.3 angegebenen, überlegen sein.

Um Zeitverzögerungen durch den Speicherzugriff zu vermindern, sollte man in der Reduktionsphase der zyklischen Reduktion für die neuberechneten Zahlen stets ein ähnliches Abspeicherschema wie in Algorithmus 6.2.5 verwenden.

Wegen des bedeutend größeren Rechenaufwands ist das rekursive Verdoppeln für Vektorrechner nicht geeignet.

Parallelrechner

Zur Realisierung des Verfahrens von Hockney und Golub auf einem Parallelrechner betrachten wir zunächst den Fall $n = p$. Beim rekursiven Verdoppeln kann man dann für $k = 1, \ldots, N'$ in Prozessor P_i die Zahlen $a_i^{(k)}, b_i^{(k)}, c_i^{(k)}$ und $d_i^{(k)}$ bestimmen. P_i benötigt dazu die Werte von $a_j^{(k-1)}, b_j^{(k-1)}, c_j^{(k-1)}, d_j^{(k-1)}$, $j \in \{i - 2^{k-1}, i, i + 2^{k-1}\}$, welche für $j = i - 2^{k-1}$ zunächst in $P_{i-2^{k-1}}$, für $j = i + 2^{k-1}$ in $P_{i+2^{k-1}}$ vorliegen (falls $i - 2^{k-1} \geq 1$ bzw. $i + 2^{k-1} \leq n$). Vor jeder einzelnen Stufe des rekursiven Verdoppelns ist also ein entsprechender Kommunikationsschritt vorzusehen. In jeder Stufe sind alle Prozessoren P_i, $i = 1, \ldots, p$, aktiv. Nach Beendigung der Rechnungen zur Stufe $k = N'$ bestimmt P_i schließlich $x_i = d_i^{(N')}/b_i^{(N')}$. Das rekursive Verdoppeln erfordert insgesamt also $\lceil \log_2 n \rceil + 1$ Schritte, in denen die Kommunikation überwiegt.

Auf ähnliche Weise kann die zyklische Reduktion in $2\lfloor \log_2 n \rfloor + 1$ Schritten realisiert werden, bei denen diesmal jedoch unterschiedlich viele Prozessoren aktiv sind. Für aktive Prozessoren ist in der Reduktionsphase das Kommunikationsschema identisch mit dem für das rekursive Verdoppeln.

Ist nun $n = pq$ mit $q \in \mathbf{N}$, so speichern wir — wie bei linearen Differenzengleichungen auch — die Matrix A und die rechte Seite d in Blöcken aufeinanderfolgender Zeilen auf die einzelnen Prozessoren ab. Prozessor P_i werden also die q Zeilen $(i-1)q + 1, \ldots, iq$ zugeordnet. Der Einfachheit halber gelte nun zusätzlich $q = 2^Q$ mit $Q \in \mathbf{N}$. Dann kann das Verfahren von Hockney und Golub in drei großen Schritten realisiert werden. Im *ersten* Schritt führt jeder Prozessor die zu seinem Indexbereich gehörigen Berechnungen der ersten Q Stufen der Reduktionsphase der zyklischen Reduktion durch, d.h. P_i berechnet für $k = 1, \ldots, Q$ die Zahlen

$$a_j^{(k)},\ b_j^{(k)},\ c_j^{(k)},\ d_j^{(k)},\ j = (i-1)q + 2^k\ (2^k)\ iq.$$

Für jede einzelne Stufe benötigt P_i dabei Zahlen, die in der vorangehenden Stufe in Prozessor P_{i-1} (falls $i > 1$) und P_{i+1} (falls $i < n$) ausgerechnet wurden. Jede einzelne Stufe erfordert also Kommunikation zwischen den Prozessoren.

Nach diesem ersten Schritt liegen in Prozessor P_i gerade die Koeffizienten der i-ten Gleichung des p-dimensionalen Tridiagonalsystems

$$\tilde{a}_i \tilde{x}_{i-1} + \tilde{b}_i \tilde{x}_i + \tilde{c}_i \tilde{x}_{i+1} = \tilde{d}_i,\ i = 1, \ldots, p,$$

vor, wobei gilt

$$\left.\begin{array}{ll} \tilde{a}_i = a_{iq}^{(Q)}, & \tilde{b}_i = b_{iq}^{(Q)} \\ \tilde{c}_i = c_{iq}^{(Q)}, & \tilde{d}_i = d_{iq}^{(Q)} \end{array}\right\} i = 1, \ldots, p,$$
$$\tilde{x}_i = x_{iq},\ i = 0, \ldots, p+1.$$

Dieses System kann im *zweiten* Schritt mit rekursivem Verdoppeln oder zyklischer Reduktion so gelöst werden, wie dies für den Fall $n = p$ oben beschrieben wurde. Werden dann Prozessor P_i die Werte von $x_{(i-1)q}$ und x_{iq} bekanntgegeben, so kann in einem *dritten* Schritt P_i mit den Stufen $k = Q-1, \ldots, 0$ der Substitutionsphase der zyklischen Reduktion die restlichen Komponenten x_j, $j \in \{(i-1)q+1, \ldots, iq-1\}$, der Lösung berechnen. Hierfür ist keine Kommunikation mit anderen Prozessoren notwendig.

Ist q keine Potenz von 2, so verfährt man in ähnlicher Weise. Bereits die Reduktionsphase der zyklischen Reduktion wird dann aber unübersichtlicher, weil in einer festen Stufe verschiedene Prozessoren eventuell unterschiedlich viele Neuberechnungen durchzuführen haben. In der Substitutionsphase ist dann i.a. ebenfalls Kommunikation erforderlich.

Durchführbarkeit

Rekursives Verdoppeln und zyklische Reduktion sind nur dann durchführbar, wenn alle berechneten Zahlen $b_i^{(k)}$ von Null verschieden sind, so daß bei der Berechnung der $\alpha_i^{(k)}, \gamma_i^{(k)}$ und der x_i keine Divisionen durch Null vorkommen. Diese Bedingung ist für eine beliebige nichtsinguläre Tridiagonalmatrix nicht automatisch erfüllt – selbst dann nicht, wenn die Gauß–Elimination ohne Pivotsuche durchgeführt werden kann.

7.3.5 Beispiel: Es sei $n = 8$ und

$$A = \begin{pmatrix} 2 & -1 & & & & & & \\ -1 & 2 & -1 & & & & 0 & \\ & -1 & 2 & -1 & & & & \\ & & -1 & 2 & -1 & & & \\ & & & -1 & 1 & -1 & & \\ & & & & -1 & 2 & -1 & \\ & 0 & & & & -1 & 1 & -1 \\ & & & & & & -1 & 2 \end{pmatrix}.$$

Man bestätigt leicht, daß für die Matrix A die Gauß–Elimination ohne Pivotsuche durchführbar ist. Dagegen erhalten wir für die Zahlen $b_5^{(1)}, b_6^{(1)}$ und $b_7^{(1)}$ nach (7.11)

$$b_5^{(1)} = b_6^{(1)} = b_7^{(1)} = 0,$$

weshalb hier das Verfahren von Hockney und Golub *nicht* angewendet werden kann.

Es gilt jedoch der folgende Satz über die Durchführbarkeit des Verfahrens von Hockney und Golub bei H–Matrizen. (Zum Begriff der H–Matrix s. Abschnitt B.3 des Anhangs.)

7.3.6 Satz: Die Matrix $A \in \mathbf{R}^{n\times n}$ aus (7.3) sei eine H–Matrix. Dann ist das Verfahren von Hockney und Golub zur Lösung von (7.2) für jede rechte Seite d durchführbar.

Beweis: Wir zeigen, daß für $k = 0,\ldots,N'$ die in (7.11) definierten Zahlen $b_i^{(k)}$, $i = 1,\ldots,n$, alle von Null verschieden sind.

Nach Satz B.3.3 existiert ein positiver Vektor $u \in \mathbf{R}^n$ mit $\langle A\rangle u > 0$. Wir übernehmen die Bezeichnungen aus (7.10) und vereinbaren außerdem

$$u_i = 1 \quad \text{für } i \in \mathbf{Z}\backslash\{1,\ldots,n\}.$$

Dann gilt also

$$|b_i^{(0)}|u_i \;>\; |a_i^{(0)}|u_{i-1} + |c_i^{(0)}|u_{i+1}, \quad i \in \mathbf{Z}. \tag{7.15}$$

Insbesondere ist $b_i^{(0)} \neq 0$ für $i = 1,\ldots,n$. Wir zeigen nun, daß für $k = 0,\ldots,N'$ gilt

$$|b_i^{(k)}|u_i \;>\; |a_i^{(k)}|u_{i-2^k} + |c_i^{(k)}|u_{i+2^k}, \quad i \in \mathbf{Z}. \tag{7.16}$$

Aus (7.16) folgt dann speziell $b_i^{(k)} \neq 0$, $i = 1,\ldots,n$, so daß mit (7.16) der ganze Satz bewiesen ist.

Die Ungleichung (7.16) ist für $k = 0,\ldots,N'$ und $i \in \mathbf{Z}\backslash\{1,\ldots,n\}$ trivial. Um die Gültigkeit für $i \in \{1,\ldots,n\}$ zu zeigen, verwenden wir vollständige Induktion. Nach (7.15) gilt (7.16) für $k = 0$. Angenommen, (7.16) gilt für k mit $k < N'$. Dann ist also für $i \in \{1,\ldots,n\}$

$$\begin{aligned}
|b_{i-2^k}^{(k)}|u_{i-2^k} &> |a_{i-2^k}^{(k)}|u_{i-2^{k+1}} + |c_{i-2^k}^{(k)}|u_i,\\
|b_i^{(k)}|u_i &> |a_i^{(k)}|u_{i-2^k} + |c_i^{(k)}|u_{i+2^k},\\
|b_{i+2^k}^{(k)}|u_{i+2^k} &> |a_{i+2^k}^{(k)}|u_i + |c_{i+2^k}^{(k)}|u_{i+2^{k+1}}.
\end{aligned}$$

Wegen der Induktionsannahme sind die Zahlen $\alpha_i^{(k)}$ und $\gamma_i^{(k)}$ aus (7.11) definiert. Multiplizieren wir die erste Ungleichung mit $|\alpha_i^{(k)}|$, die dritte mit $|\gamma_i^{(k)}|$

und addieren auf, so fallen die Terme mit u_{i-2^k} und u_{i+2^k} weg, und es ergibt sich

$$\left(|b_i^{(k)}| - |\alpha_i^{(k)} c_{i-2^k}^{(k)}| - |\gamma_i^{(k)} a_{i+2^k}^{(k)}|\right) u_i > |a_i^{(k+1)}| u_{i-2^{k+1}} + |c_i^{(k+1)}| u_{i+2^{k+1}}.$$

Nach der Dreiecksungleichung ist hierin der Faktor vor u_i nicht größer als $|b_i^{(k+1)}|$, so daß (7.16) für $k+1$ (und $i \in \{1, \dots, n\}$) bewiesen ist. □

7.3.7 Korollar: Satz 7.3.6 gilt für die Tridiagonalmatrix A insbesondere in folgenden Fällen.

(i) A ist M–Matrix.

(ii) A ist streng diagonal dominant oder irreduzibel diagonal dominant.

(iii) A ist symmetrisch positiv definit.

Beweis: Wir zeigen, daß in allen drei Fällen die Matrix A eine H–Matrix ist. Für (i) und (ii) ist dies nach Satz B.3.4 trivial. Im Fall (iii) gilt aufgrund der Symmetrie von A

$$a_{i+1} = c_i, \quad i = 1, \dots, n-1.$$

Weil A positiv definit ist, gilt außerdem $b_i > 0$, $i = 1, \dots, n$. Wegen der Tridiagonalgestalt von A kann man das charakteristische Polynom $p_n(x)$ von A einfach rekursiv durch

$$\begin{aligned} p_0(x) &:= 1, \quad p_1(x) := b_1 - x, \\ p_i(x) &:= (b_i - x)p_{i-1}(x) - a_i^2 p_{i-2}(x), \quad i = 2, \dots, n, \end{aligned} \tag{7.17}$$

berechnen.

Die Matrix $\langle A \rangle$ ist ebenfalls symmetrisch. Die Diagonalelemente von $\langle A \rangle$ sind die Zahlen b_i, die Nebendiagonalelemente sind $-|a_i|$. Das charakteristische Polynom von $\langle A \rangle$ erhält man also ebenfalls über die Rekursion (7.17). Demnach stimmen die charakteristischen Polynome der Matrizen A und $\langle A \rangle$ überein, die Matrizen haben also dieselben Eigenwerte. Insbesondere besitzt $\langle A \rangle$ nur positive Eigenwerte und ist damit selbst symmetrisch positiv definit. Also folgt auch hier aus Satz B.3.4, daß A eine H–Matrix ist. □

7.4 Partitionsverfahren

Es sei nun $n = pq$ mit $p, q \in \mathbb{N}$. Wir teilen die Menge $\{1, \dots, n\}$ in p Blöcke aufeinanderfolgender Indizes $\{i \mid (l-1)q < i \leq lq\}$, $l = 1, \dots, p$, ein. Ein

$$
\left(\begin{array}{cccc|cccc|cccc}
b_1 & c_1 & & & & & & & & & & \\
a_2 & b_2 & c_2 & & & & & & & & & \\
 & a_3 & b_3 & c_3 & & & & & & & & \\
 & & a_4 & b_4 & c_4 & & & & & & & \\
\hline
 & & & a_5 & b_5 & c_5 & & & & & & \\
 & & & & a_6 & b_6 & c_6 & & & & & \\
 & & & & & a_7 & b_7 & c_7 & & & & \\
 & & & & & & a_8 & b_8 & c_8 & & & \\
\hline
 & & & & & & & a_9 & b_9 & c_9 & & \\
 & & & & & & & & a_{10} & b_{10} & c_{10} & \\
 & & & & & & & & & a_{11} & b_{11} & c_{11} \\
 & & & & & & & & & & a_{12} & b_{12}
\end{array}\right)
$$

Abbildung 7.3: Aufteilung von A beim Partitionsverfahren ($n = 12, \quad p = 3$)

Block besitzt also die Länge q. Die zugehörige Aufteilung der Matrix A ist in Abbildung 7.3 illustriert.

Das Partitionsverfahren besteht diesmal aus *vier* großen Teilschritten. Im *ersten Schritt* erzeugen wir innerhalb jedes Diagonalblocks von A Nullen in der unteren Nebendiagonalen. Wir addieren dazu jeweils zunächst ein geeignetes Vielfaches der ersten Zeile jedes Diagonalblocks zur zweiten Zeile, dann ein Vielfaches der neuen zweiten Zeile zur dritten, usw. Wir produzieren dabei neue von Null verschiedene Elemente unterhalb der Diagonalen in den Spalten $q, 2q, \ldots, \quad (p-1)q$. Das Besetzungsmuster der so erzeugten Matrix $A^{(1)}$ ist in Abbildung 7.4 wiedergegeben. $A^{(1)}$ stimmt mit A in der oberen Nebendiagonalen und in den Zeilen $1, q+1, \ldots, (p-1)q+1$ überein. Für die Elemente $a_i^{(1)}, b_i^{(1)}, c_i^{(1)}$ von $A^{(1)}$ und für die Komponenten der transformierten rechten Seite $d^{(1)}$ gilt also

$$
\left.\begin{array}{lcl}
c_i^{(1)} & := & c_i, \; i = 1, \ldots, n-1, \\
a_i^{(1)} & := & a_i, \; i = q+1, 2q+1, \ldots, (p-1)q+1, \\
b_i^{(1)} & := & b_i, \; d_i^{(1)} \; = \; d_i, \; i = 1, q+1, \ldots, (p-1)q+1.
\end{array}\right\} \qquad (7.18)
$$

Die anderen Diagonalelemente von $A^{(1)}$ und die restlichen Komponenten von

$$
\left(\begin{array}{cccc|cccc|cccc}
b_1^{(1)} & c_1^{(1)} & & & & & & & & & & \\
& b_2^{(1)} & c_2^{(1)} & & & & & & & & & \\
& & b_3^{(1)} & c_3^{(1)} & & & & & & & & \\
& & & b_4^{(1)} & c_4^{(1)} & & & & & & & \\
\hline
& & & a_5^{(1)} & b_5^{(1)} & c_5^{(1)} & & & & & & \\
& & & a_6^{(1)} & & b_6^{(1)} & c_6^{(1)} & & & & & \\
& & & a_7^{(1)} & & & b_7^{(1)} & c_7^{(1)} & & & & \\
& & & a_8^{(1)} & & & & b_8^{(1)} & c_8^{(1)} & & & \\
\hline
& & & & & & & a_9^{(1)} & b_9^{(1)} & c_9^{(1)} & & \\
& & & & & & & a_{10}^{(1)} & & b_{10}^{(1)} & c_{10}^{(1)} & \\
& & & & & & & a_{11}^{(1)} & & & b_{11}^{(1)} & c_{11}^{(1)} \\
& & & & & & & a_{12}^{(1)} & & & & b_{12}^{(1)}
\end{array}\right)
$$

Abbildung 7.4: Matrix $A^{(1)}$ beim Partitionsverfahren

$d^{(1)}$ ergeben sich für $l = 1, \ldots, p$ innerhalb eines jeden Blocks rekursiv durch

$$
\left.\begin{array}{rcl}
\alpha_{(l-1)q+j} & := & a_{(l-1)q+j} / b^{(1)}_{(l-1)q+j-1}, \\
b^{(1)}_{(l-1)q+j} & := & b_{(l-1)q+j} - \alpha_{(l-1)q+j} \cdot c_{(l-1)q+j-1}, \\
d^{(1)}_{(l-1)q+j} & := & d_{(l-1)q+j} - \alpha_{(l-1)q+j} \cdot d^{(1)}_{(l-1)q+j-1},
\end{array}\right\} \; j = 2, \ldots, q. \quad (7.19)
$$

Die Elemente $a_i^{(1)}$ erhält man entsprechend für $l = 2, \ldots, p$ durch

$$
a^{(1)}_{(l-1)q+j} := -\alpha_{(l-1)q+j} \cdot a^{(1)}_{(l-1)q+j-1}, \quad j = 2, \ldots, q. \quad (7.20)
$$

Im *zweiten Schritt* erzeugen wir in der oberen Nebendiagonalen Nullen, indem wir in jedem Diagonalblock zuerst geeignete Vielfache der jeweils vorletzten Zeile zur neuen drittletzten addieren, danach ein Vielfaches der drittletzten auf die viertletzte usw., bis wir schließlich sogar ein Vielfaches der jeweils ersten Zeile auf die letzte Zeile des vorangehenden Blocks addieren. Durch dieses Vorgehen ergeben sich neue von Null verschiedene Elemente oberhalb der Hauptdiagonalen in den Spalten $q, 2q, \ldots, pq$. Wir erhalten so eine Matrix $A^{(2)}$, deren Besetzungsmuster in Abbildung 7.5 (s. nächste Seite) angegeben ist. Für ihre Elemente $a_i^{(2)}, b_i^{(2)}, c_i^{(2)}$ und die Komponenten der

$$\left(\begin{array}{cccc|cccc|cccc}
b_1^{(2)} & & & c_1^{(2)} & & & & & & & & \\
& b_2^{(2)} & & c_2^{(2)} & & & & & & & & \\
& & b_3^{(2)} & c_3^{(2)} & & & & & & & & \\
& & & b_4^{(2)} & & & & c_4^{(2)} & & & & \\
\hline
& & & a_5^{(2)} & b_5^{(2)} & & & c_5^{(2)} & & & & \\
& & & a_6^{(2)} & & b_6^{(2)} & & c_6^{(2)} & & & & \\
& & & a_7^{(2)} & & & b_7^{(2)} & c_7^{(2)} & & & & \\
& & & a_8^{(2)} & & & & b_8^{(2)} & & & & c_8^{(2)} \\
\hline
& & & & & & & a_9^{(2)} & b_9^{(2)} & & & c_9^{(2)} \\
& & & & & & & a_{10}^{(2)} & & b_{10}^{(2)} & & c_{10}^{(2)} \\
& & & & & & & a_{11}^{(2)} & & & b_{11}^{(2)} & c_{11}^{(2)} \\
& & & & & & & a_{12}^{(2)} & & & & b_{12}^{(2)}
\end{array}\right)$$

Abbildung 7.5: Matrix $A^{(2)}$ beim Partitionsverfahren

transformierten rechten Seite $d_i^{(2)}$ gilt also

$$\left.\begin{array}{rcl}
a_i^{(2)} & := & a_i^{(1)},\ i = 2q-1, 2q, 3q-1, 3q, \ldots, n-1, n, \\
c_i^{(2)} & := & c_i^{(1)},\ d_i^{(2)} := d_i^{(1)},\ i = q-1, 2q-1, \ldots, n-1, \\
b_i^{(2)} & := & b_i^{(1)},\ i \in \{1, \ldots, n\} \backslash \{q, 2q, \ldots, (p-1)q\}, \\
d_n^{(2)} & := & d_n^{(1)}.
\end{array}\right\} \qquad (7.21)$$

Die übrigen Elemente von $A^{(2)}$ und $d^{(2)}$ erhalten wir mit

$$\gamma_i := c_i^{(1)} / b_{i+1}^{(1)},\ i \in \{1, \ldots, n-1\} \backslash \{q-1, 2q-1, \ldots, n-1\},$$

über die Beziehungen

$$\left.\begin{array}{rcl}
a_{(l-1)q+j}^{(2)} & := & a_{(l-1)q+j}^{(1)} - \gamma_{(l-1)q+j} \cdot a_{(l-1)q+j+1}^{(2)}, \\
& & j = q-2, \ldots, 1,\ l = 2, \ldots, p \\
c_{(l-1)q+j}^{(2)} & := & -\gamma_{(l-1)q+j} \cdot c_{(l-1)q+j+1}^{(2)}, \\
& & j = q-2, \ldots, 1,\ l = 1, \ldots, p, \\
d_{(l-1)q+j}^{(2)} & := & d_{(l-1)q+j}^{(1)} - \gamma_{(l-1)q+j} \cdot d_{(l-1)q+j+1}^{(2)}, \\
& & j = q-2, \ldots, 1,\ l = 1, \ldots, p, \\
b_{lq}^{(2)} & := & b_{lq}^{(1)} - \gamma_{lq} a_{lq+1}^{(2)},\ \ l = 1, \ldots, p-1, \\
c_{lq}^{(2)} & := & -\gamma_{lq} c_{lq+1}^{(2)},\ \ l = 1, \ldots, p-1, \\
d_{lq}^{(2)} & := & d_{lq}^{(1)} - \gamma_{lq} d_{lq+1}^{(2)},\ \ l = 1, \ldots, p-1.
\end{array}\right\} \qquad (7.22)$$

$$
\left(\begin{array}{cccc|cccc|cccc}
b_1^{(3)} & & & c_1^{(3)} & & & & & & & & \\
& b_2^{(3)} & & c_2^{(3)} & & & & & & & & \\
& & b_3^{(3)} & c_3^{(3)} & & & & & & & & \\
& & & b_4^{(3)} & & & & c_4^{(3)} & & & & \\
\hline
& & & & b_5^{(3)} & & & c_5^{(3)} & & & & \\
& & & & & b_6^{(3)} & & c_6^{(3)} & & & & \\
& & & & & & b_7^{(3)} & c_7^{(3)} & & & & \\
& & & & & & & b_8^{(3)} & & & & c_8^{(3)} \\
\hline
& & & & & & & & b_9^{(3)} & & & c_9^{(3)} \\
& & & & & & & & & b_{10}^{(3)} & & c_{10}^{(3)} \\
& & & & & & & & & & b_{11}^{(3)} & c_{11}^{(3)} \\
& & & & & & & & & & & b_{12}^{(3)}
\end{array}\right)
$$

Abbildung 7.6: Matrix $A^{(3)}$ beim Partitionsverfahren

Im *dritten Schritt* transformieren wir die Matrix $A^{(2)}$ auf obere Dreiecksgestalt, indem wir der Reihe nach für $l = 2, \ldots, p$ geeignete Vielfache der Zeile $(l-1)q$ auf die Zeilen $(l-1)q+1, \ldots, (l-1)q+q$ addieren. Wir erhalten so eine obere Dreiecksmatrix $A^{(3)}$, deren Besetzungsmuster oberhalb der Hauptdiagonalen mit $A^{(2)}$ übereinstimmt (s. Abbildung 7.6). Die Hauptdiagonale wird dabei bis auf die Positionen $2q, 3q, \ldots, n$ unverändert von $A^{(2)}$ übernommen. Darüber hinaus werden auch die Zahlen $c_i^{(2)}$ für $i = 1, \ldots, q-1$ und $i = q, 2q, \ldots, (p-1)q$ sowie $d_i^{(2)}$, $i = 1 \ldots, q$, nicht abgeändert, es ist also

$$
\left.\begin{array}{rcl}
b_i^{(3)} & := & b_i^{(2)}, \quad i \in \{1, \ldots, n\} \backslash \{2q, 3q, \ldots, n\} \\
c_i^{(3)} & := & c_i^{(2)}, \quad i = 1, \ldots, q-1, \;\; i = q, 2q, \ldots, (p-1)q, \\
d_i^{(3)} & := & d_i^{(2)}, \quad i = 1, \ldots, q.
\end{array}\right\} \qquad (7.23)
$$

In den übrigen Positionen stehen in $A^{(3)}$ die neuen Elemente $b_i^{(3)}$ und $c_i^{(3)}$, welche sich für $l = 2, \ldots, p$ mit Hilfe der Zahlen

$$
\beta_{(l-1)q+j} \;:=\; a_{(l-1)q+j}^{(2)} / b_{(l-1)q}^{(3)}, \quad j = 1, \ldots, q,
$$

zu

$$\left.\begin{aligned} c^{(3)}_{(l-1)q+j} &:= c^{(2)}_{(l-1)q+j} - \beta_{(l-1)q+j} \cdot c^{(3)}_{(l-1)q}, \\ &\quad j = 1,\dots,q-1, \\ b^{(3)}_{lq} &:= b^{(2)}_{lq} - \beta_{lq} c^{(3)}_{(l-1)q}, \end{aligned}\right\} \quad l = 2,\dots,p, \tag{7.24}$$

ergeben. Die rechte Seite $d^{(2)}$ transformiert sich entsprechend zu $d^{(3)}$ mit

$$\left.\begin{aligned} d^{(3)}_{(l-1)q+j} &= d^{(2)}_{(l-1)q+j} - \beta_{(l-1)q+j} \cdot d^{(3)}_{(l-1)q}, \\ &\quad j = 1,\dots,q, \; l = 2,\dots,p. \end{aligned}\right\} \tag{7.25}$$

Schließlich erzeugen wir im *vierten Schritt* eine Diagonalmatrix, indem wir für $l = p,\dots,1$ Vielfache der Zeile lq zu den Zeilen $lq-1, lq-2, \dots, (l-1)q+1$ und, falls $l > 1$, auch $(l-1)q$ von $A^{(3)}$ hinzuaddieren. Die Diagonale von $A^{(3)}$ bleibt dabei unverändert, und für die neue rechte Seite erhält man

$$\left.\begin{aligned} d^{(4)}_{n} &:= d^{(3)}_{n}, \\ d^{(4)}_{(l-1)q+j} &:= d^{(3)}_{(l-1)q+j} - \left(c^{(3)}_{(l-1)q+j} / b^{(3)}_{lq}\right) d^{(4)}_{lq}, \\ &\quad j = 0,\dots,q-1 \;\text{ für } l = p,\dots,2, \\ &\quad j = 1,\dots,q-1 \;\text{ für } l = 1. \end{aligned}\right\} \tag{7.26}$$

Daraus ergibt sich die Lösung von (7.2) durch

$$x_i = d^{(4)}_i / b^{(3)}_i, \quad i = 1,\dots,n. \tag{7.27}$$

Wir fassen das Vorgehen beim Partitionsverfahren zusammen.

7.4.1 Verfahren (Partitionsverfahren):

1. Eliminiere innerhalb jedes Diagonalblocks die Elemente der unteren Nebendiagonalen, d.h. berechne $A^{(1)}$ und $d^{(1)}$ nach (7.18)–(7.20).

2. Eliminiere blockweise die Elemente der oberen Nebendiagonalen, d.h. berechne $A^{(2)}$ und $d^{(2)}$ nach (7.21)–(7.22).

3. Eliminiere die Elemente in den letzten Spalten der unteren Nebendiagonalblöcke von $A^{(2)}$, d.h. berechne $A^{(3)}$ und $d^{(3)}$ nach (7.23)–(7.25).

4. Eliminiere die Elemente in den verbleibenden besetzten Spalten oberhalb der Hauptdiagonalen von $A^{(3)}$ und berechne dann die Lösung von (7.2), d.h. bestimme $d^{(4)}$ nach (7.26) und x nach (7.27).

Durch Abzählen bestätigt man den im nächsten Satz angegebenen Rechenaufwand des Partitionsverfahrens.

7.4.2 Satz: Das Verfahren 7.4.1 benötigt einen Rechenaufwand von

$5n - q - 2p - 2$ Divisionen,
$9n - 4q - 6p - 1$ Multiplikationen und
$7n - 3q - 4p - 1$ Additionen.

Ein Vergleich mit Satz 7.3.4 zeigt, daß das Partitionsverfahren nur wenig mehr Operationen benötigt als die zyklische Reduktion für Tridiagonalsysteme. Um zu entscheiden, welches der beiden Verfahren für einen gegebenen Vektor– oder Parallelrechner geeigneter ist, muß das Partitionsverfahren hinsichtlich seiner Parallelisierbarkeit genauer untersucht werden.

In den Schritten 1) und 2) sind die Operationen zu den *verschiedenen Blöcken* voneinander unabhängig, d.h. die Berechnungen in (7.19)–(7.20) und (7.22) können für verschiedenes $l \in \{1, \ldots, p\}$ gleichzeitig durchgeführt werden. In den Schritten 3) und 4) sind dagegen alle Operationen *innerhalb eines Blocks* unabhängig voneinander durchführbar. In (7.24)–(7.27) können deshalb die Berechnungen für verschiedenes j gleichzeitig erfolgen.

Vektorrechner

Wir nehmen an, die Matrix A ist nach Diagonalen abgespeichert, d.h. die Elemente $a_2, \ldots, a_n, b_1, \ldots, b_n, c_1, \ldots, c_{n-1}$ sind im Speicher aufeinanderfolgend abgelegt. Das Partitionsverfahren wird man dann gewöhnlich so realisieren, daß in den Schritten 1) und 2) Operationen mit Vektoren durchgeführt werden, deren Elemente im Speicher um jeweils q Plätze auseinanderliegen, während in 3) und 4) auf direkt aufeinanderfolgende Elemente im Speicher zugegriffen wird. Falls q keine Potenz von 2 ist, treten auf den meisten Vektorrechnern in den Schritten 1) und 2) relativ geringe Verzögerungszeiten durch den Speicherzugriff auf. Im Gegensatz zum Verfahren von Hockney und Golub kommen beim Partitionsverfahren nun auch SAXPY–Operationen vor.

Mit der Zahl p steht wieder ein Parameter zur Verfügung, mit dem das Verfahren optimal an einen gegebenen Vektorrechner angepaßt werden kann. Wie in Beispiel 6.3.5 beim Partitionsverfahren für lineare Differenzengleichungen könnten wir auch hier unter vereinfachenden Annahmen das optimale p^* theoretisch bestimmen. Wir führen dies aber nicht durch, denn die zugehörigen Rechnungen sind relativ aufwendig. Es stellt sich heraus, daß für p^* ganz grob

$$p^* \simeq \sqrt{n}$$

gilt. Für die zugehörige durchschnittliche Vektorlänge $\bar{l}(p^*)$ erhält man dann ebenfalls

$$\bar{l}(p^*) \simeq \sqrt{n}.$$

Die bisher angegebene Formulierung des Partitionsverfahrens führt teilweise unnötig viele Operationen durch. So erhält man die Transformationen im dritten Teilschritt für $l = 2, \ldots, p$ geschickter mit Hilfe der Zahlen

$$\begin{aligned}
\xi_{l-1} &:= c^{(3)}_{(l-1)q} / b^{(3)}_{(l-1)q}, \\
\eta_{l-1} &:= d^{(3)}_{(l-1)q} / b^{(3)}_{(l-1)q}
\end{aligned}$$

über

$$\begin{aligned}
c^{(3)}_{(l-1)q+j} &= c^{(2)}_{(l-1)q+j} - \xi_{l-1} \cdot a^{(2)}_{(l-1)q+j}, \\
d^{(3)}_{(l-1)q+j} &= d^{(2)}_{(l-1)q+j} - \eta_{l-1} \cdot a^{(2)}_{(l-1)q+j}, \\
& \quad j = 1, \ldots, q, \\
b^{(3)}_{lq} &= b^{(2)}_{lq} - \xi_{l-1} a_{lq},
\end{aligned}$$

was gegenüber (7.23) und (7.24) rund n Divisionen einspart. Analog kann man im vierten Teilschritt weitere rund n Divisionen vermeiden, wenn für $l = 1, \ldots, p$ zunächst

$$\zeta_l := b^{(3)}_{lq} / d^{(4)}_{lq}$$

bestimmt und dann $d^{(4)}_{(l-1)q+j}$ statt wie in (7.26) nun über

$$\begin{aligned}
d^{(4)}_{(l-1)q+j} &= d^{(3)}_{(l-1)q+j} - \zeta_l \cdot c^{(3)}_{(l-1)q+j}, \\
& \quad j = 0, \ldots, q-1 \text{ für } l = p, \ldots, 2, \\
& \quad j = 1, \ldots, q-1 \text{ für } l = 1,
\end{aligned}$$

ausrechnet. Zählen wir, wie in Kapitel 3 vereinbart, eine SAXPY–Operation tatsächlich als nur *eine* Vektoroperation, so erhalten wir mit diesen Einsparungen für das Partitionsverfahren mit optimalem p eine Formel für die Rechenzeit der Gestalt

$$t(n) = 16n + \ldots .$$

Der Koeffizient vor n fällt also um 1 *kleiner* aus als bei der entsprechenden Zeitformel für das Verfahren von Hockney und Golub mit zyklischer Reduktion. Insofern dürfte das Partitionsverfahren bei *sehr großen* Werten für n schneller ablaufen als die zyklische Reduktion. Dafür wächst die durchschnittliche Vektorlänge jedoch nur proportional zu $\sqrt{n}$, während sie bei der zyklischen Reduktion proportional zu $n/\log_2 n$ ansteigt. Wie bei den linearen Differenzengleichungen wird das Partitionsverfahren deshalb bereits dann langsamer als die zyklische Reduktion ablaufen, wenn $\sqrt{n}$ von der Größenordnung $n_{1/2}$ ist.

Parallelrechner

Auf einem Parallelrechner wählt man die Zahl der Blöcke gerade so groß wie die Zahl der Prozessoren und ordnet jedem Prozessor einen Block aus Zeilen von A und den entsprechenden Block von d zu. Für $l = 1, \ldots, p$ bearbeitet Prozessor P_l also den Indexbereich $\{i \mid (l-1)q < i \leq lq\}$.

Der erste Schritt beim Partitionsverfahren erfordert dann keinerlei Kommunikation zwischen den Prozessoren; auch der zweite Schritt kommt weitgehend ohne Kommunikation aus; lediglich die Berechnung der $b_{lq}^{(2)}, c_{lq}^{(2)}$ und $d_{lq}^{(2)}$ in Prozessor P_l erfordert für $l < p$ eine Kommunikation mit Prozessor P_{l+1} (in welchem die benötigten Zahlen $a_{lq+1}^{(2)}, b_{lq+1}^{(2)}, c_{lq+1}^{(2)}$ sowie $d_{lq+1}^{(2)}$ vorliegen).

Da im dritten und vierten Schritt die Parallelisierung bei den Transformationen innerhalb jedes Blocks ansetzt, müssen zur Ermöglichung einer parallelen Durchführung nun eigentlich die Matrix $A^{(2)}$ und der Vektor $d^{(2)}$ auf völlig andere Weise als bisher — nämlich z.B. zyklisch nach Zeilen — auf die einzelnen Prozessoren abgespeichert werden. Da ein solcher Umspeichervorgang gewöhnlich sehr zeitaufwendig sein wird, bietet sich — in Analogie zum Partitionsverfahren bei linearen Differenzengleichungen — folgende Variante von 7.4.1 an: Nach Beendigung von Schritt 2 ergeben für $l = 1, \ldots, p$ die Spalten und Zeilen lq von $A^{(2)}$ und $d^{(2)}$ ein neues tridiagonales Gleichungssystem $\tilde{A}\ \tilde{x} = \tilde{d}$ der Dimension p mit

$$\tilde{A} = \begin{pmatrix} \tilde{b}_1 & \tilde{c}_1 & & & \\ \tilde{a}_2 & \tilde{b}_2 & \tilde{c}_2 & 0 & \\ & \cdot & \cdot & \cdot & \\ & & \cdot & \cdot & \cdot \\ & 0 & & \cdot & \cdot & \tilde{c}_{p-1} \\ & & & & \tilde{a}_p & \tilde{b}_p \end{pmatrix} \in \mathbf{R}^{p \times p},$$

wobei

$$\begin{aligned} \tilde{a}_l &:= a_{lq}^{(2)},\ l = 2,\dots,p, \\ \tilde{b}_l &:= b_{lq}^{(2)},\ l = 1,\dots,p, \\ \tilde{c}_l &:= c_{lq}^{(2)},\ l = 1,\dots,p-1, \end{aligned}$$

und

$$\tilde{d} = \begin{pmatrix} \tilde{d}_1 \\ \vdots \\ \tilde{d}_p \end{pmatrix} \quad \text{mit} \quad \tilde{d}_l := d_{lq}^{(2)},\ l = 1,\dots,p.$$

Dieses Tridiagonalsystem kann man mit Hilfe rekursiven Verdoppelns oder mit zyklischer Reduktion (Verfahren 7.3.2 oder 7.3.3) lösen und erhält so mit $\tilde{x}$ die Komponenten x_{lq}, $l = 1,\dots,p$, der Lösung von (7.2). Werden für $l \geq 2$ dann Prozessor P_l die Werte von x_{lq} und $x_{(l-1)q}$ mitgeteilt, so kann dieser die übrigen Komponenten $x_{(l-1)q+j}$, $j = 1,\dots,q-1$, direkt über

$$x_{(l-1)q+j} = \left(d_{(l-1)q+j}^{(2)} - a_{(l-1)q+j}^{(2)} \cdot x_{(l-1)q} - c_{(l-1)q+j}^{(2)} \cdot x_{lq}\right) / b_{(l-1)q+j}^{(2)}$$

ausrechnen. Prozessor P_1 benötigt nur x_q und berechnet $x_1,\dots,x_{q-1}$ über

$$x_j = \left(d_j^{(2)} - c_j^{(2)} x_q\right) / b_j^{(2)}.$$

Durchführbarkeit

Das Partitionsverfahren ist nur durchführbar, wenn bei den Berechnungen in (7.19) - (7.27) keine Divisionen durch Null auftreten. Dies ist äquivalent zu der Bedingung

$$b_i^{(k)} \neq 0,\ k = 1,\dots,3,\ i = 1,\dots n.$$

Für eine beliebige nichtsinguläre Tridiagonalmatrix ist diese Bedingung, wie einfache Beispiele zeigen, nicht automatisch erfüllt. Für H–Matrizen gilt jedoch dieselbe Durchführbarkeitsaussage wie beim Verfahren von Hockney und Golub (Satz 7.3.6).

7.4.3 Satz: Die Matrix $A \in \mathbf{R}^{n \times n}$ aus (7.3) sei eine H–Matrix. Dann ist das Partitionsverfahren zur Lösung von (7.2) für jede rechte Seite d durchführbar.

Beweis: Der Beweis verläuft im Prinzip ähnlich wie der von Satz 7.3.6. Seiner Länge wegen verzichten wir hier auf ihn. □

Wie in Korollar 7.3.7 erhalten wir aus 7.4.3 die Durchführbarkeit des Partitionsverfahrens insbesondere für streng diagonal dominante, irreduzibel diagonal dominante oder symmetrisch positiv definite Tridiagonalmatrizen.

7.5 Größere Bandbreiten

Zum Abschluß dieses Kapitels wollen wir nun andeuten, wie prinzipiell das Verfahren von Hockney und Golub und das Partitionsverfahren für Tridiagonalmatrizen auf größere Bandbreiten übertragen werden können.

Wir betrachten also das lineare Gleichungssystem

$$Ax = d \tag{7.28}$$

mit der nichtsinglären Matrix $A = (a_{ij}) \in \mathbf{R}^{n\times n}$, welche die halbe Bandbreite r besitzt, d.h. es gelte

$$a_{ij} = 0 \quad \text{für} \quad |i-j| > r.$$

Zyklische Reduktion

Wir beschreiben zwei grundsätzlich verschiedene Möglichkeiten, wie das Verfahren von Hockney und Golub aus 7.3 auf den Fall $r > 1$ übertragen werden kann. Beide Möglichkeiten führen jeweils sowohl zu Varianten vom Typ des rekursiven Verdoppelns als auch zu Varianten vom Typ der zyklischen Reduktion. Wir beschränken uns hier auf die letzteren.

Bei der *ersten Möglichkeit* faßt man (7.28) als Block–Tridiagonalsystem auf. Dazu sei $n = pr$ mit $r \in \mathbf{N}$ und

$$P := \lfloor \log_2 p \rfloor, \quad P' := \lceil \log_2 p \rceil.$$

Für $i = 1, \ldots, p$ bezeichne I_i die Menge

$$I_i := \{j \in \mathbf{N} \mid (i-1)r < j \le ir\}.$$

Definieren wir die Matrizen $A_i^{(0)}, B_i^{(0)}, C_i^{(0)} \in \mathbf{R}^{r\times r}$ durch

$$\begin{aligned} A_i^{(0)} &:= (a_{lm})_{l\in I_i, m\in I_{i-1}}, \quad i = 2, \ldots, p, \\ B_i^{(0)} &:= (a_{lm})_{l\in I_i, m\in I_i}, \quad i = 1, \ldots, p, \\ C_i^{(0)} &:= (a_{lm})_{l\in I_i, m\in I_{i+1}}, \quad i = 1, \ldots, p-1, \end{aligned}$$

und die Vektoren $X_i, D_i^{(0)} \in \mathbf{R}^r$ durch

$$\begin{aligned} X_i &:= (x_l)_{l \in I_i}, \quad i = 1, \ldots, p, \\ D_i^{(0)} &:= (d_l)_{l \in I_i}, \quad i = 1, \ldots, p, \end{aligned}$$

so läßt sich (7.28) als Block–Tridiagonalsystem in der Gestalt

$$\begin{pmatrix} B_1^{(0)} & C_1^{(0)} & & & 0 \\ A_2^{(0)} & B_2^{(0)} & C_2^{(0)} & & \\ & \ddots & \ddots & \ddots & \\ & & A_{p-1}^{(0)} & B_{p-1}^{(0)} & C_{p-1}^{(0)} \\ 0 & & & A_p^{(0)} & B_p^{(0)} \end{pmatrix} \begin{pmatrix} X_1 \\ \vdots \\ X_p \end{pmatrix} = \begin{pmatrix} D_1^{(0)} \\ \vdots \\ D_p^{(0)} \end{pmatrix} \tag{7.29}$$

schreiben. Die Matrizen $A_i^{(0)}$ besitzen dabei obere, die Matrizen $C_i^{(0)}$ untere Dreiecksgestalt. Wir setzen

$$A_1^{(0)} := 0, \quad C_n^{(0)} := 0 \quad (\in \mathbf{R}^{r \times r})$$

und für $k = 0, \ldots, P'$, $i \in \mathbf{Z} \backslash \{1, \ldots, n\}$,

$$\begin{aligned} A_i^{(k)} &:= 0 \quad (\in \mathbf{R}^{r \times r}), \\ C_i^{(k)} &:= 0 \quad (\in \mathbf{R}^{r \times r}), \\ B_i^{(k)} &:= I \quad (\in \mathbf{R}^{r \times r}), \\ D_i^{(k)} &:= 0 \quad (\in \mathbf{R}^{r}). \end{aligned}$$

Definieren wir nun in Analogie zu (7.11)

$$\left.\begin{aligned} A_i^{(k)} &:= \alpha_i^{(k-1)} A_{i-2^{k-1}}^{(k-1)}, \\ C_i^{(k)} &:= \gamma_i^{(k-1)} C_{i+2^{k-1}}^{(k-1)}, \\ B_i^{(k)} &:= \alpha_i^{(k-1)} C_{i-2^{k-1}}^{(k-1)} + B_i^{(k-1)} + \gamma_i^{(k-1)} A_{i+2^{k-1}}^{(k-1)}, \\ D_i^{(k)} &:= \alpha_i^{(k-1)} D_{i-2^{k-1}}^{(k-1)} + D_i^{(k-1)} + \gamma_i^{(k-1)} D_{i+2^{k-1}}^{(k-1)}, \end{aligned}\right\} \tag{7.30}$$

mit

$$\begin{aligned} \alpha_i^{(k-1)} &:= -A_i^{(k-1)} \left(B_{i-2^{k-1}}^{(k-1)} \right)^{-1}, \\ \gamma_i^{(k-1)} &:= -C_i^{(k-1)} \left(B_{i+2^{k-1}}^{(k-1)} \right)^{-1}, \end{aligned}$$

so gelten für $k = 0, \ldots, P'$ die Gleichungen

$$A_i^{(k)} X_{i-2^k} + B_i^{(k)} X_i + C_i^{(k)} X_{i+2^k} = D_i^{(k)}, \quad i \in \mathbf{Z}, \tag{7.31}$$

was man ähnlich wie Satz 7.3.1 beweist. Aus (7.30) und (7.31) ergibt sich so das anschließend in 7.5.1 beschriebene Verfahren vom Typ der zyklischen Reduktion. Es macht nur von der Block–Tridiagonalgestalt des Systems (7.29), nicht aber von dessen spezieller Bandstruktur Gebrauch. Insofern kann dieses Verfahren also auf beliebige Block–Tridiagonalsysteme angewendet werden.

7.5.1 Verfahren (Zyklische Reduktion für Block–Tridiagonalsysteme):

1. Berechne für $k = 1, \ldots, P$ die Matrizen $A_i^{(k)}, B_i^{(k)}, C_i^{(k)}$ und die Vektoren $D_i^{(k)}$, $i = 2^k(2^k)p$ nach (7.30).
2. Berechne aus (7.31) für $k = P, \ldots, 0$ die Blöcke X_i, $i = 2^k(2^{k+1})p$ als Lösung des linearen Gleichungssystems
$$B_i^{(k)} X_i = D_i^{(k)} - A_i^{(k)} X_{i-2^k} - C_i^{(k)} X_{i+2^k}.$$

Dieses Verfahren ist nur dann durchführbar, wenn alle auftretenden Matrizen $B_i^{(k)}$ nichtsingulär sind. Sein Rechenaufwand wird im wesentlichen durch die Matrixinversionen und Multiplikationen in $\mathbf{R}^{r \times r}$ bestimmt und wächst deshalb in der Größenordnung proportional zu $pr^3 = nr^2$ (auch wenn man in der Praxis anstelle der Matrixinversionen besser lineare Gleichungssysteme mit r rechten Seiten löst). Das Verhältnis zum Aufwand für die gewöhnliche Gauß–Elimination (s. Bemerkung 7.1.2) bleibt hier also beschränkt.

In dem Fall, daß die Matrizen $A_i^{(0)}, B_i^{(0)}$, und $C_i^{(0)}$, $i = 1, \ldots, p$, paarweise kommutieren, kann man alle definierenden Gleichungen (7.30) mit dem Faktor $B_{i-2^{k-1}}^{(k-1)} \cdot B_{i+2^{k-1}}^{(k-1)}$ multiplizieren und erhält so — in Analogie zu der in (7.14) gegebenen Modifikation für Tridiagonalsysteme — eine Variante, bei der Matrixinversionen auf Kosten zusätzlicher Multiplikationen eingespart werden. (Die dabei erzeugten Matrizen $A_i^{(k)}, B_i^{(k)}, C_i^{(k)}$ kommutieren dann ebenfalls.)

Eine *zweite Möglichkeit* zur Konstruktion eines Verfahrens vom Typ der zyklischen Reduktion besteht darin, für jedes *gerade* $i \in \{1, \ldots, n\}$ je $2r + 1$ aufeinanderfolgende Gleichungen (oder entsprechend weniger, falls $i < r$ oder $i > n - r$) des ursprünglichen Systems so linear zu kombinieren, daß in den neuen Gleichungen die Unbekannten mit ungeradem Index eliminiert werden. In der neuen i-ten Gleichung treten dann nur noch die $2r + 1$ Unbekannten mit geradem Index $x_{i-2r}, \ldots, x_{i-2}, x_i, x_{i+2}, \ldots, x_{i+2r}$ auf. Die so entstandenen Gleichungen kann man als neues System der Dimension $\lfloor n/2 \rfloor$ in den Unbekannten mit geradem Index auffassen, welches wieder die halbe Bandbreite r besitzt. Der eben beschriebene Prozeß wird nun so lange wiederholt, bis nur noch eine Gleichung in einer Unbekannten übrig bleibt, welche dann ausgerechnet wird. Die übrigen Komponenten der Lösung ergeben sich anschließend durch einen Substitutionsprozeß.

Weil die exakte Beschreibung dieses Verfahrens ziemlich aufwendig ist, wollen wir es bei den obigen verbalen Ausführungen belassen. Wir merken nur noch an, daß auch dieses zyklische Reduktionsverfahren im Rechenaufwand proportional zu nr^2 anwächst.

Partitionsverfahren

Auch die Übertragung des Partitionsverfahrens aus 7.4 auf den Fall $r > 1$ wollen wir nur schematisch, nicht aber formelmäßig exakt, beschreiben. Es sei dazu $n = pq$ mit $p, q \in \mathbb{N}$. Wie beim Partitionsverfahren für Tridiagonalsysteme teilen wir die Menge $\{1, \ldots, n\}$ in p Blöcke aufeinanderfolgender Indizes (Blocklänge q) ein. Wir nehmen außerdem an, es gilt

$$r < q,$$

so daß wir die in der ersten Matrix aus Abbildung 7.7 angedeutete Blockeinteilung von A erhalten. (In der Praxis wird man dabei q deutlich größer als r wählen.) Wie im Fall $r = 1$ transformiert man die Matrix A in vier Teilschritten auf Diagonalgestalt. Das Besetzungsmuster der nach den ersten drei Teilschritten erzeugten Transformationen von A ist in den übrigen drei Matrizen aus Abbildung 7.7 angedeutet.

Im einzelnen erzeugt man im *ersten Schritt* über einen Eliminationsprozeß innerhalb eines jeden Diagonalblocks in allen — bis auf die jeweils letzten r — Spalten Nullen unterhalb der Hauptdiagonalen. Dadurch werden die letzten r Spalten der unteren Nebendiagonalblöcke mit von Null verschiedenen Zahlen aufgefüllt.

Im *zweiten* Schritt werden innerhalb eines jeden Diagonalblocks die Elemente in den ersten $q - r$ Spalten oberhalb der Hauptdiagonalen und die Elemente der „ linken unteren Ecke“ der oberen Nebendiagonalblöcke eliminiert. Dadurch füllen sich nun die letzten r Spalten der Diagonalblöcke und die „rechte untere Ecke“ der oberen Nebendiagonalblöcke.

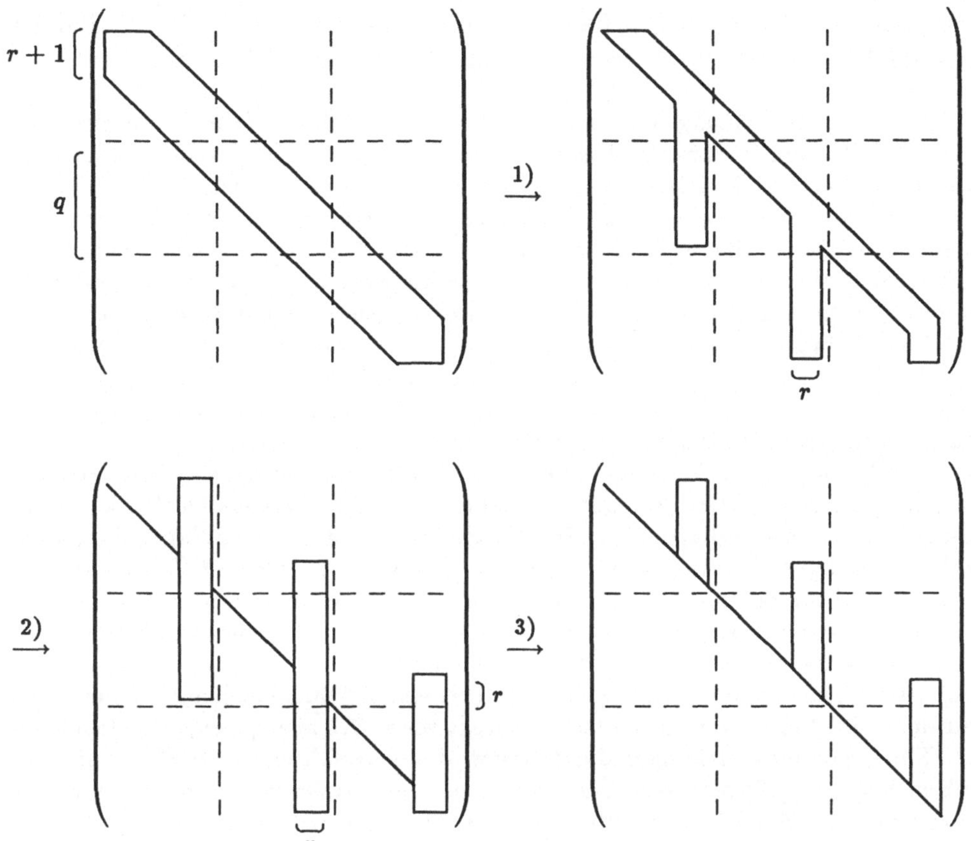

Abbildung 7.7: Schema des Partitionsverfahrens für $r > 1$ ($p = 3$)

Im *dritten* Schritt wird die Matrix auf obere Dreiecksgestalt transformiert, indem man in den verbliebenen besetzten Spalten Nullen erzeugt.

Schließlich gewinnt man im *vierten* Schritt eine Matrix in Diagonalgestalt, indem man die Elemente in den restlichen Spalten oberhalb der Hauptdiagonalen (s. Abbildung 7.7) in rückwärtiger Reihenfolge, beginnend mit der n-ten Spalte, eliminiert.

Wie im Fall $r = 1$ sind in den beiden ersten Teilschritten die zu *verschiedenen Blöcken* gehörigen Operationen parallel durchführbar. In den beiden letzten Teilschritten können *innerhalb eines Blocks* verschiedene Operationen parallel durchgeführt werden. Bei Realisierungen auf Vektor– oder Parallelrechnern treffen deshalb die Überlegungen aus Abschnitt 7.4 analog zu.

Auch hier wächst der Rechenaufwand proportional zu nr^2 an. Desweiteren kann Satz 7.4.3 auf den Fall $r > 1$ übertragen werden, d.h. das Partitionsverfahren ist für H–Matrizen stets durchführbar.

Literaturhinweise: Häufig wird das Verfahren von Stone einfach „rekursives Verdoppeln", das von Hockney und Golub „zyklische Reduktion" genannt, unabhängig davon, ob bei dem jeweiligen Verfahren die Variante des rekursiven Verdoppelns oder der zyklischen Reduktion (in unserer Terminologie) angewendet wird. Wir halten uns hier an die einfache und übersichtliche Regel: Eigennamen bezeichnen unterschiedliche mathematische Prinzipien, „rekursives Verdoppeln" bzw. „zyklische Reduktion" bezeichnen unterschiedliche Umsetzungen in ein numerisches Verfahren.

Das Verfahren von Stone wurde zuerst in [21] formuliert; die hier gegebene Beschreibung basiert auf verbesserten Versionen aus [22] und [7]. Weil das Verfahren von Stone mathematisch zur Gauß–Elimination äquivalent ist, garantiert ein Satz aus [1] seine Durchführbarkeit für H–Matrizen.

Das Verfahren von Hockney und Golub wurde zunächst als serielles Verfahren in [6] für spezielle *Block*–Tridiagonalsysteme ($p = 2^P$ Diagonalblöcke, konstante Blöcke auf der Hauptdiagonalen, Einheitsmatrizen in den Nebendiagonalen) angegeben. Verallgemeinerungen auf beliebiges p werden in [24] und [25] betrachtet. Diese Verfahren entsprechen der in Verfahren 7.5.1 formulierten *ersten* Übertragungsmöglichkeit, auf die wir in Kapitel 10 noch einmal zurückkommen werden. Der Artikel [23] beschäftigt sich mit dem in 7.5 erwähnten kommutativen Fall. Stabilitätsuntersuchungen aus [25] (s. auch [4]) zeigen, daß man bei den Aufdatierungen für die rechte Seite i.a. nicht einfach so direkt wie in 7.5 angegeben, vorgehen kann.

Für gewöhnliche Tridiagonalmatrizen wird das Verfahren von Hockney und Golub in [10] und [28] besprochen und mit anderen Verfahren (u.a. dem von Stone) verglichen. Ausführliche Darstellungen finden sich in den Büchern [7], [15], [16], und [19]. Der Artikel [10] enthält praktische Resultate auf einem der frühen Vektorrechner–Prototypen; die Realisierung auf diversen parallelen Architekturen wird u.a. in [9] untersucht. In [10] (s. auch [3] und [20]) finden sich die in Satz 7.3.6 und Korollar 7.3.7 gegebenen Aussagen zur Durchführbarkeit. Da, wie bereits in [10] bemerkt wurde, das Verfahren von Hockney und Golub mit der Gauß–Elimination für eine gewisse Permutation $P^T AP$ von A identisch ist, kann man diese Aussagen auch als Spezialfall des Satzes aus [1] auffassen. Auf [5] (s. auch [7]) geht die Beobachtung zurück, daß bei der zyklischen Reduktion die Reduktionsphase vorzeitig abgebrochen werden kann, wenn die Ausgangsmatrix stark diagonal dominant ist. Die in 7.5 angedeutete zweite Möglichkeit zur Übertragung des Verfahrens von Hockney und Golub auf größere Bandbreiten wurde in [18] eingeführt; praktische Resultate für Tri– und Pentadiagonalmatrizen auf Vektorrechnern gibt der Artikel [12].

Das Partitionsverfahren für Tridiagonalsysteme stammt von Wang [28]. In dieser Arbeit wird auch die in Abschnitt 7.4 angegebene optimale Wahl von p ($p^* \simeq \sqrt{n}$) auf Vektorrechnern motiviert. Die Umformulierung mit dem geringerem Rechenaufwand geht auf B. Lang zurück (persönliche Mitteilung). Übertragungen auf größere Bandbreiten werden in [13] und [17] gegeben. In beiden Arbeiten finden sich praktische Ergebnisse auf Vektorrechnern; [17] enthält den Beweis zu Satz 7.4.3

(Durchführbarkeit). Der Kommunikationsaufwand für Parallelrechner wird in [14] genauer untersucht.

Auf der Grundlage des Verfahrens von Wang sind inzwischen zahlreiche neue Verfahren für Bandmatrizen entwickelt worden (z.B. [2], [8], [11]). Sie unterscheiden sich u.a. in Details bei den einzelnen Eliminationsschritten. Diese Verfahren werden teilweise auch in [16] beschrieben.

Schließlich verweisen wir auf [26] und [27] für weitere, hier nicht behandelte parallele Ansätze zur direkten Lösung von Tridiagonalsystemen.

[1] Alefeld, G.: Über die Durchführbarkeit des Gaußschen Algorithmus bei Gleichungen mit Intervallen als Koeffizienten, Computing Suppl. **1**, 15–19 (1977)

[2] Dongarra, J., Johnsson, L.: Solving Banded Systems on a Parallel Computer, Parallel Comput. **5**, 219–246 (1987)

[3] Dubois, P., Rodrigue, G.: An Analysis of the Recursive Doubling Algorithm, in Kuck, D. et al. (eds): High Speed Computer and Algorithm Organization, New York: Academic Press (1977), 299–305

[4] Golub, G., van Loan, Ch.: Matrix Computations, 2nd Edition, Baltimore: Johns Hopkins (1989)

[5] Heller, D.: Some Aspects of the Cyclic Reduction Algorithm for Block Tridiagonal Linear Systems, SIAM J. Numer. Anal. **13**, 484–496 (1976)

[6] Hockney, R.: A Fast Direct Solution of Poisson's Equation Using Fourier Analysis, J. Assoc. Comput. Mach. **12**, 95–113 (1965)

[7] Hockney, R., Jesshope, C.: Parallel Computers 2, Bristol: Adam Hilger (1988)

[8] Johnsson, L.: Solving Narrow Banded Systems on Ensemble Architectures, ACM Trans. Math. Software **11**, 271–288 (1985)

[9] Johnsson, L.: Solving Tridiagonal Systems on Ensemble Architectures, SIAM J. Sci. Stat. Comput. **8**, 354–392 (1987)

[10] Lambiotte, J., Voigt, R.: The Solution of Tridiagonal Linear Systems on the CDC STAR–100 Computer, ACM Trans. Math. Software **1**, 308–329 (1975)

[11] Lawrie, D., Sameh, A.: The Computation and Communication Complexity of a Parallel Banded Solver, ACM Trans. Math. Software **10**, 185–195 (1984)

[12] Meier, U.: Vergleichende Betrachtungen zu Verfahren zur Lösung linearer Gleichungssysteme mit Tri– und Pentadiagonalmatrizen auf Vektorrechnern, PARS–Mitteilungen, Gesellschaft für Informatik, IMMD, Universität Erlangen–Nürnberg **2**, 8–13 (1984)

[13] Meier, U.: A Parallel Partition Method for Solving Banded Systems of Linear Equations, Parallel Comput. **2**, 33–43 (1985)

[14] Michielse, P., van der Vorst, H.: Data Transport in Wang's Partitioning Method, Parallel Comput.**7**, 87–95 (1988)

[15] Modi, J.: Parallel Algorithms and Matrix Computation, Oxford: Clarendon Press (1988)

[16] Ortega, J.: Introduction to Parallel and Vector Solution of Linear Systems, New York: Plenum (1988)

[17] Reinach, D.: Ein Partitionsverfahren für Bandmatrizen, Diplomarbeit, Institut für Angewandte Mathematik, Universität Karlsuhe (1990)

[18] Rodrigue, G., Madsen, N., Karush, J.: Odd–Even Reduction for Banded Linear Equations, J. Assoc. Comput. Mach. **26**, 72–81 (1979)

[19] Schönauer, W.: Scientific Computation on Vector Computers, Amsterdam: North Holland (1987)

[20] Schwandt, H.: Cyclic Reduction for Triangular Systems of Equations with Interval Coefficients on Vector Computers, SIAM J. Numer. Anal. **26**, 661–680 (1989)

[21] Stone, H.: An Efficient Parallel Algorithm for the Solution of a Triangular System of Equations, J. Assoc. Comput. Mach. **20**, 27–38 (1973)

[22] Stone, H.: Parallel Triangular Solvers, ACM Trans. Math. Software **1**, 289–307 (1975)

[23] Swarztrauber, P.: A Direct Method for the Discrete Solution of Separable Elliptic Equations, SIAM J. Numer. Anal. **11**, 506–520 (1974)

[24] Sweet, R.: A Generalized Cyclic–Reduction Algorithm, SIAM J. Numer. Anal. **11**, 1136–1150 (1974)

[25] Sweet, R.: A Cyclic Reduction Algorithm for Solving Block Tridiagonal Systems of Arbitrary Dimension, SIAM J. Numer. Anal. **14**, 706–719 (1977)

[26] van der Vorst, H.: Large Tridiagonal and Block Tridiagonal Linear Systems on Vector and Parallel Computers, Parallel Comput. **5**, 45–54 (1987)

[27] van der Vorst, H.: Analysis of a Parallel Solution Method for Tridiagonal Linear Systems, Parallel Comput. **5**, 303–311 (1987)

[28] Wang, H.: A Parallel Method for Tridiagonal Equations, ACM Trans. Math. Software **7**, 170–183 (1981)

Kapitel 8

Klassische Iterationsverfahren

Iterationsverfahren für lineare Gleichungssysteme werden dann den direkten Auflösungsverfahren vorgezogen, wenn mit ihnen die Lösung des Systems in der benötigten Genauigkeit mit geringerem Aufwand bestimmt werden kann. Sie können deshalb zum einen bei vollbesetzten Koeffizientenmatrizen eingesetzt werden, denn dort wächst der Rechenaufwand für die direkten Verfahren kubisch mit der Dimension an. Zum andern werden Iterationsverfahren häufig bei Matrizen mit unregelmäßigem Besetzungsmuster angewendet, weil es dort sehr schwierig sein kann, effiziente (d.h. unnötige Operationen vermeidende) direkte Auflösungsverfahren anzugeben. Während wir später (Kapitel 10) auf spezielle dünn besetzte Matrizen eingehen werden, behandeln wir hier den Fall einer *vollbesetzten* Matrix $A \in \mathbf{R}^{n \times n}$. Nach einem einführenden Abschnitt zur Konvergenz von Iterationsverfahren untersuchen wir also die parallele Realisierung klassischer iterativer Methoden für das lineare Gleichungssystem

$$Ax = d. \tag{8.1}$$

8.1 Konvergenz von Iterationsverfahren

8.1.1 Definition: Das Paar (M, N) mit $M, N \in \mathbf{R}^{n \times n}$ heißt *Zerlegung* der Matrix A, falls gilt

(i) M ist nichtsingulär,

(ii) $A = M - N$.

Die Lösung x^* von (8.1) erfüllt demnach die Gleichung

$$Mx^* = Nx^* + d$$

oder

$$x^* = M^{-1}Nx^* + M^{-1}d. \tag{8.2}$$

Die Zerlegung (M, N) von A induziert so das Iterationsverfahren

$$x^{k+1} = M^{-1}Nx^k + M^{-1}d, \;\; k = 0, 1, \ldots \;. \tag{8.3}$$

Die durch (8.3) definierte Folge $\{x^k\}$ strebt im Falle ihrer Konvergenz gegen einen Grenzwert x^* mit

$$x^* = M^{-1}Nx^* + M^{-1}d,$$

welcher nach (8.2) Lösung des Gleichungssystems (8.1) ist.

Im Anhang wird in Satz A.2.4 die folgende notwendige und hinreichende Bedingung für die Konvergenz eines Iterationsverfahrens der Gestalt

$$x^{k+1} = Hx^k + c, \;\; k = 0, 1, \ldots, \tag{8.4}$$

mit $H \in \mathbf{R}^{n \times n}, c \in \mathbf{R}^n$, bewiesen.

8.1.2 Satz: Die durch (8.4) erzeugte Folge $\{x^k\}$ konvergiert genau dann für jeden Startwert x^0 gegen denselben Grenzwert x^*, wenn gilt

$$\rho(H) < 1.$$

Konvergenzaussagen für auf der Zerlegung (M, N) von A beruhenden Iterationsverfahren reduzieren sich nach diesem Satz also auf den Nachweis der Ungleichung

$$\rho(M^{-1}N) < 1.$$

In der Praxis wird man zur Durchführung von (8.3) die Matrix $M^{-1}N$ nicht tatsächlich ausrechnen. Vielmehr wird man M so wählen, daß das zu (8.3) äquivalente Gleichungssystem

$$Mx^{k+1} = Nx^k + d$$

„einfach" nach x^{k+1} auflösbar ist. Wir besprechen zwei häufig verwendete Zerlegungen, welche zum JOR– bzw. SOR–Verfahren führen, in den beiden nächsten Abschnitten. Vorweg definieren wir dazu für die Matrix $A = (a_{ij}) \in \mathbf{R}^{n\times n}$ die Matrizen D, L und $U \in \mathbf{R}^{n\times n}$ wie folgt:

$$\begin{aligned} D &= \begin{pmatrix} a_{11} & & & \mathbf{0} \\ & \ddots & & \\ & & \ddots & \\ \mathbf{0} & & & a_{nn} \end{pmatrix}, \\ L &= \begin{pmatrix} 0 & & & \mathbf{0} \\ -a_{21} & 0 & & \\ \vdots & & \ddots & \\ -a_{n1} & \cdots & -a_{n,n-1} & 0 \end{pmatrix}, \\ U &= \begin{pmatrix} 0 & -a_{12} & \cdots & -a_{1n} \\ & 0 & & \vdots \\ & & \ddots & -a_{n-1,n} \\ \mathbf{0} & & & 0 \end{pmatrix}. \end{aligned} \tag{8.5}$$

Die Matrix D ist der Diagonalteil, $-L$ bzw. $-U$ der strikte untere bzw. strikte obere Dreiecksteil von A . Es gilt also

$$A = D - L - U.$$

Zur Abkürzung setzen wir außerdem

$$B := L + U.$$

Ab jetzt wollen wir annehmen, die Matrix D sei nichtsingulär, d.h. alle Diagonalelemente a_{ii} seien von Null verschieden.

8.2 JOR–Verfahren

Das *Jacobi–Verfahren* beruht auf der Zerlegung (D, B) von A, ist also durch die Iterationsvorschrift

$$Dx^{k+1} = Bx^k + d, \quad k = 0, 1, \ldots, \tag{8.6}$$

festgelegt. Weil D eine Diagonalmatrix ist, kann (8.6) sehr einfach nach x^{k+1} aufgelöst werden.

Durch Hinzunahme eines Relaxationsparameters ω versucht man, die Konvergenzgeschwindigkeit beim Jacobi–Verfahren zu steigern. Statt x^{k+1} über (8.6) zu berechnen, verwendet man dann die Iterationsvorschrift

$$x^{k+1} = \omega D^{-1}(Bx^k + d) + (1 - \omega)x^k, \quad k = 0, 1, \ldots,$$

oder, äquivalent dazu,

$$\frac{1}{\omega} Dx^{k+1} = \left(B + \frac{1 - \omega}{\omega} D\right) x^k + d, \quad k = 0, 1, \ldots\ . \tag{8.7}$$

8.2.1 Definition: Das durch die Zerlegung (D_ω, B_ω) von A mit

$$D_\omega := \frac{1}{\omega} D, \quad B_\omega := B + \frac{1 - \omega}{\omega} D \tag{8.8}$$

definierte Iterationsverfahren (8.7) heißt *JOR–Verfahren* (engl.: *Jacobi–Over–Relaxation*) oder *relaxiertes Jacobi–Verfahren.*

Offensichtlich führt die Wahl $\omega = 1$ auf das gewöhnliche Jacobi–Verfahren zurück. Wir beweisen zunächst zwei Sätze über die Konvergenz des JOR–Verfahrens, wobei wir mehrfach auf Begriffe und Sätze aus dem Anhang (insbesondere die Abschnitte A.3, B.1 und B.3) zurückgreifen.

8.2.2 Satz: *A* sei eine *H*–Matrix. Die Matrix J sei durch $J := D^{-1}B$ und die Zahl ω_0 durch

$$\omega_0 := 2/\left(1 + \rho(|J|)\right) \tag{8.9}$$

gegeben. Dann ist $\omega_0 > 1$, und das JOR–Verfahren konvergiert, falls für den Relaxationsparameter ω gilt

$$\omega \in (0, \omega_0).$$

Beweis: Nach Satz B.3.5 gilt $\rho(|J|) < 1$, also ist $\omega_0 > 1$. Weiter erhalten wir nach Korollar B.1.10 und Lemma B.1.11

$$\begin{aligned}\rho(D_\omega^{-1}B_\omega) &= \rho(\omega D^{-1}B + (1-\omega)I) \leq \rho(|\omega D^{-1}B + (1-\omega)I|) \\ &= \rho(|\omega D^{-1}B| + |1-\omega|I) = |\omega|\rho(|J|) + |1-\omega|.\end{aligned}$$

Für $0 < \omega < 1$ gilt nun

$$\begin{aligned}|\omega|\rho(|J|) + |1-\omega| &= \omega\rho(|J|) + (1-\omega) \\ &< \omega \cdot 1 + (1-\omega) = 1,\end{aligned}$$

für $1 \leq \omega < \omega_0$ gilt

$$\begin{aligned}|\omega|\rho(|J|) + |1-\omega| &= \omega\rho(|J|) + (\omega-1) \\ &< \omega_0(\rho(|J|)+1) - 1 = 2-1,\end{aligned}$$

womit der Satz bewiesen ist. □

8.2.3 Satz: A sei symmetrisch positiv definit. Dann konvergiert das JOR–Verfahren mit dem Relaxationsparameter ω, falls die Matrix

$$\frac{2-\omega}{\omega}D + B$$

positiv definit ist.

Beweis: Dieser Satz folgt direkt aus Satz A.3.4. □

Bei der Realisierung des JOR–Verfahrens auf Vektor– oder Parallelrechnern können wir — in dem hier betrachteten Fall einer vollbesetzten Matrix A — auf bekannte Algorithmen zurückgreifen. Vor Beginn der eigentlichen Iteration berechnen wir dazu vorweg die Diagonalelemente $\frac{1-\omega}{\omega}a_{ii}$ der Matrix B_ω und die Zahlen α_i mit

$$\alpha_i = \frac{\omega}{a_{ii}}, \quad i = 1, \ldots, n. \tag{8.10}$$

Ein Iterationsschritt zu (8.7) besteht dann aus den drei Teiloperationen

- Matrix–Vektor–Produkt $B_\omega x^k$,
- Vektor–Addition $B_\omega x^k + d$,
- Vektor–Multiplikation $\alpha_i \cdot (B_\omega x^k + d)_i, \quad i = 1, \ldots, n$.

Für die erste Teiloperation haben wir in Abschnitt 3.3 parallele Algorithmen besprochen; die parallele Ausführung der beiden anderen Teiloperationen ist offensichtlich. Es ergeben sich also keine wesentlichen neuen Aspekte für die Realisierung des Jacobi–Verfahrens (bei vollbesetzter Matrix A) auf Vektor- und Parallelrechnern. Wir können die Diskussion des JOR–Verfahrens deshalb mit den nachfolgenden Bemerkungen abschließen.

Beim gewöhnlichen Jacobi–Verfahren ($\omega = 1$) besteht die Diagonale von $B_1 = B$ aus lauter Nullen. Bei der Berechnung von Bx^k treten also n mal Multiplikationen mit 0 auf. Diese unnötigen Operationen könnte man abfangen, indem man in der ij– oder ji–Form der Matrix–Vektor–Multiplikation die innere Schleife in zwei Teile aufbricht. Dieses Vorgehen würde die Laufzeit des Algorithmus auf einem Vektorrechner aber *verlängern*, denn die durchschnittliche Vektorlänge würde von n auf $n/2$ absinken.

Bei der Realisierung auf einem Parallelrechner ist zu beachten, daß sich an jeden Iterationsschritt eine Kommunikationsphase anschließt, bei der jedem Prozessor die benötigten Komponenten der neuen Iterierten mitgeteilt werden müssen.

8.3 SOR–Verfahren

Das *Gauß–Seidel–Verfahren* verwendet die Zerlegung $(D-L, U)$ von A. Die Iterierte x^{k+1} erhält man aus x^k demnach als Lösung des linearen Gleichungssystems

$$(D-L)x^{k+1} = Ux^k + d,$$

worin wegen der Dreiecksgestalt von $D-L$ die Komponenten von x^{k+1} einfach sukzessive durch

$$x_i^{k+1} = \frac{1}{a_{ii}}\left(d_i - \sum_{j=1}^{i-1} a_{ij}x_j^{k+1} - \sum_{j=i+1}^{n} a_{ij}x_j^k\right), \quad i = 1,\ldots,n, \tag{8.11}$$

berechnet werden. Wie beim Jacobi–Verfahren versucht man auch hier, mit einem Relaxationsansatz die Konvergenz des Verfahrens zu verbessern.

8.3.1 Definition: Das auf der Zerlegung $(\frac{1}{\omega}D - L, \frac{1-\omega}{\omega}D + U)$ von A beruhende Iterationsverfahren

$$x_i^{k+1} = \frac{\omega}{a_{ii}}\left(d_i - \sum_{j=1}^{i-1} a_{ij}x_j^{k+1} - \sum_{j=i+1}^{n} a_{ij}x_j^k\right) + (1-\omega)x_i^k, \tag{8.12}$$

$$i = 1,\ldots,n, \quad k = 0,1,\ldots,$$

heißt *SOR–Verfahren* (engl.: *Successive–Over–Relaxation*) oder *relaxiertes* Gauß–Seidel–Verfahren.

Für $\omega = 1$ reduziert sich das SOR–Verfahren auf das gewöhnliche Gauß–Seidel–Verfahren.

Die Konvergenz des SOR–Verfahrens bei beliebiger Wahl für den Startvektor x^0 ist nach Satz 8.1.2 äquivalent dazu, daß die Ungleichung

$$\rho\left(\left(\frac{1}{\omega}D - L\right)^{-1}\left(\frac{1-\omega}{\omega}D + U\right)\right) < 1 \tag{8.13}$$

gilt.

Wir formulieren nun drei Sätze über die Konvergenz des SOR–Verfahrens. Satz 8.3.2 und Satz 8.3.4 brauchen wir hier allerdings nicht zu beweisen, denn wir werden beide in Kapitel 9 als Spezialfälle allgemeinerer Aussagen erhalten (Korollar 9.2.5 und 9.2.7).

8.3.2 Satz: A sei eine H–Matrix und ω_0 sei definiert wie in (8.9). Dann konvergiert das SOR–Verfahren für jeden beliebigen Startwert x^0, vorausgesetzt es gilt

$$\omega \in (0, \omega_0).$$

8.3.3 Satz: A sei symmetrisch positiv definit. Dann konvergiert das SOR–Verfahren für jeden Startwert x^0, falls für ω gilt

$$\omega \in (0, 2).$$

Beweis: Aufgrund der Symmetrie von A ist $L^T = U$. Deshalb gilt

$$\begin{aligned}\left(\frac{1}{\omega}D - L\right)^T + \left(\frac{1-\omega}{\omega}D + U\right) &= \left(\frac{1}{\omega}D - U\right) + \left(\frac{1-\omega}{\omega}D + U\right) \\ &= \frac{2-\omega}{\omega}D.\end{aligned}$$

Für $\omega \in (0, 2)$ ist die Diagonalmatrix $\frac{2-\omega}{\omega}D$ positiv definit, denn sie besitzt nur positive Diagonalelemente. Hieraus folgt

$$\rho\left(\left(\frac{1}{\omega}D - L\right)^{-1}\left(\frac{1-\omega}{\omega}D + U\right)\right) < 1$$

nach Satz A.3.4. □

Die Umkehrung von Satz 8.3.3 ist im übrigen ebenfalls richtig, d.h. für die symmetrisch positiv definite Matrix A konvergiert das SOR–Verfahren *nicht*, falls $\omega \notin (0,2)$.

Der nächste Satz motiviert die in der Praxis häufig beobachtete Überlegenheit des SOR–Verfahrens gegenüber dem JOR–Verfahren.

8.3.4 Satz: A sei eine M–Matrix. Dann gilt

$$\rho\left((D-L)^{-1}U\right) \leq \rho\left(D^{-1}(L+U)\right),$$

d.h. das Jacobi–Verfahren konvergiert nicht schneller als das Gauß–Seidel–Verfahren.

Wir wollen nun verschiedene Realisierungsmöglichkeiten für das SOR–Verfahren auf Vektor– und Parallelrechnern betrachten. Der einfacheren Darstellung wegen lassen wir dabei in den Algorithmen den Index k immer von 0 bis zu einer Obergrenze k_{stop} laufen. In Abschnitt 8.4 werden wir genauer darauf eingehen, wie in der Praxis Abbruchkriterien für die Iteration festgelegt werden können.

Wir übernehmen die Bezeichnungen aus (8.8) und (8.10), schreiben zur Abkürzung jedoch $B = (b_{ij}) \in \mathbf{R}^{n \times n}$ statt B_ω. Es ist jetzt also

$$b_{ij} = \begin{cases} -a_{ij} & \text{für } i \neq j \\ \frac{1-\omega}{\omega} a_{ii} & \text{für } i = j \end{cases} .$$

Durch (8.12) wird eine einfache Realisierung des SOR–Verfahrens als *ij–Form* nahegelegt.

8.3.5 Algorithmus (ij–Form):

```
for k = 0 to k_stop
    for i = 1 to n
        s := d_i
        for j = 1 to n
            s := s + b_ij x_j
        x_i := α_i s
```

Wir haben hier angenommen, daß zu Beginn die Variablen x_i mit den Komponenten des Startwertes x^0 vorbelegt sind. Für festes k besitzen vor Beginn der Schleife über i die Variablen x_i den Wert x_i^k . Diese Werte werden der Reihe nach mit x_i^{k+1} überschrieben. Für festes i besitzt s nach Durchlaufen der Schleife über j gerade den Wert

$$d_i - \sum_{j=1}^{i-1} a_{ij}x_j^{k+1} - \sum_{j=i+1}^{n} a_{ij}x_j^k + \frac{1-\omega}{\omega} a_{ii}x_i^k.$$

Die Schleife über j in 8.3.5 berechnet im wesentlichen das Innenprodukt der i–ten Zeile von B mit dem Vektor $(x_1^{k+1}, \ldots, x_{i-1}^{k+1}, x_i^k, \ldots, x_n^k)^T$. Ein Iterationsschritt erfordert also n Innenprodukte mit Vektoren der Länge n und je n skalare Additionen bzw. Multiplikationen. Dies deutet auf eine große Effizienz der ij–Form auf Vektorrechnern hin. Allerdings erfolgt der Zugriff auf B zeilenweise, so daß in FORTRAN Verzögerungen durch Speicherzugriffskonflikte auftreten können.

Auf einem Parallelrechner setzt die ij–Form eine *spaltenweise* Abspeicherung von B auf die einzelnen Prozessoren voraus. Wie in früheren Kapiteln bezeichne *mycolumns* für einen bestimmten Prozessor die Nummern der in ihm gespeicherten Spalten von B. Außerdem sei $P(i)$ wieder der Prozessor mit $i \in$ *mycolumns*. Dann kann der k-te Iterationsschritt des SOR–Verfahrens folgendermaßen realisiert werden.

8.3.6 Algorithmus (ij–Form)**:**

> **for** $k = 0$ **to** k_{stop}
>   **for** $i = 1$ **to** n
> $a := \sum_{j \in mycolumns} b_{ij}x_j$
>   **fan–in**(a , s , P_σ, $\sigma = 1, \ldots, p$)
>   **if** $me = P(i)$ **then** $x_i := \alpha_i(s + d_i)$

Für festes k haben vor Beginn der Schleife über i in jedem Prozessor die Variablen x_j mit $j \in$ *mycolumns* den Wert x_j^k, welcher im Verlauf der Rechnung mit x_j^{k+1} überschrieben wird. Die Komponenten der Iterierten sind also in gleicher Weise auf die einzelnen Prozessoren verteilt wie die Spalten von B. Wir haben angenommen, daß das Fan–in jedesmal so organisiert ist, daß dessen Ergebnis s gerade in $P(i)$ vorliegt. Auf einigen Architekturen erfordert dies zusätzliche Kommunikation zwischen $P(i)$ und dem Prozessor, in welchem s (bei effizienter Ausnutzung der Architektur für das Fan–in) zunächst vorliegt. Der Kommunikationsaufwand für einen Iterationsschritt beträgt also n **fan–in**– und eventuell weitere **send/receive**–Schritte. Die Rechenlast ist gleichmäßig auf die einzelnen Prozessoren verteilt, wenn sich die Beträge der Mengen *mycolumns* höchstens um 1 unterscheiden.

Die effiziente Realisierung einer *ji–Form* für das SOR–Verfahren bedarf zusätzlicher Überlegungen. Selbstverständlich könnte man den k–ten Schritt so durchführen, daß zunächst das Matrix–Vektor–Produkt

$$\left(\frac{1-\omega}{\omega}D+U\right)x^k$$

mit der ji–Form berechnet wird und man dann das gestaffelte lineare Gleichungssystem

$$\left(\frac{1}{\omega}D-L\right)x^{k+1}=\left(\frac{1-\omega}{\omega}D+U\right)x^k+d$$

mit einer der ij–Formen aus Kapitel 5 auflöst. Wegen der Dreiecksgestalt der beteiligten Matrizen erhalten wir mit diesem Ansatz jedoch eine geringe durchschnittliche Vektorlänge (nämlich $n/2$) bzw. einen relativ hohen Kommunikationsaufwand.

Ein geschickterer Ansatz für die ji–Form besteht darin, zwei aufeinanderfolgende Iterationsschritte nebeneinander zu betrachten. Für festes k definieren wir hierzu für $j \in \{0,\ldots,n\}$ die Zahlen $t_i^{(j,k)}$, $i=1,\ldots,n$, durch

$$\begin{aligned} t_i^{(j,k)} &:= d_i+\sum_{l=i}^{j} b_{il}x_l^{k+1}, \quad 1\le i\le j, \\ t_i^{(j,k)} &:= d_i+\sum_{l=i}^{n} b_{il}x_l^{k}+\sum_{l=1}^{j} b_{il}x_l^{k+1}, \quad j+1\le i\le n. \end{aligned}$$

Für $1\le i\le j$ tritt $t_i^{(j,k)}$ als Zwischenresultat bei der Berechnung von x_i^{k+2} im $(k+1)$–ten Iterationsschritt auf, während für $j+1\le i\le n$ die Zahl $t_i^{(j,k)}$ eine Zwischensumme bei der Berechnung von x_i^{k+1} im k–ten Iterationsschritt darstellt. Insbesondere gilt für $0<j\le n$

$$x_j^{k+1}=\alpha_j\cdot t_j^{(j-1,k)}. \tag{8.14}$$

Außerdem stellen wir fest, daß sich für $j=1,\ldots,n$ die Zahlen $t_i^{(j,k)}$ aus $t_i^{(j-1,k)}$ durch

$$\left.\begin{aligned} t_i^{(j,k)} &= t_i^{(j-1,k)}+b_{i,j}\cdot x_j^{k+1}, \quad 1\le i\le n,\ i\ne j, \\ t_j^{(j,k)} &= d_j+b_{jj}\cdot x_j^{k+1}, \end{aligned}\right\} \tag{8.15}$$

ergeben. Zusätzlich gilt

$$t_i^{(n,k)} = t_i^{(0,k+1)} \quad , i = 1, \ldots, n. \tag{8.16}$$

Eine ji–Form für das SOR–Verfahren kann nun so realisiert werden, daß in der inneren Schleife (über i) gerade die Berechnung der $t_i^{(j,k)}$ aus den $t_i^{(j-1,k)}$ vorgenommen wird, wobei man zunächst x_j^{k+1} gemäß (8.14) aus $t_j^{(j-1,k)}$ bestimmt.

8.3.7 Algorithmus (ji–Form):

> **for** $k = 0$ **to** k_{stop}
>   **for** $j = 1$ **to** n
> $x_j := \alpha_j t_j$
> $t_j := d_j$
>   **for** $i = 1$ **to** n
> $t_i := t_i + b_{ij} x_j$

Wir gehen in Algorithmus 8.3.7 davon aus, daß die Variablen x_i mit den Komponenten x_i^0 des Startvektors und die Variablen t_i mit $t_i^{(0,0)}$ vorbelegt sind. Für einen beliebigen Startwert x^0 müssen die $t_i^{(0,0)}$ in einer separaten Rechnung bestimmt werden. Wählt man den Nullvektor als Startwert, so gilt jedoch einfach

$$t_i^{(0,0)} = d_i \quad , i = 1, \ldots, n.$$

Für festes k und j wird der Variable t_i gerade der Wert $t_i^{(j,k)}$ gemäß (8.15) zugeordnet; die Variable x_j wird mit dem neuen Wert x_j^{k+1} belegt. Für $i < j$ besitzt x_i den Wert x_i^{k+1}, für $i > j$ den Wert x_i^k. Man beachte, daß für festes k in 8.3.7 jetzt mit der Bestimmung der $t_i^{(j,k)}$ (Teil–) Berechnungen zu zwei aufeinanderfolgenden Iterationsschritten des SOR–Verfahrens ausgeführt werden. Bricht man also das Verfahren bei $k = k_{stop}$ ab, so hat man beim letzten Durchlaufen der Schleife über j in 8.3.7 teilweise unnötige Operationen durchgeführt.

Sieht man von den Zuordnungen $x_j := \alpha_j t_j$ und $t_j := d_j$ in 8.3.7 ab, so besteht ein Iterationsschritt in 8.3.7 aus einem GAXPY mit den n Spalten der Matrix B. Wie bei der ij–Form erhalten wir so wieder eine durchschnittliche Vektorlänge von n. Wegen des spaltenweisen Zugriffs auf B (und damit auf A) können wir bei Programmierung in FORTRAN eine besonders große Effizienz der ji–Form erwarten.

Auf Parallelrechern setzt die ji–Form die zeilenweise Abspeicherung von B auf die Prozessoren voraus. Die in einem Prozessor gespeicherten Zeilen von B bezeichnen wir mit *myrows*; für ein $i \in \{1, \ldots, n\}$ ist $P(i)$ der Prozessor, welcher die i–te Zeile von B enthält.

8.3.8 Algorithmus (ji–Form für Parallelrechner):

```
for k = 0 to k_stop
    for j = 1 to n
        if j ∈ myrows then
            x_j := α_j t_j
            broadcast(x_j)
            t_j := d_j
        else
            receive(x_j) from P(j)
        for i ∈ myrows
            t_i := t_i + b_ij x_j
```

Die Variablen x_i und t_i seien hier in gleicher Weise wie in Algorithmus 8.3.7 vorbelegt. Pro Iterationsschritt erfordert 8.3.8 einen Kommunikationsaufwand von n **broadcast/receive**–Operationen. Die Rechenlast ist gleichmäßig verteilt, wenn sich die Beträge der Mengen *myrows* in den einzelnen Prozessoren um höchstens 1 unterscheiden.

Weil die ji–Form keinerlei **fan-in**–Operationen erfordert, dürfte sie in der Regel etwas günstiger ausfallen als die ij–Form. Im Gegensatz zur ij–Form kennt bei der ji–Form jeder Prozessor stets alle aktuellen Komponenten von x^k bzw. x^{k+1}.

8.4 Abbruch bei Iterationsverfahren

Eigentlich möchte man ein Iterationsverfahren dann abbrechen, wenn die zuletzt berechnete Iterierte um weniger als eine zuvor festgelegte Toleranzgrenze von der *exakten* Lösung abweicht. Die Abweichung mißt man gewöhnlich über eine Norm $\|\cdot\|$, vor allem die l_1–, l_2– oder l_∞–Norm (s. A.1.2). Weil jedoch die exakte Lösung des linearen Gleichungssystems nicht bekannt ist, kann man das soeben beschriebene Abbruchkriterium in der Praxis nicht anwenden. Man behilft sich statt dessen häufig damit, nachzuprüfen, ob die relative Änderung zweier aufeinanderfolgender Iterierten klein genug ist.

Man prüft also die Ungleichung

$$\|x^{k+1} - x^k\| \leq \epsilon \|x^{k+1}\| \tag{8.17}$$

mit einer vorgegebenen „Genauigkeit“ ϵ nach. Wir wollen hier einige Überlegungen aufführen, wie das Kriterium (8.17) auf Vektor- und Parallelrechnern realisiert werden kann.

Zunächst bemerken wir, daß für die linke Seite von (8.17) neben x^{k+1} auch die „alte“ Iterierte x^k benötigt wird. Bei den in Abschnitt 8.2 angegebenen Algorithmen für das JOR-Verfahren liegen diese beiden Vektoren zu Ende eines jeden Iterationsschritts tatsächlich vor, wogegen dies bei den Algorithmen für das SOR-Verfahren nicht der Fall ist. Auf seriellen Rechnern wird man — um den für x^k benötigten Speicherplatz einzusparen — versuchen, die Berechnung von $\|x^{k+1} - x^k\|$ mit der Berechnung der Komponenten der neuen Iterierten x^{k+1} zu verschränken. Ein solches Vorgehen würde jedoch auf einem Vektorrechner die effiziente Berechnung von $\|x^{k+1} - x^k\|$ unmöglich machen; auf einem Parallelrechner würde es zu einer weniger ausgeglichenen Verteilung der Rechenlast kommen. Auch beim SOR-Verfahren sollte also eine Kopie des Vektors x^k angelegt werden, welche nach Beendigung des nächsten Iterationsschritts zusammen mit x^{k+1} vorliegt.

Vektorrechner

Auf einem Vektorrechner kann die Differenz $x^{k+1} - x^k$ am Ende jedes Iterationsschritts mit einem Vektorprozessor berechnet werden. Wählt man für $\|\cdot\|$ die l_2-Norm, so wird (8.17) äquivalent zu

$$(x^{k+1} - x^k)^T (x^{k+1} - x^k) \leq \epsilon^2 (x^{k+1})^T x^{k+1}, \tag{8.18}$$

worin die beiden auftretenden Innenprodukte ebenfalls vektoriell berechnet werden können. In ähnlicher Weise kann auf den meisten Vektorrechnern auch für die l_1- oder die l_∞-Norm das Abbruchkriterium (8.17) mit insgesamt drei Vektoroperationen nachgeprüft werden.

Parallelrechner

Wir betrachten für $\|\cdot\|$ hier die l_p-Normen mit $1 \leq p \leq \infty$. Je nach verwendetem Algorithmus sind einem Prozessor entweder alle Komponenten von x^k und x^{k+1} oder nur ein bestimmter Bereich davon bekannt. In beiden Fällen bietet es sich an, in jedem einzelnen Prozessor die Differenzen

$x_i^{k+1} - x_i^k$ in einem bestimmten Bereich für den Index i auszurechnen und dann die Normen $\|x^{k+1} - x^k\|$ und $\|x^{k+1}\|$ jeweils über ein Fan–in zu bestimmen (s. Bemerkung 2.3.1). Das Ergebnis beider Fan–ins sollte im gleichen Prozessor vorliegen, welcher dann die Gültigkeit von (8.17) nachprüft. Anschließend muß dieser Prozessor allen anderen Prozessoren mitteilen, ob weiteriteriert oder abgebrochen werden soll. Zusätzlich zu den beiden fan–in–Anweisungen erfordert das Abbruchkriterium also weitere Kommunikation in einem **broadcast/receive**–Schritt.

Ist die Größenordnung der Lösung des Gleichungssytems bekannt, so kann man statt (8.17) das einfachere Abbruchkriterium

$$\|x^{k+1} - x^k\| \leq \epsilon$$

verwenden. Nimmt man für $\|\cdot\|$ speziell die Maximum–Norm $\|\cdot\|_\infty$, so wird die erforderliche Kommunikation auf einem Parallelrechner besonders einfach. Jetzt kann nämlich jeder Prozessor zunächst ausrechnen, ob für die Indizes i aus seinem Indexbereich die Ungleichungen

$$|x_i^{k+1} - x_i^k| \leq \epsilon$$

alle erfüllt sind. Entsprechend setzt er eine „Flagge" auf „Ja" oder „Nein". Die ganze notwendige Kommunikation besteht nun darin, nachzuprüfen, ob irgendeine Flagge auf „Nein" gesetzt ist. Dies kann z.B. über ein „logisches" Fan–in erfolgen.

Literaturhinweise: Die angegebenen Konvergenzsätze und weitere Resultate zum JOR– und SOR–Verfahren finden sich in verschiedenen klassischen Lehrbüchern zur Numerik, so z.B. in [1], [5], [8], [9] und [11] (s. auch [10]). In den angegebenen Büchern wird darüber hinaus die im Text angesprochene Umkehrung von Satz 8.3.3 bewiesen („Kahans Lemma").

Die Zahl der Arbeiten über parallele Realisierungen von JOR– und SOR–Verfahren bei vollbesetzten Matrizen ist relativ gering. In [7] wird das JOR–Verfahren auf Vektorrechnern behandelt, für das SOR–Verfahren wird dort, ebenso wie in [3], die parallele Realisierung eines Iterationschritts in zwei Stufen (Matrix–Vektormultiplikation mit anschließender Auflösung eines gestaffelten Geichungssystems) vorgeschlagen. Die im Text verwendete ji–Form des SOR–Verfahrens geht auf [4] zurück. In [2] wird für Parallelrechner eine speichereffiziente Realisierung beider ij-Formen des SOR–Verfahrens bei symmetrischer Matrix A angegeben. Es muß dann nur eine „Hälfte" von A auf die einzelnen Prozessoren verteilt werden; dafür verdoppelt sich der Kommunikationsaufwand.

Hier nicht aufgeführte Abwandlungen der ij– und ji–Form des SOR–Verfahrens bei *Bandmatrizen* geben die Artikel [4] und [6].

[1] Berman, A., Plemmons, R.: Nonnegative Matrices in the Mathematical Sciences, New York: Academic Press (1979)

[2] Lang, B.: Matrix Vector Multiplication with Symmetric Matrices on Parallel Computers and Applications, Int. Ber. Inst. Angew. Math., Univ. Karlsruhe, erscheint in ZAMM **71** (1991)

[3] Missirlis, N.: Scheduling Parallel Iterative Methods on Multiprocessor Systems, Parallel Comput. **5**, 295–302 (1987)

[4] Niethammer, W.: The SOR Method on Parallel Computers, Numer. Math. **56**, 247–254 (1989)

[5] Ortega, J.: Numerical Analysis, a Second Course, New York: Academic Press (1972)

[6] Patel, N., Jordan, H.: A Parallelized Point Rowwise Successive Over–Relaxation Method on a Multiprocessor, Parallel Comput. **1**, 207–222 (1984)

[7] Schönauer, W.: Scientific Computation on Vector Computers, Amsterdam: North Holland (1987)

[8] Stoer, J., Bulirsch, R.: Einführung in die Numerische Mathematik II, 2. Auflage, Berlin: Springer (1978)

[9] Varga, R.: Matrix Iterative Analysis, Englewood Cliffs, N.J.: Prentice Hall (1962)

[10] Varga, R.: On Recurring Theorems on Diagonal Dominance, Linear Algebra Appl. **13**, 1–9 (1976)

[11] Young, D.: Iterative Solution of Large Linear Systems, New York: Academic Press (1971)

Kapitel 9

Multisplitting–Verfahren

Multisplitting– oder Mehrfachzerlegungs–Verfahren sind bereits vom Ansatz her parallele Methoden zur iterativen Lösung des linearen Gleichungssystems

$$Ax = d,$$

wobei $A \in \mathbf{R}^{n \times n}$ wieder nichtsingulär vorausgesetzt sei. Diese Verfahren wurden erst in jüngster Zeit (seit 1982) als spezifische Verfahren für Parallel– und (in eingeschränktem Maße) Vektorrechner formuliert. Unter anderem ergeben sich zahlreiche klassische Block–Iterationsverfahren als spezielle Multisplittings; darüber hinaus decken Multisplittings aber z.B. auch einige auf *überlappenden Block–Zerlegungen* beruhende Iterationsverfahren ab.

In diesem Kapitel sollen primär Konvergenzsätze und Resultate über die Konvergenzgeschwindigkeit bei Multisplitting–Verfahren hergeleitet werden. Demgegenüber werden wir uns mit wenigen Bemerkungen allgemeiner Natur über die praktische Realisierung auf Vektor– und Parallelrechnern begnügen. Wie wir sehen werden, ist das Prinzip der Multisplittings für Parallelrechner besonders interessant, weil auch bei unregelmäßig besetzter Koeffizientenmatrix häufig eine ausgeglichene Verteilung der Rechenlast erreicht werden kann.

9.1 Definition und Beispiele

9.1.1 Definition: Die Menge von Tripeln (M_l, N_l, E_l), $l = 1, \dots, L$, mit $M_l, N_l, E_l \in \mathbf{R}^{n \times n}$ heißt *Multisplitting* von A, falls gilt

(i) $A = M_l - N_l$ für $l = 1, \dots, L$,

(ii) M_l ist nichtsingulär für $l = 1, \ldots, L$,

(iii) Die Matrizen E_l sind nichtnegativ und diagonal für $l = 1, \ldots, L$ mit

$$\sum_{l=1}^{L} E_l = I.$$

Mit dem Multisplitting (M_l, N_l, E_l), $l = 1, \ldots, L$, läßt sich das folgende Iterationsverfahren durchführen.

9.1.2 Verfahren (Multisplitting–Verfahren):
Berechne, ausgehend von einem Startvektor x^0, für $k = 0, 1, \ldots$ die Iterierten x^{k+1} über die folgenden beiden Teilschritte:

1. Berechne für $l = 1, \ldots, L$ die Lösung $y^{l,k}$ des linearen Gleichungssystems
$$M_l y^{l,k} = N_l x^k + d, \; l = 1, \ldots, L. \tag{9.1}$$

2. Bestimme die nächste Iterierte x^{k+1} durch
$$x^{k+1} = \sum_{l=1}^{L} E_l y^{l,k}, \; k = 0, 1, \ldots \; . \tag{9.2}$$

Offensichtlich kann in einem Multisplitting–Verfahren die Berechnung der einzelnen $y^{l,k}$, $l = 1, \ldots, L$, parallel erfolgen. Hat man einen Parallelrechner mit p Prozessoren zur Verfügung, so wird man auf ihm Multisplitting–Verfahren mit $L = p$ verwenden. Prozessor P_l ordnet man dann die Berechnung von $y^{l,k}$, $k = 0, 1, \ldots$, aus (9.1) zu. Kommunikation zwischen den einzelnen Prozessoren ist nur im zweiten Teilschritt des Multisplitting–Verfahrens bei der Bestimmung von x^{k+1} nach dem durch (9.2) gegebenen Mittelungsprozeß notwendig. Dabei ist zu beachten, daß vor Beginn des nächsten Iterationsschritts die vom jeweiligen Prozessor P_l benötigten Komponenten der Iterierten x^{k+1} diesem Prozessor bekanntgegeben werden müssen.

Für Vektorrechner erscheinen Multisplitting–Verfahren weniger gut geeignet. Prinzipiell böte sich im ersten Teilschritt eine „Vektorisierung über die Einzelsysteme aus (9.1)“ an, falls die Matrizen M_l, $l = 1, \ldots, L$, alle von ähnlicher Gestalt sind. Gleichartige Operationen bei der Lösung von (9.1) könnten so zu Vektoroperationen mit Vektoren der Länge L zusammengefaßt werden.

Eine wichtige Beobachtung ist nun, daß die i–te Komponente von $y^{l,k}$ in (9.2) überhaupt nicht benötigt wird, falls in der Matrix E_l das i–te Diagonalelement verschwindet. Wenn es die Zerlegung (M_l, N_l) von A zuläßt, braucht man daher diese Komponenten von $y^{l,k}$ in (9.1) überhaupt nicht zu berechnen. Die Anzahl der Nullen in der Diagonalen von E_l (zusammen mit der Struktur von M_l) bestimmt also den Aufwand, den man zur Berechnung der benötigten Komponenten von $y^{l,k}$ betreiben muß. In diesem Sinn kann man die Matrizen E_l als *Masken* auffassen, welche auf einem Parallelrechner die Verteilung der Rechenlast auf die einzelnen Prozessoren bestimmen. Durch eine geeignete Wahl von M_l und E_l kann man so auch bei einer dünn oder unregelmäßig besetzten Matrix A häufig erreichen, daß die Rechenlast einigermaßen ausgeglichen auf die einzelnen Prozessoren verteilt ist. Mit der Entscheidung für bestimmte Matrizen M_l und E_l wird jedoch gleichzeitig die Konvergenzgeschwindigkeit des Multisplitting–Verfahrens festgelegt. Insofern wird man auf einem Parallelrechner stets versuchen, ausgeglichene Rechenlast bei möglichst guter Konvergenzgeschwindigkeit zu erzielen. (Es erscheint äußerst schwierig, zu diesem wichtigen Aspekt bei Multisplitting–Verfahren in gewissem Rahmen allgemein gültige theoretische Resultate anzugeben.)

Um in der Praxis effiziente Verfahren zu erhalten, muß man neben den bisher angesprochenen Überlegungen außerdem darauf achten, daß der Gesamtaufwand für einen Iterationsschritt nicht zu groß wird. Das bedeutet unter anderem, daß es nur relativ selten vorkommen sollte, daß in einer festen Position in der Diagonalen mehr als eine Matrix E_l ein nichtverschwindendes Element besitzt.

Bisher haben sich vor allem Multisplitting–Verfahren bewährt, die auf einer (eventuell überlappenden) *Blockzerlegung* des Indexbereichs $\{1, \ldots, n\}$ beruhen. In der folgenden Definition bezeichnen wir die Elemente von A wie üblich mit a_{ij}, $i, j = 1, \ldots, n$. Für die Elemente von M_l und E_l schreiben wir dagegen einfach $(M_l)_{ij}$ bzw. $(E_l)_{ij}$, $i, j = 1, \ldots, n$.

9.1.3 Definition: Die Mengen S_l, $l = 1, \ldots, L$, seien nichtleere, nicht notwendig disjunkte Teilmengen von $\{1, \ldots, n\}$ mit

$$\bigcup_{l=1}^{L} S_l = \{1, \ldots, n\}.$$

Weiter sei (M_l, N_l, E_l), $l = 1, \ldots, L$, ein Multisplitting von A mit

$$(E_l)_{ii} = 0 \text{ für } i \notin S_l.$$

(i) Gilt für $l = 1, \ldots, L$

$$(M_l)_{ij} = \begin{cases} a_{ij} & \text{falls } i = j \text{ oder } i, j \in S_l \\ 0 & \text{sonst} \end{cases},$$

so heißt (M_l, N_l, E_l), $l = 1, \ldots, L$, *Block–Jacobi–Multisplitting* von A.

(ii) Gilt für ein $\omega \neq 0$ und $l = 1, \ldots, L$

$$(M_l)_{ij} = \begin{cases} \frac{1}{\omega} a_{ii} & \text{falls } i = j \\ a_{ij} & \text{falls } i, j \in S_l \text{ und } i > j \\ 0 & \text{sonst} \end{cases},$$

so heißt (M_l, N_l, E_l), $l = 1, \ldots, L$, *SOR–Multisplitting* von A.

Natürlich sind wegen $A = M_l - N_l$ in Definition 9.1.3 mit den M_l auch die Matrizen N_l eindeutig festgelegt.

Bei den zu einem Block–Jacobi– oder SOR–Multisplitting gehörigen Iterationsverfahren werden nur die Komponenten $y_i^{l,k}$ benötigt mit $i \in S_l$. Ihre Berechnung erfordert in beiden Fällen also nur die Lösung eines linearen Gleichungssystems der Dimension $|S_l|$, welches bei den SOR–Multisplittings zusätzlich untere Dreiecksgestalt besitzt (und deshalb besonders einfach aufzulösen ist). Für $i, j \notin S_l$ kann man bei Block–Jacobi– und SOR–Multisplittings die Elemente $(M_l)_{ij}$ auch beliebig anders als in Definition 9.1.3 festlegen, ohne daß sich dadurch das zugehörige Iterationsverfahren verändert. Bei der in 9.1.3 getroffenen Wahl, gerade die Diagonalelemente von A in M_l zu übernehmen, kann man jedoch häufig leicht die in Definition 9.1.1 geforderte Nichtsingularität von M_l nachweisen.

In Definition 9.1.3 ist nichts über den Wert von $(E_l)_{ii}$ für $i \in S_l$ ausgesagt. Wegen der Forderung (iii) in Definition 9.1.1 bietet es sich z.B. an, für $i \in S_l$

$$(E_l)_{ii} = 1/s_i \quad \text{mit } s_i = |\{l \mid i \in S_l\}|$$

zu wählen.

Abbildung 9.1 zeigt schematisch ein Beispiel für ein Block–Jacobi–Multisplitting. Die in die Matrizen M_l eingezeichneten Bereiche verweisen dabei auf die Elemente, welche aus A übernommen werden, die restlichen Elemente sind Null. Für ein SOR–Multisplitting mit $\omega = 1$ hat man statt der eingezeichneten quadratischen Blöcke in den Matrizen M_l gerade deren linken unteren Dreiecksteil (inklusive der Diagonalen) zu nehmen.

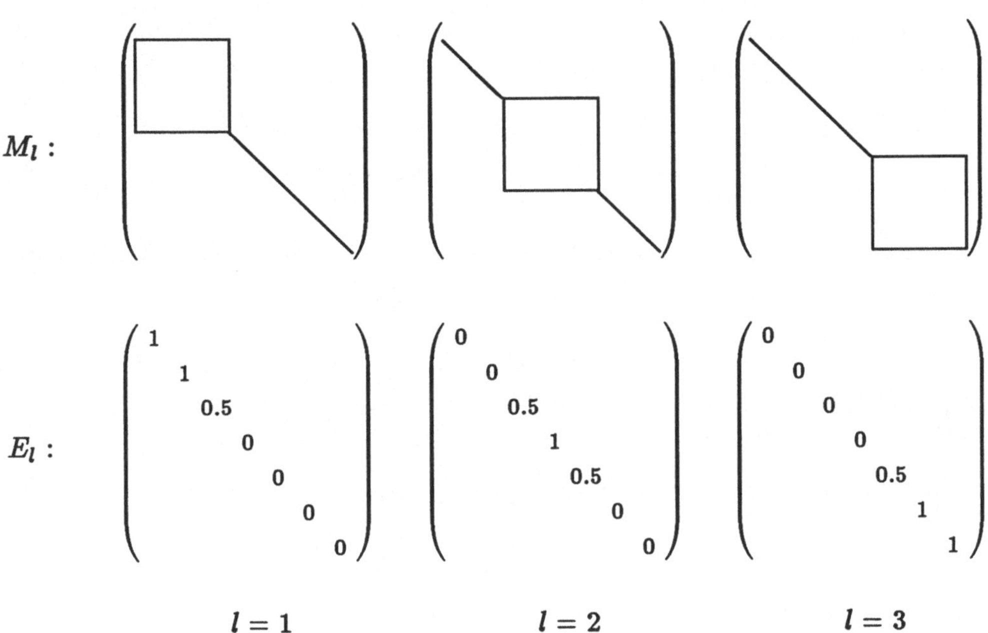

Abbildung 9.1: Block–Jacobi–Multisplitting (n = 7, L = 3)

Sind die Mengen S_l, $l = 1, \ldots, L$, disjunkt, so reduzieren sich Block–Jacobi– und SOR–Multisplitting auf gewöhnliche Iterationsverfahren, welche einfacher mit nur *einer* Zerlegung von A beschrieben werden können. Anstatt von einem Block–Jacobi–Multisplitting spricht man dann von einer *Block–Jacobi–Zerlegung* (und dem zugehörigen Block–Jacobi–Verfahren). Für das SOR–Multisplitting ist in diesem Fall kein eigener Name gebräuchlich. Der Begriff *Block–SOR–Zerlegung* ist für einen anderen Sachverhalt reserviert (s. Abschnitt 10.4).

Durch eine Vergrößerung der disjunkten Mengen S_l auf eine überlappende Zerlegung der Menge $\{1, \ldots, n\}$ gelangt man zu echten Multisplitting–Verfahren. Man hofft dabei, den entstehenden Mehraufwand durch eine höhere Konvergenzgeschwindigkeit mehr als wettzumachen. Leider sind auch hier die theoretischen Resultate (noch) nicht so weit fortgeschritten, als daß in dieser Beziehung allgemeingültige Aussagen gemacht werden könnten. Die Praxis zeigt jedoch, daß bei geringer Überlappung zwischen den Mengen S_l häufig bessere Verfahren entstehen als ohne Überlappung.

9.2 Konvergenzaussagen

Für ein beliebiges Multisplitting (M_l, N_l, E_l), $l = 1, \ldots, L$, von A erhält man aus (9.1) und (9.2) die Darstellung

$$x^{k+1} = \sum_{l=1}^{L} E_l M_l^{-1} N_l x^k + \sum_{l=1}^{L} E_l M_l^{-1} d, \quad k = 0, 1, \ldots \quad (9.3)$$

Notwendig und hinreichend für die Konvergenz des Verfahrens bei beliebigem Startwert x^0 ist nach Satz A.2.4 die Bedingung

$$\rho(H) < 1$$

mit

$$H := \sum_{l=1}^{L} E_l M_l^{-1} N_l.$$

In diesem Falle konvergiert die Iteration (9.3) für jeden Startwert x^0 gegen denselben Grenzwert x^*, für den

$$x^* = Hx^* + \sum_{l=1}^{L} E_l M_l^{-1} d$$

gilt. Wählt man speziell $x^0 = A^{-1}d$, so erhalten wir wegen $N_l = M_l - A$, $l = 1, \ldots, L$, die Gleichung

$$\begin{aligned} Hx^0 + \sum_{l=1}^{L} E_l M_l^{-1} d &= \sum_{l=1}^{L} E_l M_l^{-1}(M_l - A)A^{-1}d + \sum_{l=1}^{L} E_l M_l^{-1} d \\ &= \sum_{l=1}^{L} E_l A^{-1} d \\ &= x^0, \end{aligned}$$

woraus $x^0 = x^*$ folgt. Die Iteration (9.3) konvergiert also für $\rho(H) < 1$ gegen die Lösung des linearen Gleichungssystems $Ax = d$.

Bei den nun anschließenden theoretischen Untersuchungen zur Konvergenz von Multisplitting–Verfahren greifen wir wiederholt auf in Anhang B eingeführte Begriffe und dort formulierte Sätze zurück. Wir beginnen mit einem Konvergenzsatz bei nichtnegativen Matrizen.

9.2.1 Satz: (M_l, N_l, E_l), $l = 1, \ldots, L$, sei ein Multisplitting von A. Zusätzlich seien die Ungleichungen

$$\begin{aligned} A^{-1} &\geq 0, \\ M_l^{-1} &\geq 0, \; M_l^{-1}N_l \geq 0, \; l = 1, \ldots, L, \end{aligned}$$

erfüllt. Dann gilt

$$\rho(H) < 1.$$

Beweis: Für die Matrix H haben wir die Darstellung

$$H = \sum_{l=1}^{L} E_l M_l^{-1} N_l = \sum_{l=1}^{L} E_l M_l^{-1}(M_l - A) = I - \sum_{l=1}^{L} E_l M_l^{-1} A.$$

Aus den Voraussetzungen des Satzes erhalten wir zunächst

$$H \geq 0.$$

Es bezeichne nun u den Vektor

$$u = A^{-1}(1, \ldots, 1)^T.$$

Da A^{-1} nichtsingulär ist und deshalb keine Nullzeile besitzt, gilt wegen $A^{-1} \geq 0$ die strenge Ungleichung

$$u > 0.$$

Mit diesem Vektor u ergibt sich

$$Hu = u - \sum_{l=1}^{L} E_l M_l^{-1}(1, \ldots, 1)^T. \tag{9.4}$$

Für festes $i \in \{1, \ldots, n\}$ existiert ein l mit $(E_l)_{ii} \neq 0$. Da M_l^{-1} nichtsingulär und nichtnegativ ist, ist die i-te Komponente von $E_l M_l^{-1}(1, \ldots, 1)^T$ positiv. Somit folgt aus (9.4) die strenge Ungleichung

$$Hu < u,$$

woraus sich nach Satz B.1.7 $\rho(H) < 1$ ergibt. □

Mit Hilfe von Satz 9.2.1 erhalten wir den folgenden Konvergenzsatz für Multisplitting–Verfahren bei H–Matrizen.

9.2.2 Satz: (M_l, N_l, E_l), $l = 1, \ldots, L$, sei ein Multisplitting von A. Die Matrix A sei eine H–Matrix, und es sei

$$\langle A \rangle = \langle M_l \rangle - |N_l|, \ \ l = 1, \ldots, L.$$

Dann gilt

$$\rho(H) < 1.$$

Beweis: Wir zeigen, daß sogar $\rho(|H|) < 1$ ist, womit wegen $\rho(H) \leq \rho(|H|)$ (s. Satz B.1.9) die Behauptung folgt.

Aufgrund der Voraussetzungen ist

$$\langle M_l \rangle \geq \langle A \rangle, \ \ l = 1, \ldots, L.$$

Nach Lemma B.2.6 ist $\langle M_l \rangle$ selbst eine M–Matrix, denn $\langle M_l \rangle$ besitzt das Vorzeichenmuster einer M–Matrix und $\langle A \rangle$ ist eine M–Matrix. Es gilt also für $l = 1, \ldots, L$

$$\langle M_l \rangle^{-1} \geq 0, \ \ \langle M_l \rangle^{-1} |N_l| \geq 0,$$

so daß nach Satz 9.2.1 (angewandt auf das Multisplitting $(\langle M_l \rangle, |N_l|, E_l), l = 1, \ldots, L$, von $\langle A \rangle$) jedenfalls

$$\rho\left(\sum_{l=1}^{L} E_l \langle M_l \rangle^{-1} |N_l|\right) < 1 \tag{9.5}$$

folgt. Andererseits haben wir nach Satz B.3.7 die Beziehung

$$|M_l^{-1}| \leq \langle M_l \rangle^{-1}, \ \ l = 1, \ldots, L.$$

Die Matrix H erfüllt also

$$\begin{aligned} 0 \ \leq \ |H| \ &\leq \ \sum_{l=1}^{L} E_l |M_l^{-1}| |N_l| \\ &\leq \ \sum_{l=1}^{L} E_l \langle M_l \rangle^{-1} |N_l|, \end{aligned}$$

woraus sich nach Korollar B.1.10 und (9.5) schließlich

$$\rho(|H|) < 1$$

ergibt. □

9.2.3 Korollar: (M_l, N_l, E_l), $l = 1, \ldots, L$, sei ein Block–Jacobi–Multisplitting der H–Matrix A. Dann gilt

$$\rho(H) < 1.$$

Beweis: Für ein Block–Jacobi–Multisplitting ist trivialerweise

$$\langle A \rangle = \langle M_l \rangle - |N_l|, \ l = 1, \ldots, L,$$

so daß Satz 9.2.2 direkt angewendet werden kann. □

Für SOR–Multisplittings leiten wir im nächsten Satz ähnliche Konvergenzaussagen her.

9.2.4 Satz: $(M_l, N_l, E_l), l = 1, \ldots, L$, sei ein SOR–Multisplitting der H–Matrix A mit dem Relaxationsparameter ω. Es sei $A = D - L - U$ mit den Matrizen D, L und U aus (8.5) und $J = D^{-1}(L + U)$. Weiter sei die Zahl ω_0 definiert durch

$$\omega_0 = 2/(1 + \rho(|J|)). \tag{9.6}$$

Dann ist $\omega_0 > 1$, und für alle $\omega \in (0, \omega_0)$ gilt

$$\rho(H) < 1.$$

Beweis: Nach Satz B.3.5 ist $\rho(|J|) < 1$, so daß tatsächlich $\omega_0 > 1$ gilt. Die Mengen $S_1, \ldots, S_L$ seien die zu dem betrachteten SOR–Multisplitting gehörigen Teilmengen von $\{1, \ldots, n\}$. Für $l = 1, \ldots, L$ legen wir die Matrizen L_l und V_l durch

$$(L_l)_{ij} = \begin{cases} -a_{ij} & \text{falls } i, j \in S_l \text{ und } i > j \\ 0 & \text{sonst} \end{cases}$$

und

$$A = D - L_l - V_l$$

fest. Die Matrizen L_l sind also strenge untere Dreiecksmatrizen, während die V_l für $l = 1, \ldots, L$ i.a. keine Dreiecksgestalt besitzen. Es ist $M_l = \frac{1}{\omega}D - L_l$ und $N_l = \frac{1-\omega}{\omega}D + V_l$, $l = 1, \ldots, L$, so daß wir für die Iterationsmatrix H des SOR–Multisplittings die Darstellung

$$H = \sum_{l=1}^{L} E_l \left(\frac{1}{\omega} D - L_l \right)^{-1} \left(\frac{1-\omega}{\omega} D + V_l \right)$$

erhalten. Unser Ziel ist, für $\omega \in (0, \omega_0)$ die Ungleichung

$$\rho(|H|) < 1$$

zu zeigen, woraus nach Satz B.1.9 dann $\rho(H) < 1$ folgt. Wir beweisen dazu die beiden Zwischenbehauptungen:

(i) $\langle M_l \rangle = \frac{1}{\omega}|D| - |L_l|$ ist eine M–Matrix für $l = 1, \ldots, L$,

(ii) $|H| \;\leq\; I - \sum_{l=1}^{L} E_l \langle M_l \rangle^{-1} |D| \left(\frac{1 - |1-\omega|}{\omega} I - |J| \right)$.

Die Matrix M_l ist eine untere Dreiecksmatrix mit den Diagonalelementen a_{ii}/ω, $i = 1, \ldots, n$. M_l ist also nichtsingulär und damit nach Korollar B.3.6 eine H–Matrix. Dies beweist (i). Darüber hinaus gilt nach Satz B.3.7 die Beziehung

$$0 \leq |M_l^{-1}| \leq \langle M_l \rangle^{-1}. \tag{9.7}$$

Der Beweis von (ii) ergibt sich durch die folgende Ungleichungskette, welche (9.7) verwendet.

$$\begin{aligned}
|H| &\leq \sum_{l=1}^{L} E_l |M_l^{-1}| \left(\frac{|1-\omega|}{\omega} |D| + |V_l| \right) \\
&\leq \sum_{l=1}^{L} E_l \langle M_l \rangle^{-1} \left(\frac{|1-\omega|}{\omega} |D| + |V_l| \right) \\
&= \sum_{l=1}^{L} E_l \langle M_l \rangle^{-1} \left(\frac{1}{\omega}|D| - |L_l| + \frac{|1-\omega| - 1}{\omega} |D| + |V_l| + |L_l| \right) \\
&= I - \sum_{l=1}^{L} E_l \langle M_l \rangle^{-1} |D| \left(\frac{1 - |1-\omega|}{\omega} I - |J| \right).
\end{aligned}$$

Für $\omega \in (0, \omega_0)$ gilt nun wie im Beweis von Satz 8.2.2

$$|1-\omega| + \omega \rho(|J|) < 1.$$

Wir betrachten für $\epsilon > 0$ die Matrix

$$J_\epsilon := |J| + \epsilon \begin{pmatrix} 1 & \ldots & 1 \\ \vdots & & \vdots \\ 1 & \ldots & 1 \end{pmatrix},$$

welche positiv und damit irreduzibel ist. Da der Spektralradius nach Satz A.1.10 stetig von den Matrixelementen abhängt, können wir $\epsilon > 0$ so klein wählen, daß für den Spektralradius ρ_ϵ von J_ϵ immer noch

$$|1-\omega| + \omega\rho_\epsilon < 1 \tag{9.8}$$

gilt. Nach dem Satz von Perron–Frobenius (Satz B.1.4) existiert zu jedem $\epsilon > 0$ ein Vektor $x_\epsilon > 0$ mit $J_\epsilon x_\epsilon = \rho_\epsilon x_\epsilon$. Aus (ii) folgt so mit (9.7) zunächst

$$|H| \;\leq\; I - \sum_{l=1}^{L} E_l \langle M_l \rangle^{-1} |D| \left(\frac{1-|1-\omega|}{\omega} I - J_\epsilon \right) \tag{9.9}$$

und daraus

$$|H| x_\epsilon \;\leq\; x_\epsilon - \sum_{l=1}^{L} E_l \langle M_l \rangle^{-1} |D| \frac{1}{\omega} \left(1 - |1-\omega| - \omega\rho_\epsilon\right) x_\epsilon. \tag{9.10}$$

Die Zahl $1 - |1-\omega| - \omega\rho_\epsilon$ ist nach (9.8) positiv, so daß wir wie im Beweis von Satz 9.2.1 aus (9.10) die strenge Ungleichung

$$|H| x_\epsilon < x_\epsilon$$

erhalten und daraus (Satz B.1.7) schließlich $\rho(|H|) < 1$. □

Das gewöhnliche SOR–Verfahren aus Abschnitt 8.3 kann man als SOR–Multisplitting mit $L = 1$ auffassen. Deshalb erhalten wir aus Satz 9.2.4 sofort die in dem folgenden Korollar (und Satz 8.3.2) angegebene Konvergenzaussage für das SOR–Verfahren.

9.2.5 Korollar: Für eine H–Matrix A konvergiert das SOR–Verfahren bei beliebigem Startwert x^0, falls gilt

$$\omega \in (0, \omega_0)$$

mit ω_0 aus (9.6).

Im letzten Satz dieses Kapitels beweisen wir für den Fall einer M–Matrix eine Vergleichsaussage, die besagt, daß ein SOR–Multisplitting mit $\omega = 1$ nicht langsamer als das Jacobi–, aber auch nicht schneller als das Gauß–Seidel–Verfahren konvergiert.

9.2.6 Satz: (M_l, N_l, E_l), $l = 1, \ldots, L$, sei ein SOR–Multisplitting der M–Matrix A mit $\omega = 1$. Es sei $A = D - L - U$ mit den Matrizen D, L und U aus (8.5) und $J = D^{-1}(L+U)$, $G = (D-L)^{-1}U$. Dann gilt

$$\rho(G) \leq \rho\left(\sum_{l=1}^{L} E_l M_l^{-1} N_l\right) \leq \rho(J) < 1. \tag{9.11}$$

Beweis: Die Ungleichung $\rho(J) < 1$ gilt nach Satz B.3.5. Die Matrizen L_l, V_l, $l = 1, \ldots, L$, und H seien wie im Beweis von Satz 9.2.4 definiert. Für $l = 1, \ldots, L$ gilt

$$A \leq D - L \leq M_l = D - L_l \leq D, \tag{9.12}$$

weshalb nach Lemma B.2.6 die Matrizen $D-L$ und M_l ebenfalls M–Matrizen sind. Die Matrizen M_l^{-1} und V_l, $l = 1, \ldots, L$, sowie U, D, D^{-1}, J, G und H sind also alle nichtnegativ. (Es ist $N_l = V_l$, $l = 1, \ldots, L$.)

Aus (9.12) folgt nach Multiplikation mit der nichtnegativen Matrix M_l^{-1} insbesondere

$$M_l^{-1}(D - L) \leq I \leq M_l^{-1} D, \quad l = 1, \ldots, L. \tag{9.13}$$

Wir zeigen nun zuerst die Gültigkeit von

$$\rho(H) \leq \rho(J).$$

Da A als M–Matrix insbesondere H–Matrix ist, gilt die im Beweis von 9.2.4 hergeleitete Ungleichung (9.10) mit den dort eingeführten Größen $J_\epsilon, \rho_\epsilon$ und x_ϵ. Im vorliegenden Fall ($\omega = 1$) erhalten wir aus (9.10) wegen (9.13)

$$\begin{aligned} Hx_\epsilon &\leq x_\epsilon - \sum_{l=1}^{L} E_l (1 - \rho_\epsilon) x_\epsilon \\ &= x_\epsilon - (1 - \rho_\epsilon) x_\epsilon \\ &= \rho_\epsilon x_\epsilon. \end{aligned}$$

Hieraus folgt $\rho((1/\rho_\epsilon)H) \leq 1$ nach Satz B.1.7 und damit $\rho(H) \leq \rho_\epsilon$. Läßt man jetzt ϵ gegen Null gehen, ergibt sich die zu zeigende Ungleichung $\rho(H) \leq \rho(J)$.

Zum Beweis der Ungleichung

$$\rho(G) \leq \rho(H)$$

betrachten wir für $\epsilon > 0$ die positive (und damit irreduzible) Matrix

$$G_\epsilon = G + \epsilon E, \quad E := \begin{pmatrix} 1 & \dots & 1 \\ \vdots & & \vdots \\ 1 & \dots & 1 \end{pmatrix} \in \mathbf{R}^{n \times n}.$$

Nach dem Satz von Perron–Frobenius (Satz B.1.4) existiert ein positiver Vektor x_ϵ , so daß mit dem Spektralradius ρ_ϵ von G_ϵ die Gleichung $G_\epsilon x_\epsilon = \rho_\epsilon x_\epsilon$ gilt. Aus der Darstellung

$$H = I - \sum_{l=1}^{L} E_l M_l^{-1} A = I - \sum_{l=1}^{L} E_l M_l^{-1}(D - L)(I - G)$$

erhalten wir dann

$$Hx_\epsilon = x_\epsilon - \sum_{l=1}^{L} E_l M_l^{-1}(D - L)(I - G)x_\epsilon. \tag{9.14}$$

Nach der ersten Ungleichung aus (9.13) ist $M_l^{-1}(D - L) \leq I$. Außerdem gilt

$$(I - G)x_\epsilon = (I - G_\epsilon + \epsilon E)x_\epsilon = (1 - \rho_\epsilon + \epsilon E)x_\epsilon. \tag{9.15}$$

Wir betrachten nur die $\epsilon > 0$, die so klein sind, daß $\rho_\epsilon < 1$ ist. Dann erhalten wir aus (9.14) und (9.15)

$$(H + \epsilon E)\, x_\epsilon \geq x_\epsilon - (1 - \rho_\epsilon)x_\epsilon = \rho_\epsilon x_\epsilon.$$

Hieraus folgt mit Satz B.1.7 die Ungleichung $\rho((1/\rho_\epsilon)(H + \epsilon E)) \geq 1$ und damit $\rho(H + \epsilon E) \geq \rho_\epsilon$. Durch Grenzübergang für ϵ gegen Null erhalten wir schließlich mit Satz A.1.10 zu zeigende Ungleichung $\rho(H) \geq \rho = \rho(G)$. □

Mit Satz 9.2.6 haben wir insbesondere die Ungleichung $\rho(G) \leq \rho(J)$ bewiesen, welche die in Satz 8.3.4 formulierte Aussage über die Konvergenzgeschwindigkeiten bei Jacobi– und Gauß–Seidel–Verfahren begründet.

9.2.7 Korollar: Die Matrix A sei eine M–Matrix. Dann konvergiert das Jacobi–Verfahren nicht schneller als das Gauß–Seidel–Verfahren.

Literaturhinweise: Auf überlappenden Blockzerlegungen beruhende Iterationsverfahren wurden bereits in [11] betrachtet; Anwendungen auf parallele Algorithmen finden sich in [7] und [8].

In der allgemeinen Formulierung nach Definition 9.1.1 wurden Multisplittings in [10] eingeführt. Die hier aufgeführten Konvergenzresultate sind den Artikeln [3],

[4], [5] und [9] entnommen. Sie zeichnen sich u.a. dadurch aus, daß sie keinerlei einschränkende Voraussetzungen an die Matrizen E_l stellen. Sie unterscheiden sich dadurch von in [10] und [14] gegebenen weiteren Resultaten für symmetrisch positiv definite Matrizen. Der in Satz 8.3.4 formulierte Spezialfall von Satz 9.2.6 ist ein Teil des Satzes von Stein–Rosenberg (s. z.B. [1] oder [12]). Praktische Ergebnisse zu Multisplitting–Verfahren auf Parallelrechnern finden sich in [6] und [14].

Der Artikel [2] behandelt eine Variante der Multisplitting–Verfahren für Parallelrechner mit gemeinsamem Speicher. Eine andere Variante mit einem allgemeineren, durch die Matrizen E_l erzeugten „Gewichtungsschema" ist in [13] angegeben.

[1] Berman, A., Plemmons, R.: Nonnegative Matrices in the Mathematical Sciences, New York: Academic Press (1979)

[2] Bru, R., Elsner, L., Neumann, M.: Models of Parallel Chaotic Relaxation Methods, Linear Algebra Appl. **103**, 175–192 (1988)

[3] Elsner, L.: Comparisons of Weak Regular Splittings and Multisplitting Methods, Numer. Math. **56**, 283–289 (1989)

[4] Frommer, A., Mayer, G.: Convergence of Relaxed Parallel Multisplitting Methods, Linear Algebra Appl. **119**, 141–152 (1989)

[5] Frommer, A., Mayer, G.: Parallel Interval Multisplittings, Numer. Math. **56**, 255–267 (1989)

[6] Frommer, A., Mayer, G.: Theoretische und praktische Ergebnisse zu Multisplitting–Verfahren auf Parallelrechnern, erscheint in ZAMM **70** (1990)

[7] Hayes, L.: A Vectorized Matrix–Vector Multiply and Overlapping Block Iterative Method, in Numrich, W. (ed.): Supercomputer Applications, New York: Plenum Press, 91–100 (1984)

[8] McBryan, O., van de Velde, E.: Parallel Algorithms for Elliptic Equations, Commun. Pure Appl. Math. **38**, 769–795 (1985)

[9] Neumann, M., Plemmons, R.: Convergence of Parallel Multisplitting Iterative Methods for M–Matrices, Linear Algebra Appl. **88/89**, 559–573 (1987).

[10] O'Leary, D., White, R.: Multi–Splittings of Matrices and Parallel Solution of Linear Systems, SIAM J. Alg. Disc. Meth. **6**, 630–640 (1985)

[11] Ostrowski, A.: Iterative Solution of Linear Systems of Functional Equations, J. Math. Anal. Appl. **2**, 351–369 (1961)

[12] Varga, R.: Matrix Iterative Analysis, Englewood Cliffs, N.J.: Prentice Hall (1962)

[13] White, R.: Multisplitting with Different Weighting Schemes, SIAM J. Matrix Anal. Appl. **10**, 481–493 (1989)

[14] White, R.: Multisplittings of a Symmetric Positive Definite Matrix, erscheint in SIAM J. Matrix Anal. Appl. (1990)

Kapitel 10

Modellproblem: Diskrete Laplace–Gleichung

Diskretisierungen elliptischer und parabolischer Randwertprobleme führen auf äußerst dünn besetzte lineare Gleichungssysteme. Diese besitzen zwar Bandstruktur, sind jedoch gewöhnlich auch innerhalb des Bandes nur sehr spärlich besetzt. Mit Ausnahme der Multisplitting–Verfahren sind daher die bisher besprochenen parallelen Verfahren für solche in der numerischen Praxis besonders wichtigen Gleichungssysteme nicht geeignet.

Am Beispiel der durch finite Differenzen diskretisierten Laplace–Gleichung werden wir hier exemplarisch direkte und iterative parallele Lösungsverfahren behandeln. Wir beschreiben dieses *Modell–Problem* ausführlich in einem ersten Abschnitt. Dann besprechen wir ein direktes Lösungsverfahren vom Typ der zyklischen Reduktion, bevor wir im dritten Abschnitt parallele Algorithmen für das SOR–Verfahren untersuchen. Auf die Wiedergabe bekannter Beweise verzichten wir meist; die notwendigen Referenzen werden in den Literaturhinweisen angegeben. Der vierte Abschnitt enthält schließlich einen summarischen Ausblick auf weitere, heute vorwiegend verwendete Iterationsverfahren.

10.1 Beschreibung des Modellproblems

Es sei Ω das offene Einheitsquadrat

$$\Omega = (0,1) \times (0,1),$$

dessen topologischen Rand wir mit $\partial\Omega$ bezeichnen. Wir betrachten das folgende *Dirichletsche Randwertproblem* auf Ω:

$$\left.\begin{array}{rcll} -\Delta u(x,y) & = & f(x,y) & \text{für } (x,y)\in\Omega, \\ u(x,y) & = & 0 & \text{für } (x,y)\in\partial\Omega. \end{array}\right\} \tag{10.1}$$

Dabei ist die Funktion $u(x,y)$ für $(x,y) \in \Omega$ gesucht. Für $(x,y) \in \partial\Omega$ ist $u(x,y)$ durch die *Randbedingung* $u(x,y) = 0$ vorgegeben. Die Funktion $f(x,y)$ wird als stetig auf $\Omega \cup \partial\Omega$ vorausgesetzt. Das Symbol Δ bezeichnet den *Laplace–Operator*

$$\Delta u(x,y) := \frac{\partial^2 u(x,y)}{\partial x^2} + \frac{\partial^2 u(x,y)}{\partial y^2}.$$

Wir nehmen im weiteren stets an, daß das Randwertproblem (10.1) eine auf $\Omega \cup \partial\Omega$ stetige, in Ω zweimal stetig differenzierbare, eindeutige Lösung u besitzt. Um u numerisch zu approximieren, ersetzt man das Randwertproblem (10.1) mittels einer geeigneten Diskretisierung durch ein endlich-dimensionales lineares Gleichungssystem. Wir behandeln hier nur eine spezielle Diskretisierung mit der Methode der finiten Differenzen. Dazu geben wir $N \in \mathbf{N}$ vor, setzen

$$h := \frac{1}{N+1}$$

und betrachten das äquidistante Gitter Ω_h (s. Abbildung 10.1) mit

$$\Omega_h := \{(ih, jh) \mid i,j = 0,\ldots,N+1\}.$$

Mit Hilfe der Funktionswerte

$$u_{ij} := u(ih,jh), \quad i,j = 0,\ldots,N+1,$$

bilden wir für $i,j = 1,\ldots,N$ den Ausdruck

$$\frac{1}{h^2}(4u_{ij} - u_{i-1,j} - u_{i+1,j} - u_{i,j-1} - u_{i,j+1}), \tag{10.2}$$

welcher als Näherung für $-\Delta u(ih,jh)$ verwendet wird. Der in Abbildung 10.1 eingezeichnete sogenannte *Fünf–Punkte–Stern* veranschaulicht die Gitterpunkte, in denen die Funktionswerte von u zu (10.2) beitragen. Schreiben wir nun

$$-\Delta u(ih,jh) = \frac{1}{h^2}(4u_{ij} - u_{i-1,j} - u_{i+1,j} - u_{i,j-1} - u_{i,j+1}) + \tau_{ij}$$

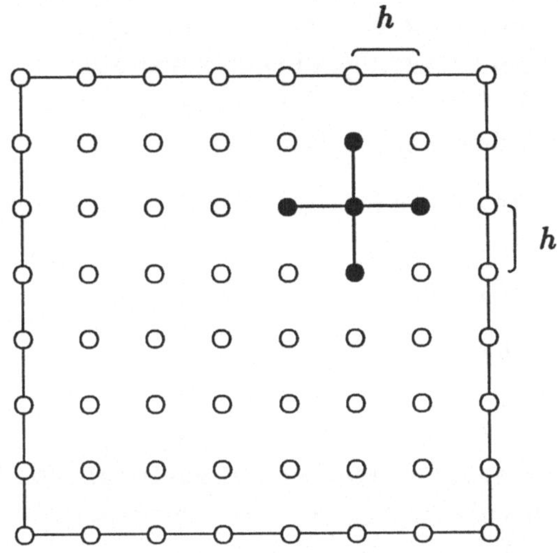

Abbildung 10.1: Äquidistantes Gitter Ω_h und Fünf–Punkte–Stern ($N = 6$)

mit dem *lokalen Diskretisierungsfehler* τ_{ij}, so erhalten wir mit der Bezeichnung

$$f_{ij} := f(ih, jh), \quad i, j = 1, \dots, N,$$

aus (10.1) für $(x, y) = (ih, jh), \quad i, j = 1, \dots, N$, das Gleichungssystem

$$4u_{ij} - u_{i-1,j} - u_{i+1,j} - u_{i,j-1} - u_{i,j+1} + h^2 \tau_{ij} = h^2 f_{ij}, \quad i, j = 1, \dots, N,$$

wobei gilt

$$u_{i0} = u_{i,N+1} = u_{0j} = u_{N+1,j} = 0, \quad i, j = 0, \dots, N + 1.$$

Vernachlässigen des lokalen Diskretisierungsfehlers liefert damit schließlich die *diskrete Laplace–Gleichung*

$$4U_{ij} - U_{i-1,j} - U_{i+1,j} - U_{i,j-1} - U_{i,j+1} = h^2 f_{ij}, \quad i, j = 1, \dots, N, \qquad (10.3)$$

mit den Randbedingungen

$$U_{i0} = U_{i,N+1} = U_{0j} = U_{N+1,j} = 0, \quad i, j = 0, \dots, N + 1. \qquad (10.4)$$

Schließlich setzen wir noch

$$n := N^2.$$

Die Gleichungen (10.3) beschreiben, zusammen mit (10.4), ein lineares Gleichungssystem mit n Gleichungen in den n Variablen U_{ij}, $i, j = 1, \ldots, N$. Wie der anschließende Satz zeigt, nähern die U_{ij} aus (10.3) den Wert von u_{ij} mit in h quadratischer Genauigkeit an.

10.1.1 Satz: Die Lösung u von (10.1) sei auf Ω viermal stetig differenzierbar. Dann gilt

$$|U_{ij} - u_{ij}| \leq Ch^2, \quad i, j = 1, \ldots, N,$$

mit einer von N unabhängigen Konstanten C.

Wir sehen die diskrete Laplace–Gleichung (10.3) als einfaches Modellproblem für kompliziertere, auf finiten Differenzen beruhende Diskretisierungen mehrdimensionaler Randwertprobleme an. Sie besitzt die für solche Diskretisierungen typischen Eigenschaften:

- Die Dimension n des resultierenden linearen Gleichungssystems ist groß.

- In den einzelnen Gleichungen treten nur sehr wenige Variablen auf, welche zu im physikalischen Gebiet Ω benachbarten Gitterpunkten gehören.

In den nachfolgenden Abschnitten beschäftigen wir uns mit direkten und iterativen Verfahren zur Lösung der diskreten Laplace–Gleichung. Die in (10.3) verwendete Indizierung der Variablen in der Form U_{ij} ist dabei insofern natürlich, als daß das Paar (i, j) gerade die zu U_{ij} gehörige Position im Gitter Ω_h angibt. Wir werden auf diese Indizierung bei den iterativen Verfahren wieder zurückgreifen. Zur Beschreibung direkter Lösungsverfahren ist es jedoch günstig, (10.3) in der üblichen Form

$$Az = d,$$

mit $A \in \mathbf{R}^{n \times n}$, $d, z \in \mathbf{R}^n$, darzustellen. Dazu bilden wir die Variablen U_{ij} mit der Zuordnung

$$z_{(j-1) \cdot N + i} := U_{ij}, \quad i, j = 1, \ldots, N,$$

auf den Vektor z ab. Die Variablen U_{ij} werden dadurch so auf die Komponenten von z verteilt, als ob die zugehörigen Gitterpunkte in Ω_h zeilenweise von unten nach oben, und innerhalb einer Zeile von links nach rechts, abgezählt würden. In analoger Weise ordnen wir auch die einzelnen *Gleichungen* aus (10.3) an, indem wir sie nach derselben Numerierung, angewendet auf das Zentrum des jeweils zugehörigen Fünf–Punkte–Sterns, abzählen. Die aus dieser zeilenweisen Numerierung resultierende Matrix A besitzt dann die Block–Tridiagonalgestalt

$$A = \begin{pmatrix} B & -I & & & \\ -I & B & \cdot & & \\ & \cdot & \cdot & \cdot & \\ & & \cdot & \cdot & -I \\ & & & -I & B \end{pmatrix} \in \mathbf{R}^{n\times n}, \tag{10.5}$$

wobei $I \in \mathbf{R}^{N\times N}$ die $N \times N$–Einheitsmatrix bezeichnet und B durch die $N \times N$–Tridiagonalmatrix

$$B := \begin{pmatrix} 4 & -1 & & & \\ -1 & \cdot & \cdot & & \\ & \cdot & \cdot & \cdot & \\ & & \cdot & \cdot & -1 \\ & & & -1 & 4 \end{pmatrix} \in \mathbf{R}^{N\times N}$$

gegeben ist. Entsprechend besitzt die rechte Seite $d \in \mathbf{R}^n$ die Blockgestalt

$$d = \begin{pmatrix} D_1 \\ \vdots \\ D_N \end{pmatrix} \in \mathbf{R}^n, \tag{10.6}$$

mit

$$D_j := h^2 \begin{pmatrix} f_{1j} \\ \vdots \\ f_{Nj} \end{pmatrix} \in \mathbf{R}^N, \quad j = 1, \ldots, N.$$

Für spätere Zwecke schreiben wir auch die analoge Blockeinteilung der Lösung

z auf, d.h.

$$z = \begin{pmatrix} Z_1 \\ \vdots \\ Z_N \end{pmatrix} \in \mathbf{R}^n, \tag{10.7}$$

wobei

$$Z_j := \begin{pmatrix} z_{(j-1)\cdot N+1} \\ \vdots \\ z_{j\cdot N} \end{pmatrix} = \begin{pmatrix} U_{1j} \\ \vdots \\ U_{Nj} \end{pmatrix} \in \mathbf{R}^N, \ j = 1, \ldots, N.$$

Die diskrete Laplace–Gleichung (10.3) lautet damit

$$Az = d \tag{10.8}$$

mit A aus (10.5), d aus (10.6) und z aus (10.7).

Zum Abschluß dieses Abschnitts wollen wir die für uns wichtigsten Eigenschaften der Matrix A in einem Satz zusammenfassen. (Zur Bedeutung der Begriffe „M–Matrix“ und „symmetrisch positiv definit“ verweisen wir auf den Anhang.)

10.1.2 Satz: Für die Matrix A aus (10.5) gilt:

(i) A ist symmetrisch positiv definit.

(ii) A ist eine M–Matrix.

Beweis: Teil (ii) folgt aus (i) zusammen mit Satz B.2.5. Auf den Beweis zu (i) gehen wir nicht ein. □

10.2 Direkte Verfahren

Die Matrix A aus (10.8) ist diagonal dominant und, wie aus Satz 10.1.2 sofort folgt, nichtsingulär. Zur Lösung des linearen Gleichungssystems (10.8) könnte nach Satz 4.4.7 also Gauß–Elimination ohne Pivotsuche verwendet werden. Die Gauß–Elimination besitzt hier jedoch den gravierenden Nachteil, daß bei ihr die einfache Struktur von A mit nur fünf besetzten Diagonalen schnell zerstört wird. Genauer: Durch die Elimination der Elemente in der N–ten unteren Nebendiagonalen werden in A im Bereich zwischen den beiden N–ten Nebendiagonalen ab der $(N+1)$–ten Zeile neue, von Null verschiedene Elemente erzeugt. Durch dieses sogenannte *fill–in* („Auffüllen") wird der Rechenaufwand für die Gauß–Elimination ähnlich groß wie für eine Bandmatrix der halben Bandbreite N. Nach Bemerkung 7.1.2 ist er also in der Größenordnung proportional zu $nN^2 = N^4$. Für realistische Werte von N ist dieser Aufwand unvertretbar groß, so daß die Gauß–Elimination hier weder auf seriellen Rechnern noch auf Parallelrechnern Anwendung findet.

Bereits vor dem Aufkommen von Vektor– und Parallelrechnern wurden deshalb neue direkte Verfahren zur Lösung von (10.8) entwickelt. Wir betrachten hier zunächst das Verfahren von Hockney und Golub und dann eine auf Buneman zurückgehende Modifikation.

Das Verfahren von Hockney und Golub

Für lineare Gleichungssysteme mit beliebiger Block–Tridiagonalgestalt haben wir das Verfahren von Hockney und Golub bereits in 7.5.1 in einer Variante vom Typ der zyklischen Reduktion angegeben. Das hier zu lösende Block–Tridiagonalsystem (10.8) besitzt nun aber eine besonders einfache Gestalt, bei der nur zwei verschiedene Blöcke, nämlich B und $-I$ auftreten. Über die im Anschluß an 7.5.1 besprochenen Modifikationen für den Fall kommutierender Blöcke hinaus können deshalb hier weitere Vereinfachungen vorgenommen werden. Wir beschreiben deren Grundlage in einem kleinen Satz. Zuvor sei jedoch an die in (10.6) und (10.7) eingeführten Bezeichnungen D_j und Z_j, $j = 1, \dots, N$, erinnert. Außerdem setzen wir

$$\begin{aligned}
B^{(0)} &:= B, \\
D_j^{(0)} &:= D_j, \quad j = 1, \dots, N, \\
D_j^{(k)} &:= 0 \in \mathbf{R}^N, \quad k = 0, \dots, \lfloor \log_2 N \rfloor, j \in \mathbf{Z} \setminus \{1, \dots, N\}, \\
Z_j &:= 0 \in \mathbf{R}^N, \quad j \in \mathbf{Z} \setminus \{1, \dots, N\}.
\end{aligned}$$

10.2.1 Satz: Für $k = 1, \dots, \lfloor \log_2 N \rfloor$ seien die Matrizen $B^{(k)} \in \mathbf{R}^{N \times N}$ und die Vektoren $D_j^{(k)}$, $j = 1, \dots, N$, definiert durch

$$B^{(k)} := \left(B^{(k-1)}\right)^2 - 2 \cdot I \tag{10.9}$$

$$D_j^{(k)} := D_{j-2^{k-1}}^{(k-1)} + B^{(k-1)} D_j^{(k-1)} + D_{j+2^{k-1}}^{(k-1)}, \quad j = 1, \dots, N. \tag{10.10}$$

Dann erfüllen die Blöcke Z_j der Lösung z von (10.8) für $k = 0, \ldots, \lfloor \log_2 N \rfloor$ die Gleichungen

$$- Z_{j-2^k} + B^{(k)} Z_j - Z_{j+2^k} = D_j^{(k)}, \; j = 1, \ldots, N. \qquad (10.11)$$

Beweis: Für $k = 0$ ist (10.11) nichts anderes als eine Block–Notation für das Gleichungssystem (10.8). Ist (10.11) für eine Zahl k mit $k < \lfloor \log_2 N \rfloor$ richtig, so erhalten wir aus (10.11) für festes $j \in \{1, \ldots, N\}$ die drei Gleichungen

$$\begin{aligned} -Z_{j-2^{k+1}} + B^{(k)} Z_{j-2^k} - Z_j &= D_{j-2^k}^{(k)}, \\ -Z_{j-2^k} + B^{(k)} Z_j - Z_{j+2^k} &= D_j^{(k)}, \\ -Z_j + B^{(k)} Z_{j+2^k} - Z_{j+2^{k+1}} &= D_{j+2^k}^{(k)}. \end{aligned}$$

Man beachte dabei, daß diese Gleichungen aufgrund der Definition von $D_j^{(k)}$ und $Z_j^{(k)}$ für $j \in \mathbf{Z} \backslash \{1, \ldots, n\}$ auch dann gelten, wenn nicht alle Indizes in $\{1, \ldots, N\}$ liegen. Multiplikation der zweiten Gleichung von links mit $B^{(k)}$ und anschließende Addition aller drei Gleichungen zeigt nun sofort, daß (10.11) auch für $k+1$ gültig ist. Damit ist der Satz mittels vollständiger Induktion bewiesen. □

Wie in den Kapiteln 6 und 7 in analogen Situationen ausführlich beschrieben wurde, können wir von Satz 10.2.1 ausgehend nun parallele Verfahren vom Typ des rekursiven Verdoppelns und vom Typ der zyklischen Reduktion formulieren.

Wir betrachten hier nur die zyklische Reduktion und schreiben zunächst eine vorläufige Version auf. In der anschließenden Diskussion werden wir dann präzisieren, wie der zweite Teilschritt mit möglichst geringem Rechenaufwand durchgeführt werden kann.

10.2.2 Verfahren (Hockney und Golub, zyklische Reduktion, vorläufig):

1. Berechne für $k = 1, \ldots, \lfloor \log_2 N \rfloor$ die Matrizen $B^{(k)}$ und die Vektoren $D_j^{(k)}$, $j = 2^k(2^k)N$, nach (10.9) und (10.10).

2. Berechne aus (10.11) für $k = \lfloor \log_2 N \rfloor, \ldots, 0$ die Blöcke Z_j, $j = 2^k(2^{k+1})N$, der Lösung z von (10.8) durch Auflösen des linearen Gleichungssystems

$$B^{(k)} Z_j = D_j^{(k)} + Z_{j-2^k} + Z_{j+2^k}. \qquad (10.12)$$

In der angegebenen Form erfordert dieses Verfahren insbesondere die explizite Berechnung der Matrizen $B^{(k)}$ und die Lösung der insgesamt N linearen Gleichungssysteme (10.12). Die verschiedenen Koeffizientenmatrizen $B^{(k)}$, $k = 0, \dots \lfloor \log_2 N \rfloor$, sind darin unterschiedlich stark besetzt. Für $k = 0$ ist $B^{(0)} = B$ eine Tridiagonalmatrix, für die (10.12) mit geringem Aufwand gelöst werden kann. Die halbe Bandbreite der übrigen Matrizen $B^{(k)}$ wächst jedoch exponentiell in k, wie wir aus dem folgenden Satz herleiten werden.

10.2.3 Satz: Die Matrizen $A = (a_{ij})$ und $B = (b_{ij}) \in \mathbf{R}^{N \times N}$ seien Bandmatrizen mit der halben Bandbreite α bzw. β, wobei $\alpha, \beta > 0$. Dann besitzt das Produkt $AB =: C = (c_{ij}) \in \mathbf{R}^{N \times N}$ die halbe Bandbreite $\alpha + \beta$.

Beweis: Nach Voraussetzung gilt $a_{ik} = 0$ für $|i - k| > \alpha$ und $b_{kj} = 0$ für $|k - j| > \beta$. Zunächst sei $i - j > \alpha + \beta$. In der Darstellung

$$c_{ij} = \sum_{k=1}^{N} a_{ik} b_{kj} = \sum_{k=1}^{i-\alpha-1} a_{ik} b_{kj} + \sum_{k=i-\alpha}^{N} a_{ik} b_{kj}$$

verschwinden dann in der ersten Summe alle Faktoren a_{ik}, in der zweiten alle b_{kj}. Also gilt $c_{ij} = 0$. Analog erhält man für $j - i > \alpha + \beta$ ebenfalls $c_{ij} = 0$, so daß insgesamt

$$c_{ij} = 0 \quad \text{für } |i - j| > \alpha + \beta$$

folgt. □

In Verbindung mit Formel (10.9) ergibt sich aus Satz 10.2.3 durch Induktion sofort, daß die Matrizen $B^{(k)}$ eine halbe Bandbreite von 2^k aufweisen. Abgesehen davon, daß die Berechnung der $B^{(k)}$ selbst mit zunehmendem k immer kostspieliger wird, erfordert die Lösung von (10.12) für größere Werte von k einen erheblichen Rechenaufwand (s. Bemerkung 7.1.2).

Von großer Wichtigkeit ist deshalb die Tatsache, daß man die Lösung von (10.12) auf das 2^k-malige Lösen eines Tridiagonalsystems zurückführen kann. Wir formulieren dazu den folgenden Satz.

10.2.4 Satz: Für $k = 0, \dots, \lfloor \log_2 N \rfloor$ gilt

$$B^{(k)} = \prod_{i=1}^{2^k} \left(B - 2\cos\theta_i^{(k)} \cdot I \right) \tag{10.13}$$

mit

$$\theta_i^{(k)} := (2i - 1)\pi / 2^{k+1}, \quad i = 1, \dots, 2^k.$$

Beweis: Man beachte zunächst, daß die rechte Seite von (10.13) unabhängig von der Reihenfolge der Faktoren ist, da diese alle kommutieren. Für $k = 0, \ldots, \lfloor \log_2 N \rfloor$ definieren wir nun die Polynome p_k rekursiv durch

$$\begin{aligned} p_0(t) &:= t, \\ p_k(t) &:= (p_{k-1}(t))^2 - 2, \ k = 1, \ldots, \lfloor \log_2 N \rfloor. \end{aligned}$$

Offensichtlich besitzt p_k den Grad 2^k und den führenden Koeffizienten 1. Wir zeigen nun, daß für $k = 0, \ldots, \lfloor \log_2 N \rfloor$ die Beziehung

$$p_k(2 \cos \theta) = 2 \cos(2^k \theta). \tag{10.14}$$

gilt. Für $k = 0$ ist dies trivial. Gilt (10.14) für $k - 1$ mit $k \geq 1$, so folgt

$$\begin{aligned} p_k(2 \cos \theta) &= (p_{k-1}(2 \cos \theta))^2 - 2 \\ &= 4 \left(\cos(2^{k-1} \theta) \right)^2 - 2 \\ &= 2 \cos(2^k \theta), \end{aligned}$$

womit (10.14) durch vollständige Induktion bewiesen ist. Nach (10.14) besitzt p_k die 2^k verschiedenen Nullstellen $2 \cos \theta_i^{(k)}, \ i = 1, \ldots, 2^k$. Also ist

$$p_k(t) = \prod_{i=1}^{2^k} (t - 2 \cos \theta_i^{(k)}). \tag{10.15}$$

Aufgrund der rekursiven Definition der Polynome p_k folgt aus (10.9) die Gleichung

$$B^{(k)} = p_k(B),$$

welche nach (10.15) aber zu der zu zeigenden Gleichung (10.13) äquivalent ist. □

Mit Hilfe von Satz 10.2.4 erhalten wir nun die angestrebte Version des Verfahrens von Hockney und Golub.

10.2.5 Verfahren (Hockney und Golub, zyklische Reduktion)**:**

1. Berechne für $k = 1, \ldots, \lfloor \log_2 N \rfloor$ die Matrizen $B^{(k)}$ und die Vektoren $D_j^{(k)}, \ j = 2^k(2^k)N$, nach (10.9) und (10.10).

2. Berechne für $k = \lfloor \log_2 N \rfloor, \ldots, 0$ die Blöcke Z_j, $j = 2^k(2^{k+1})N$, der Lösung z von (10.8) über die jeweils 2^k Tridiagonalsysteme

$$\left(B - 2\cos\theta_i^{(k)} \cdot I\right) Z_j^{(i)} = Z_j^{(i-1)}, \; i = 1, \ldots, 2^k,$$

mit

$$\begin{aligned} \theta_i^{(k)} &= (2i-1)\pi/2^{k+1}, \\ Z_j^{(0)} &:= D_j^{(k)} + Z_{j-2^k} + Z_{j+2^k}, \\ Z_j &= Z_j^{(2^k)}. \end{aligned}$$

Weil $\cos\theta_i^{(k)}$ für alle i und k kleiner als 1 ist, sind alle Matrizen $B - 2\cos\theta_i^{(k)} \cdot I$ streng diagonal dominant. Nach Satz B.3.4 sind sie H–Matrizen und damit insbesondere nichtsingulär. Die 2^k Tridiagonalsysteme zur Berechnung eines Z_j, $j = 2^k(2^{k+1})N$, können also mit Gauß–Elimination ohne Pivotsuche gelöst werden (s. Satz 4.4.7). Nach Bemerkung 7.1.2 beträgt der Rechenaufwand dafür rund $2^k \cdot 8N$ Operationen (1 Operation = 1 Addition, Multiplikation oder Division). In der vorläufigen Version 10.2.2 erfordert die Berechnung desselben Blocks die Lösung eines Systems mit der halben Bandbreite 2^k, wozu (wieder nach Bemerkung 7.1.2) grob $2^{2k+1} \cdot N$ Operationen nötig sind. Der Rechenaufwand im zweiten Teilschritt hat sich also für festes k um größenordnungsmäßig den Faktor 2^{k-2} verringert.

Für die in 10.2.5 beschriebene Form des Verfahrens von Hockney und Golub werden in der numerischen Praxis Instabilitäten im ersten Teilschritt bei der Behandlung der rechten Seite beobachtet. Wir wollen dieses Phänomen hier nicht mathematisch untersuchen. Heuristisch leuchtet jedoch ein, daß die Elemente der Matrizen $B^{(k-1)}$ zum Teil sehr groß werden können. Berechnet man dann in einem Gleitpunktsystem die Blöcke der rechten Seite gemäß (10.10) über

$$D_j^{(k)} = D_{j-2^{k-1}}^{(k-1)} + B^{(k-1)} D_j^{(k-1)} + D_{j+2^{k-1}}^{(k-1)},$$

so kann die in $D_{j-2^{k-1}}^{(k-1)}$ und $D_{j+2^{k-1}}^{(k-1)}$ enthaltene Information verloren gehen.

Wir verzichten deshalb darauf, Verfahren 10.2.5 und seine Realisierung auf Vektor- und Parallelrechnern weiter zu diskutieren. Vielmehr besprechen wir nun mit dem Verfahren von Buneman eine Variante, bei der die Berechnungen im ersten Teilschritt numerisch stabil ausfallen.

Das Verfahren von Buneman

Beim Verfahren von Buneman verwendet man für die Blöcke $D_j^{(k)}$ eine Darstellung der Form

$$D_j^{(k)} = B^{(k)} P_j^{(k)} + Q_j^{(k)}, \ j = 1, \ldots, N, \ k = 0, \ldots, \lfloor \log_2 N \rfloor,$$

mit

$$P_j^{(k)}, Q_j^{(k)} \in \mathbf{R}^N.$$

Eine Möglichkeit, solche Vektoren $P_j^{(k)}$ und $Q_j^{(k)}$ zu berechnen, formulieren wir in dem nachstehenden Satz.

10.2.6 Satz: Es sei

$$P_j^{(0)} := 0 \in \mathbf{R}^N, \ Q_j^{(0)} := D_j, \ j = 1, \ldots, N,$$

und für $k = 0, \ldots, \lfloor \log_2 N \rfloor$ sei

$$P_j^{(k)} := Q_j^{(k)} := 0 \in \mathbf{R}^N, \ j \in \mathbf{Z} \backslash \{1, \ldots, N\}.$$

Weiter sei für $k = 1, \ldots, \lfloor \log_2 N \rfloor$

$$\left.\begin{aligned} P_j^{(k)} &:= P_j^{(k-1)} + \left(B^{(k-1)}\right)^{-1} \left(P_{j-2^{k-1}}^{(k-1)} + P_{j+2^{k-1}}^{(k-1)} + Q_j^{(k-1)}\right), \\ Q_j^{(k)} &:= Q_{j-2^{k-1}}^{(k-1)} + Q_{j+2^{k-1}}^{(k-1)} + 2P_j^{(k)}, \\ & \quad j = 1, \ldots, N. \end{aligned}\right\} \tag{10.16}$$

Dann gilt für $k = 0, \ldots, \lfloor \log_2 N \rfloor$

$$D_j^{(k)} = B^{(k)} P_j^{(k)} + Q_j^{(k)}, \ j = 1, \ldots, N. \tag{10.17}$$

Beweis: Für $k = 0$ ist (10.17) trivialerweise erfüllt. Wir nehmen nun an, (10.17) gelte für ein $k \geq 0$ und zeigen damit die Gültigkeit für $k + 1$. Der Satz ist dann mit vollständiger Induktion bewiesen.

Für $j \in \{1, \ldots, N\}$ gilt nach (10.10) und der Induktionsannahme

$$\begin{aligned} D_j^{(k+1)} &= B^{(k)} P_{j-2^k}^{(k)} + Q_{j-2^k}^{(k)} + B^{(k)} \left(B^{(k)} P_j^{(k)} + Q_j^{(k)}\right) \\ &\quad + B^{(k)} P_{j+2^k}^{(k)} + Q_{j+2^k}^{(k)} \end{aligned}$$

$$\begin{aligned}
&= \left(\left(B^{(k)}\right)^2 - 2I\right) P_j^{(k)} + B^{(k)} \left(P_{j-2^k}^{(k)} + P_{j+2^k}^{(k)} + Q_j^{(k)}\right) \\
&\quad + 2P_j^{(k)} + Q_{j-2^k}^{(k)} + Q_{j+2^k}^{(k)}, \\
&= B^{(k+1)} P_j^{(k)} + \left(\left(B^{(k)}\right)^2 - 2I\right) \left(B^{(k)}\right)^{-1} \left(P_{j-2^k}^{(k)} + P_{j+2^k}^{(k)} + Q_j^{(k)}\right) \\
&\quad + 2\left(B^{(k)}\right)^{-1} \left(P_{j-2^k}^{(k)} + P_{j+2^k}^{(k)} + Q_j^{(k)}\right) \\
&\quad + 2P_j^{(k)} + Q_{j-2^k}^{(k)} + Q_{j+2^k}^{(k)},
\end{aligned}$$

wobei diese Gleichungen auch richtig sind für $j - 2^k < 1$ oder $j + 2^k > N$. Mit (10.16) erhalten wir nun

$$\begin{aligned}
D_j^{(k+1)} &= B^{(k+1)} P_j^{(k)} + B^{(k+1)} \left(P_j^{(k+1)} - P_j^{(k)}\right) + Q_j^{(k+1)} \\
&= B^{(k+1)} P_j^{(k+1)} + Q_j^{(k+1)},
\end{aligned}$$

was zu zeigen war. □

Selbstverständlich wird man $P_j^{(k)}$ in (10.16) so berechnen, daß man zuerst das lineare Gleichungssystem

$$B^{(k-1)} W_j^{(k)} = P_{j-2^{k-1}}^{(k-1)} + P_{j+2^{k-1}}^{(k-1)} + Q_j^{(k-1)} \tag{10.18}$$

löst, und danach

$$P_j^{(k)} = P_j^{(k-1)} + W_j^{(k)}$$

ausrechnet. Aus denselben Gründen wie im zweiten Teilschritt des Verfahrens von Hockney und Golub führt man weiter das Lösen von (10.18) mit Hilfe der Darstellung (10.13) für $B^{(k-1)}$ auf 2^{k-1} Tridiagonalsysteme zurück. Mit dem Ausdruck (10.17) für $D_j^{(k)}$ erhalten wir aus (10.12) außerdem

$$B^{(k)} \left(Z_j - P_j^{(k)}\right) = Q_j^{(k)} + Z_{j-2^k} + Z_{j+2^k}.$$

Dieses Gleichungssystem kann wieder mit der Produktdarstellung (10.13) für $B^{(k)}$ nach $Z_j - P_j^{(k)}$ aufgelöst werden. Auf die explizite Berechnung der Matrizen $B^{(k)}$ kann deshalb ganz verzichtet werden.

Die Berechnung der $P_j^{(k)}$ und $Q_j^{(k)}$ ist numerisch stabil. Auf einen Beweis zu diesem Sachverhalt müssen wir hier allerdings verzichten.

Wir fassen unsere bisherigen Überlegungen im Verfahren von Buneman zusammen.

10.2.7 Verfahren (Buneman, zyklische Reduktion):

1. Berechne für $k = 1, \ldots, \lfloor \log_2 N \rfloor$ die Vektoren $P_j^{(k)}, Q_j^{(k)}$, $j = 2^k(2^k)N$, nach (10.16). Bestimme dabei $P_j^{(k)}$ über die 2^{k-1} Tridiagonalsysteme

$$\left(B - 2\cos\theta_i^{(k-1)} \cdot I\right) W_j^{(k,i)} = W_j^{(k,i-1)}, \quad i = 1, \ldots, 2^{k-1},$$

mit

$$\begin{aligned} W_j^{(k,0)} &:= P_{j-2^{k-1}}^{(k-1)} + P_{j+2^{k-1}}^{(k-1)} + Q_j^{(k-1)}, \\ P_j^{(k)} &= P_j^{(k-1)} + W_j^{(k,2^{k-1})}. \end{aligned}$$

2. Berechne für $k = \lfloor \log_2 N \rfloor, \ldots, 0$ die Blöcke Z_j, $j = 2^k(2^{k+1})N$, der Lösung z von (10.8) über die jeweils 2^k Tridiagonalsysteme

$$\left(B - 2\cos\theta_i^{(k)} \cdot I\right) V_j^{(k,i)} = V_j^{(k,i-1)}, \quad i = 1, \ldots, 2^k,$$

mit

$$\begin{aligned} V_j^{(k,0)} &:= Q_j^{(k)} + Z_{j-2^k} + Z_{j+2^k}, \\ Z_j &= P_j^{(k)} + V^{(k,2^k)}. \end{aligned}$$

In beiden Teilschritten des Verfahrens von Buneman müssen für festes k jeweils mehrere Tridiagonalsysteme mit derselben Koeffizientenmatrix $B - 2\cos\theta_i^{(k)} \cdot I$ gelöst werden. Verwendet man Gauß–Elimination, so wird man die zugehörige LU–Zerlegung natürlich nur einmal ausrechnen und dann für alle möglichen rechten Seiten verwenden. Die in den einzelnen Schritten notwendigen Rechenoperationen sind in Kapitel 7 in dem Bemerkung 7.1.2 vorangehenden Paragraphen aufgeführt. Mit ihrer Hilfe bestätigt man durch Abzählen den in dem folgenden Satz ohne expliziten Beweis angegebenen Rechenaufwand.

10.2.8 Satz: Das Verfahren von Buneman benötigt – unter Vernachlässigung der Berechnung der Zahlen $2\cos\theta_i^{(k)}$ – einen Rechenaufwand von

$2N^2 \log N + O(N^2)$ Additionen,
$2N^2 \log N + O(N^2)$ Multiplikationen,
$N^2 \log N + O(N^2)$ Divisionen.

Ein Vergleich mit den Überlegungen zu Beginn dieses Abschnitts zeigt, daß das Verfahren von Buneman einen im Vergleich zur gewöhnlichen Gauß–Elimination größenordnungsmäßig um den Faktor $N^2/\log N$ geringeren Rechenaufwand besitzt.

Algorithmen für das Buneman–Verfahren auf Vektor– oder Parallelrechnern sind so komplex, daß wir allein schon aus Platzgründen keine vollständigen Pseudocodes angeben wollen. Ein wichtiger, in früheren Kapiteln jedoch noch nicht betrachteter Teilaspekt ist, wie oben bereits ausgeführt, das Lösen mehrerer Tridiagonalsysteme mit gleicher Koeffizientenmatrix und verschiedenen rechten Seiten. Wir wollen auf diesen Punkt genauer eingehen und betrachten dazu die Tridiagonalmatrix

$$A = \begin{pmatrix} b_1 & c_1 & & & \\ a_2 & \cdot & \cdot & & \\ & \cdot & \cdot & \cdot & \\ & & \cdot & \cdot & c_{n-1} \\ & & & a_n & b_n \end{pmatrix} \in \mathbf{R}^{n\times n}$$

und die m linearen Gleichungssysteme

$$Ax^{(l)} = d^{(l)}, \quad l = 1,\ldots,m, \tag{10.19}$$

mit m verschiedenen rechten Seiten $d^{(l)} \in \mathbf{R}^n$, $l = 1,\ldots,m$. Wir nehmen an, daß (10.19) mit Gauß–Eliminatinon ohne Pivotsuche gelöst werden kann.

Für das Verfahren von Hockney und Golub aus Abschnitt 7.3 (in der Variante der zyklischen Reduktion) stellen wir zunächst fest: Sind die Zahlen $a_i^{(k)}, b_i^{(k)}, c_i^{(k)}, \alpha_i^{(k)}$ und $\gamma_i^{(k)}$ aus (7.11) einmal berechnet, so erfordern die Berechnungen zur Aufdatierung der rechten Seite (Bestimmung der $d_i^{(k)}$) und das anschließende, in 7.3.3 beschriebene Auflösen nach x_i rund $4N$ Additionen, $4N$ Multiplikationen und N Divisionen. Dieser Aufwand ist ungefähr doppelt so groß wie bei der Lösung der beiden gestaffelten Gleichungssysteme bei der Gauß–Elimination (s. Überlegungen vor Bemerkung 7.1.2). Aus diesem Grund behandeln wir jetzt parallele Algorithmen, bei denen Gauß–Elimination verwendet wird.

Vektorrechner

Auf einem Vektorrechner erhält man Operationen mit Vektoren der Länge m, indem man einfach die Berechnungen für die verschiedenen rechten Seiten zusammenfaßt. Wir nehmen dazu an, daß die Vektoren $d^{(l)}$ zeilenweise in einer Matrix (d_{lj}), $l = 1,\ldots,m$, $j = 1,\ldots,n$, abgespeichert sind, d.h. es gelte

$$d^{(l)} = (d_{l1},\ldots,d_{ln})^T, \; l = 1,\ldots,m.$$

Die eigentliche Gauß–Elimination (LU–Zerlegung von A mit gleichzeitiger Lösung von $Ly^{(l)} = d^{(l)}$, $l = 1,\ldots,m$) wird dann durch den folgenden Pseudocode beschrieben. (Die Lösung der Systeme $Ux^{(l)} = y^{(l)}$ erfolgt analog.)

10.2.9 Algorithmus (Gauß–Elimination, m rechte Seiten):

```
for j = 1 to n − 1
    α := a_{j+1}/b_j
    b_{j+1} := b_{j+1} − αc_j
    for l = 1 to m
        d_{l,j+1} := d_{l,j+1} − αd_{lj}
```

Die in Algorithmus 10.2.9 vorausgesetzten Vorbelegungen verstehen sich von selbst. Nach Beendigung des Algorithmus liegen die Vektoren $y^{(l)}$ als Zeilen der Matrix (d_{lj}) vor, die Vektoren b und c enthalten die Haupt– und die erste obere Nebendiagonale von U.

Die innere Schleife von 10.2.9 ist ein SAXPY mit Vektoren der Länge m. Es wird dabei spaltenweise auf die Matrix (d_{lj}) zugegriffen.

Parallelrechner

Wir formulieren gleich ein Analogon zu Algorithmus 10.2.9 für Parallelrechner. Die Matrix (d_{lj}) sei dabei zyklisch nach Zeilen auf die einzelnen Prozessoren abgespeichert; die Indizes der in einem bestimmten Prozessor enthaltenen Zeilen befinden sich in der Menge *myrows*. Prozessor P_p wird die Berechnung der gesamten LU–Zerlegung zugeordnet; A liege in P_p vor.

10.2.10 Algorithmus (Gauß–Elimination, m rechte Seiten):

```
for j = 1 to n − 1
    if me = P_p then
        α := a_{j+1}/b_j
        broadcast(α)
        b_{j+1} := b_{j+1} − αc_j
    else
        receive(α)
    for l ∈ myrows
        d_{l,j+1} := d_{l,j+1} − αd_{lj}
```

Die Rechenlast ist in diesem Algorithmus relativ ausgeglichen verteilt. Die Berechnung von b_{j+1} in Prozessor P_p ist gleich aufwendig wie die Berechnung einer Zahl $d_{l,j+1}$. Wegen des zyklischen Abspeicherschemas unterscheidet sich insgesamt die Zahl solcher Berechnungen bei festem j von Prozessor zu Prozessor um höchstens 1. (Aus diesem Grund haben wir Prozessor P_p und nicht etwa P_1 die Berechnung der LU–Zerlegung zugeordnet.)

In der vorliegenden Form werden in 10.2.10 insgesamt $n-1$ **broadcast–receive**–Schritte durchgeführt, mit denen die Berechnungen in den einzelnen Prozessoren synchronisiert werden. Insbesondere bei kleinen Werten von m können dabei die Kommunikationszeiten relativ groß werden. Es bietet sich dann z.B. an, Prozessor P_p zunächst ausschließlich alle Berechnungen zur LU–Zerlegung durchführen zu lassen. Er versendet die Zahlen α, sobald sie berechnet sind, die übrigen Prozessoren empfangen sie, sobald sie mit ihren Rechnungen an der entsprechenden Stelle angelangt sind. Erst nach Berechnung der gesamten LU–Zerlegung bearbeitet auch Prozessor P_p „seine" rechten Seiten. Auf diese Weise wird ein mit den asynchronen Algorithmen aus 4.3 verwandtes Verfahren realisiert.

Mit Blick auf das Buneman–Verfahren sollten man nicht vergessen, daß dort für jeden Index k die LU–Zerlegungen zu insgesamt 2^k Tridiagonalmatrizen bestimmt werden müssen. Auf einem Parallelrechner bietet es sich für größere Werte von k deshalb an, zunächst in den einzelnen Prozessoren parallel alle Zerlegungen zu berechnen und erst dann die rechten Seiten zu behandeln. Auf Vektorrechnern kann eine ähnliche Strategie verfolgt werden, bei der die einzelnen Eliminationsschritte zu den verschiedenen Tridiagonalmatrizen zu Vektoroperationen zusammengefaßt werden.

10.3 SOR–Verfahren

Wir erinnern zunächst daran, daß das SOR–Verfahren zur Lösung eines linearen Gleichungssystems

$$Ax = d$$

mit $A \in \mathbf{R}^{n\times n}$ bei vorgegebenem Startvektor x^0 durch die Iterationsvorschrift (s. (8.12))

$$x_i^{k+1} = \frac{\omega}{a_{ii}}\left(d_i - \sum_{j=1}^{i-1} a_{ij}x_j^{k+1} - \sum_{j=i+1}^{n} a_{ij}x_j^k\right) + (1-\omega)x_i^k,$$
$$i = 1,\ldots,n, \quad k = 0,1,\ldots,$$

definiert ist. Bei der speziellen Matrix A aus (10.8) treten hier in der großen Klammer für alle i höchstens fünf Summanden auf. Es erweist sich deshalb als geschickt, auf die Herleitung der Matrix A aus der Diskretisierung des Randwertproblems (10.1) zurückzugreifen und das SOR–Verfahren mit den in Abschnitt 10.1 eingeführten Variablen U_{ij} und den Größen f_{ij} zu beschreiben. Wir erhalten so die Iterationsvorschrift

$$\left.\begin{aligned} U_{ij}^{k+1} &= (\omega/4)\left(h^2 f_{ij} + U_{i,j-1}^{k+1} + U_{i,j+1}^{k} + U_{i-1,j}^{k+1} + U_{i+1,j}^{k}\right) \\ &\quad + (1-\omega)U_{ij}^{k}, \quad i,j = 1,\ldots,N, \; k = 0,1,\ldots \end{aligned}\right\} \tag{10.20}$$

Dabei ist $U_{lm}^{k+1} = U_{lm}^{k} = 0$ für $l \in \{0, N+1\}$ oder $m \in \{0, N+1\}$. Die Gleichungen (10.20) sind nur sinnvoll, wenn die auf der rechten Seite benötigten Komponenten von U^{k+1} zuvor bereits ausgerechnet worden sind. (10.20) ist deshalb so zu verstehen, daß zunächst $j = 1$ fest ist und i von 1 bis N läuft, dann $j = 2$ festgehalten wird, usw. Wir verwenden also die zeilenweise Numerierung aus Abschnitt 10.1.

Zur Formulierung theoretischer Aussagen über die Konvergenz betrachten wir die zu (10.20) gehörige Iterationsmatrix (s. Abschnitt 8.1 und Definition 8.3.1)

$$S_\omega := \left(\frac{1}{\omega}D - L\right)^{-1}\left(\frac{1-\omega}{\omega}D + U\right) \in \mathbf{R}^{n\times n},$$

wobei, wie in (8.5) explizit angegeben, die Matrizen $D, -L$ und $-U \in \mathbf{R}^{n\times n}$ den Diagonalteil, den strikten unteren bzw. den strikten oberen Dreiecksteil der Matrix A aus (10.5) darstellen. Die Matrix S_ω besitzt die in dem nachstehenden Satz aufgeführten Eigenschaften.

10.3.1 Satz: Für den Spektralradius ρ der oben angegebenen Matrix S_ω gilt

(i) $\rho(S_\omega) < 1$ für $\omega \in (0,2)$.

(ii) $\rho(S_\omega)$ ist minimal für den optimalen Relaxationsparameter

$$\omega_{opt} = 2/\left(1 + \sin\frac{\pi}{N+1}\right).$$

Es gilt dann

$$\rho(S_{\omega_{opt}}) = \cos^2\left(\frac{\pi}{N+1}\right) / \left(1 + \sin\left(\frac{\pi}{N+1}\right)\right)^2.$$

Beweis: Teil (i) folgt sofort aus Satz 8.3.3, denn die Matrix A ist nach Satz 10.1.2 symmetrisch positiv definit. Den Beweis zu Teil (ii) können wir hier nicht führen. □

Wir möchten an dieser Stelle darauf hinweisen, daß das SOR–Verfahren für das Modellproblem dem Verfahren von Buneman unterlegen ist. Das SOR–Verfahren benötigt nämlich selbst mit dem optimalen Relaxationsparameter einen um größenordnungsmäßig den Faktor $\log_2 N$ höheren Rechenaufwand, wenn man realistische Bedingungen für den Startvektor und das Abbruchkriterium beim SOR–Verfahren voraussetzt.

Trotzdem bleibt das SOR–Verfahren für die Praxis wichtig. Im Gegensatz zum Verfahren von Buneman ist es ohne Probleme auch bei Diskretisierungen auf Nicht–Rechteck–Gebieten einsetzbar. Außerdem kommt es bei anderen, komplexeren Verfahren als Baustein vor (s. Abschnitt 10.4).

Die in Kapitel 8 besprochenen parallelen Algorithmen für das SOR–Verfahren sind für das Modellproblem wegen der äußerst spärlichen Besetztheit von A nicht anwendbar. Auch die in (10.20) angegebene, auf zeilenweiser Numerierung beruhende Iterationsvorschrift erlaubt keine günstigen Ansätze für eine Parallelisierung. Wie wir nun sehen werden, ergibt jedoch eine Umnumerierung der Variablen eine einfach zu parallelisierende Variante des SOR–Verfahrens.

Schachbrett–Numerierung

Wie auf der nächsten Seite in Abbildung 10.2 eingezeichnet, ordnen wir den Gitterpunkten (ih, jh) (und damit den Variablen U_{ij}) eine der beiden Farben schwarz oder weiß zu, so daß auf Ω_h ein Schachbrett–Muster entsteht. Sodann zählen wir zuerst alle weißen, danach alle schwarzen Gitterpunkte mit dem üblichen zeilenweisen Schema durch. Auf diese Weise erhalten wir die in Abbildung 10.2 eingetragene *Schachbrett–Numerierung* (engl.: *red-black-ordering*). Wie der eingezeichnete Fünf–Punkte–Stern veranschaulicht, besitzen die vier äußeren Punkte stets eine andere Farbe als das Zentrum eines Sterns. Ist also in einer beliebigen Gleichung aus (10.3) der Variablen U_{ij} die Farbe Weiß zugeordnet, so besitzen die anderen darin auftretenden Variablen $U_{i,j-1}, U_{i,j+1}, U_{i-1,j}$ und $U_{i+1,j}$ alle die Farbe Schwarz und umgekehrt.

Wir ordnen nun auch die Gleichungen aus (10.3) in gleicher Weise an, indem wir sie nach der Schachbrett–Numerierung, angewendet auf das Zentrum des jeweils zugehörigen Fünf–Punkte–Sterns, abzählen. Wir erhalten

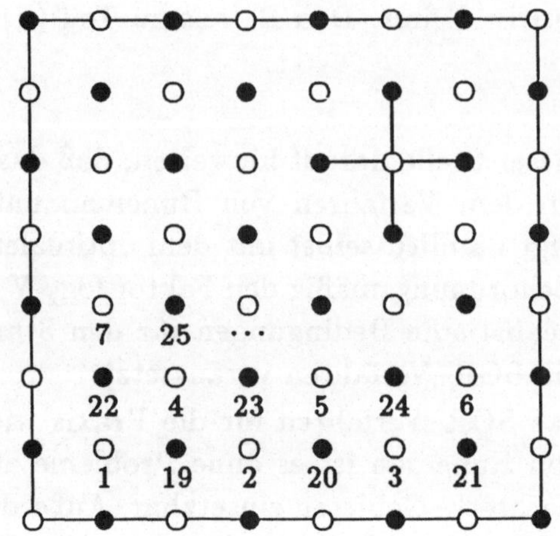

Abbildung 10.2: Schachbrett–Numerierung ($N = 6$)

so das neue lineare Gleichungssystem

$$\hat{A}\hat{z} = \hat{d}. \tag{10.21}$$

Mit π bezeichnen wir die Permutation auf der Menge $\{1, \ldots, n\}$, welche dem Gitterpunkt, der bei zeilenweiser Numerierung die Nummer i trägt, die Nummer $\pi(i)$ der Schachbrett–Numerierung zuordnet. Für z aus (10.8) gilt so

$$z_i = \hat{z}_{\pi(i)}, \quad i = 1, \ldots, n.$$

Diese Beziehung können wir mit der Permutationsmatrix $P \in \mathbf{R}^{n \times n}$,

$$P = (p_{ij}) \quad \text{mit} \quad p_{ij} = \begin{cases} 1 & \text{falls } j = \pi(i) \\ 0 & \text{sonst} \end{cases},$$

äquivalent in

$$z = P\hat{z}$$

umschreiben. Da für eine Permutationsmatrix stets

$$P^{-1} = P^T$$

gilt, ist dies gleichbedeutend mit

$$\hat{z} = P^T z.$$

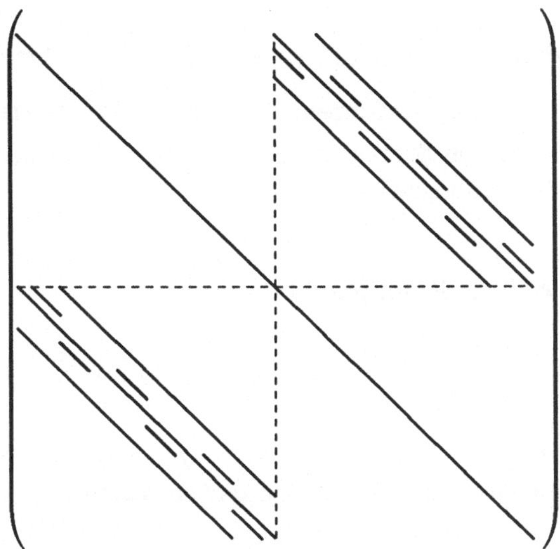

Abbildung 10.3: Besetzungsmuster von $\hat{A}$

Damit erhalten wir aus (10.8)

$$P^T A P P^T z = P^T d,$$

d.h. in (10.21) ist

$$\hat{A} = P^T A P \tag{10.22}$$

und

$$\hat{d} = P^T d, \quad \hat{z} = P^T z.$$

Das Besetzungsmuster der Matrix $\hat{A}$ ist in Abbildung 10.3 dargestellt.

Mit Hilfe der Variablen U_{ij} wollen wir nun formulieren, wie das SOR–Verfahren für das zur Schachbrett–Numerierung gehörige Gleichungssystem (10.21) abläuft. Wir nehmen dazu an, daß die Schachbrett–Numerierung zuerst die weißen Gitterpunkte abzählt. Ein SOR–Iterationsschritt besteht dann aus zwei *Halbschritten*. Im *ersten* Halbschritt werden neue Werte für die rund $n^2/2$ *weißen* Gitterpunkte ausgerechnet. Hierin gehen nur die aus dem vorangehenden Iterationsschritt stammenden Werte in den jeweils benachbarten schwarzen sowie der „alte" Wert im zugehörigen weißen Gitterpunkt selbst ein. Die Aufdatierungen für die weißen Gitterpunkte sind also voneinander unabhängig und deshalb parallel ausführbar. Entsprechendes gilt im *zweiten* Halbschritt für die Aufdatierung der *schwarzen* Gitterpunkte, wo jetzt die im ersten Halbschritt berechneten neuen Werte in den weißen

Gitterpunkten auftreten. Wir erhalten also das nachstehende Verfahren.

10.3.2 Verfahren (SOR–Verfahren, Schachbrett–Numerierung):
Führe, ausgehend von den Startwerten $U_{ij}^{(0)}$, $i,j = 1,\dots,N$, für $k = 0,1,\dots$ die folgenden beiden Halbschritte durch:

1. Berechne für $i,j = 1,\dots,N$, falls (ih, jh) ein *weißer* Gitterpunkt ist, die neuen (weißen) Komponenten durch
$$U_{ij}^{k+1} = \frac{\omega}{4}\left(h^2 f_{ij} + U_{i,j-1}^{k} + U_{i,j+1}^{k} + U_{i-1,j}^{k} + U_{i+1,j}^{k}\right) + (1-\omega)U_{ij}^{k}.$$

2. Berechne für $i,j = 1,\dots,N$, falls (ih, jh) ein *schwarzer* Gitterpunkt ist, die neuen (schwarzen) Komponenten durch
$$U_{ij}^{k+1} = \frac{\omega}{4}\left(h^2 f_{ij} + U_{i,j-1}^{k+1} + U_{i,j+1}^{k+1} + U_{i-1,j}^{k+1} + U_{i+1,j}^{k+1}\right) + (1-\omega)U_{ij}^{k}.$$

Man beachte, daß sich die in Satz 10.3.1 formulierten Aussagen für das SOR–Verfahren auf das System (10.8), also die zeilenweise Numerierung, beziehen. Im allgemeinen kann man aus Konvergenzaussagen für eine bestimmte Numerierung keine Rückschlüsse auf das Verhalten der SOR–Iteration bei anderen Numerierungen ziehen. Beim Modellproblem läßt sich jedoch Satz 10.3.1 auf die Schachbrett–Numerierung übertragen. Wir halten diesen Sachverhalt gesondert fest. Dazu bezeichne $\hat{D}$, $-\hat{L}$ und $-\hat{U}$ den Diagonal–, den strikten unteren Dreiecks– und den strikten oberen Dreiecksanteil der Matrix $\hat{A}$ aus (10.21). Die Iterationsmatrix des SOR–Verfahrens 10.3.2 ist dann gegeben durch
$$\hat{S}_\omega = \left(\frac{1}{\omega}\hat{D} - \hat{L}\right)^{-1}\left(\frac{1-\omega}{\omega}\hat{D} + \hat{U}\right).$$

10.3.3 Satz: Für den Spektralradius der Matrix $\hat{S}_\omega$ gilt:

(i) $\rho(\hat{S}_\omega) < 1$ für $\omega \in (0,2)$.

(ii) $\rho(\hat{S}_\omega)$ ist minimal für den in Satz 10.3.1 angegebenen Wert ω_{opt}. Es ist sogar
$$\rho(\hat{S}_{\omega_{opt}}) = \rho(S_{\omega_{opt}})$$
mit der Matrix S_ω aus Satz 10.3.1.

Beweis: Wegen $\hat{A} = P^T AP$ gilt aufgrund der Symmetrie von A

$$(\hat{A})^T = (P^T AP)^T = P^T A^T P = P^T AP = \hat{A}.$$

Also ist $\hat{A}$ symmetrisch. Für $x \in \mathbf{R}^n$, $x \neq 0$, ist auch $Px \neq 0$, so daß wegen der positiven Definitheit von A gilt

$$x^T \hat{A} x = x^T P^T A P x = (Px)^T A(Px) > 0.$$

Also ist $\hat{A}$ symmetrisch positiv definit, und (i) folgt aus Satz 8.3.3. Auf den Beweis zu (ii) können wir nicht eingehen. Wir weisen jedoch darauf hin, daß hier die Matrix $P^T S_\omega P$ *nicht* mit $\hat{S}_\omega$ identisch ist. □

Vektorrechner

Wir beschreiben sofort einen Algorithmus, mit dem das SOR–Verfahren mit Schachbrett–Numerierung auf einem Vektorrechner realisiert werden kann. Wir verwenden dabei das Wortsymbol **mod** in Ausdrücken der Form j **mod** 2 mit $j \in \mathbf{N}$ zur Bezeichnung des ganzzahligen Rests bei Division von j durch 2.

10.3.4 Algorithmus (SOR–Verfahren, Schachbrett–Numerierung):

for $k = 0$ **to** k_{stop}
  for $j = 1$ **to** N
    $i_0 := (j + 1$ **mod** $2) + 1$
    for $i = i_0(2)N$
      $U_{ij} := (\omega/4)(h^2 f_{ij} + U_{i,j-1} + U_{i,j+1} + U_{i-1,j} + U_{i+1,j})$
        $+ (1 - \omega)U_{ij}$
  for $j = 1$ **to** N
    $i_0 := (j$ **mod** $2) + 1$
    for $i = i_0(2)N$
      $U_{ij} := (\omega/4)(h^2 f_{ij} + U_{i,j-1} + U_{i,j+1} + U_{i-1,j} + U_{i+1,j})$
        $+ (1 - \omega)U_{ij}$

Neben einer $N \times N$–Matrix für die Größen $h^2 f_{ij}$, $i,j = 1,\ldots,N$, wird in Algorithmus 10.3.4 eine $(N+2) \times (N+2)$–Matrix U für die U_{ij}, $i,j = 0,\ldots,N+1$, verwendet. Für $i \in \{0, N+1\}$ oder $j \in \{0, N+1\}$ nehmen wir an, daß U_{ij} (entsprechend (10.4)) mit 0 vorbelegt ist. Diese Randwerte werden im Algorithmus zwar verwendet, aber nicht abgeändert.

Die erste Schleife über j und i realisiert den ersten Halbschritt aus Verfahren 10.3.2 (Aufdatierung der weißen Gitterpunkte), die zweite Schleife den zweiten Halbschritt (Aufdatierung der schwarzen Gitterpunkte). Die Zuweisungen in den beiden innersten Schleifen bestehen in Algorithmus 10.3.4 der Übersichtlichkeit wegen aus *allen* Rechenoperationen, die zur Aufdatierung von U_{ij} nötig sind. Tatsächlich wird man auf einem Vektorrechner diese Zuweisung z.B. in ihre Einzeloperationen aufspalten und diese in separaten Schleifen über i durchführen, also zuerst $h^2 f_{ij} + U_{i,j-1}$, $i = i_0(2)N$, ausrechnen, daraus dann $(h^2 f_{ij} + U_{i,j-1}) + U_{i,j+1}$, $i = i_0(2)N$, usw. Die beiden inneren Schleifen in 10.3.4 repräsentieren so jeweils 5 Vektor–Vektor–Additionen und 2 Skalar–Vektor–Multiplikationen. Die beteiligten Vektoren bestehen aus den weißen oder schwarzen (d.h., je nach Wert von j, den geraden oder ungeraden) Komponenten gewisser Spalten der Matrix U. Bei Programmierung in FORTRAN wird so auf Vektorelemente zugegriffen, die im Speicher jeweils um zwei Plätze voneinander getrennt sind.

Sollten bei diesem Speicherzugriff Verzögerungszeiten entstehen, so kann man den Algorithmus dahingehend abändern, daß man die Variablen nach Farben getrennt auf zwei verschiedene $M \times (N+2)$–Matrizen abspeichert mit $M \approx N/2$. Dann werden in den inneren Schleifen Operationen mit vollständigen Spalten dieser Matrizen durchgeführt.

Ist N gerade, so treten nur Vektoroperationen mit Vektoren der Länge $N/2$ auf. Ist N ungerade, so kommen Operationen mit Vektoren der Länge $\lfloor N/2 \rfloor$ und $\lceil N/2 \rceil$ vor. Wir erhalten damit die folgende Bemerkung.

10.3.5 Bemerkung: Die durchschittliche Vektorlänge $\bar{l}$ in Algorithmus 10.3.4 beträgt

$$\bar{l} = N/2 + O(1).$$

Um, besonders auf Speicher–Speicher–Maschinen, höhere Vektorlängen zu erzielen, kann man statt des zweidimensionalen Abspeicherschemas von Algorithmus 10.3.4 die Variablen U_{ij} mitsamt den Randwerten auf einen Vektor der Länge $(N+2)^2$ abspeichern. Man verwendet dazu z.B. die zeilenweise Numerierung der Gitterpunkte, in die man diesmal die Randpunkte mit einbezieht. Die Schleifen über j und i aus Algorithmus 10.3.4 können dann in eine große Schleife vom Typ

$$\textbf{for } l = l_0 \ (2) \ (N+1)(N+2)$$

mit $l_0 = N+3$ bzw. $N+4$ zusammengezogen werden. Auf diese Weise werden dann nur Vektoroperationen mit den geraden oder ungeraden Kom-

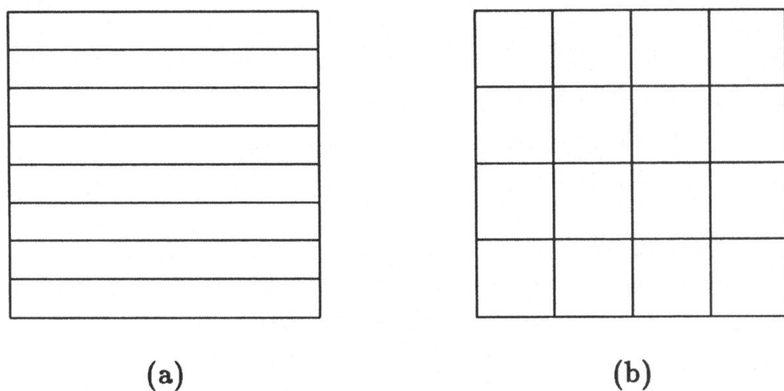

(a) (b)

Abbildung 10.4: Ein– und zweidimensionales Aufteilungsschema

ponenten gewisser Ausschnitte der Länge $N(N+2)$ dieses einen Vektors durchgeführt. Die durchschnittliche Vektorlänge erhöht sich also um eine Größenordnung auf $N(N+2)/2$. Allerdings überschreibt man bei diesem Vorgehen die Randwerte am linken und rechten Rand von Ω_h mit für die weitere Rechnung unsinnigen Größen. Diese Randwerte müssen also dann wieder extra auf 0 zurückgesetzt werden.

Auf manchen Vektorrechnern kann man durch die Angabe von *Masken* bereits während der Rechnung verhindern, daß berechnete Ergebnisse für gewisse vorgegebene Komponenten überhaupt abgespeichert werden. Für solche Rechnungen ist die eben beschriebene Variante besonders effizient realisierbar.

Parallelrechner

Auf einem Parallelrechner bietet es sich an, das physikalische Gebiet Ω (und damit Ω_h) in p disjunkte Teilgebiete aufzuteilen und jedem Prozessor ein Teilgebiet zuzuordnen. Zwei einfache Möglichkeiten, die wir als *ein–* und *zweidimensionales Aufteilungsschema* bezeichnen, sind in Abbildung 10.4 angegeben.

Jeder Prozessor berechnet Aufdatierungen für die Gitterpunkte, die in seinem Teilgebiet *myregion* liegen. Das SOR–Verfahren mit Schachbrett–Numerierung kann dann mit dem folgenden Pseudocode beschrieben werden.

10.3.6 Algorithmus (SOR–Verfahren, Schachbrett–Numerierung):

for $k = 0$ **to** k_{stop}
  for $(ih, jh) \in$ *myregion*
    if (ih, jh) `weißer Punkt` **then**
$$U_{ij} := (\omega/4)(h^2 f_{ij} + U_{i,j-1} + U_{i,j+1} + U_{i-1,j} + U_{i+1,j}) + (1-\omega)U_{ij}$$
  `tausche weiße Punkte aus`
  for $(ih, jh) \in$ *myregion*
    if (ih, jh) `schwarzer Punkt` **then**
$$U_{ij} := (\omega/4)(h^2 f_{ij} + U_{i,j-1} + U_{i,j+1} + U_{i-1,j} + U_{i+1,j}) + (1-\omega)U_{ij}$$
  `tausche schwarze Punkte aus`

Die Anweisungen „`tausche weiße Punkte aus`" und „`tausche schwarze Punkte aus`" stehen dabei für komplexere Kommunikationsschritte, auf die wir anschließend für spezielle Architekturen etwas genauer eingehen. Im Prinzip sendet bei „`tausche weiße Punkte aus`" jeder Prozessor nach dem Aufdatieren „seiner" weißen Punkte gewisse von ihm neu berechnete Werte für weiße Gitterpunkte an die Prozessoren, die diese Werte für die nachfolgende Aufdatierung „ihrer" schwarzen Gitterpunkte benötigen. Entsprechend empfängt der Prozessor selbst von anderen Prozessoren neuberechnete Werte für weiße Gitterpunkte, die er zur Aufdatierung seiner schwarzen Gitterpunkte benötigt. Analog ist die Anweisung „`tausche schwarze Punkte aus`" zu verstehen.

Welche Daten hierfür tatsächlich kommuniziert werden müssen, hängt von der Aufteilung des Gebiets Ω ab. Je nachdem, wie gut diese Aufteilung der Architektur des verwendeten Parallelrechners angepaßt ist, wird die Kommunikation geringere oder bedeutende Verzögerungen hervorrufen. Wegen des lokalen Charakters des Fünf–Punkte–Sterns ist jedoch immer nur Kommunikation zwischen Prozessoren notwendig, deren zugehörige Teilgebiete aneinander grenzen.

Die eindimensionale Aufteilung aus Abbildung 10.4 a) erscheint also besonders für Rechner mit Ring–Architektur geeignet. Mit Ausnahme der Prozessoren, die dem oberen oder unteren Rand von Ω zugeordnet sind, muß hier ein Prozessor Daten mit seinen beiden Nachbarprozessoren austauschen. Wie in Abbildung 10.5 a) angedeutet, müssen die weißen oder schwarzen Punkte der obersten Reihe eines Teilgebietes an den Prozessor gesendet werden, der das oben angrenzende Teilgebiet bearbeitet, und analog für die unterste

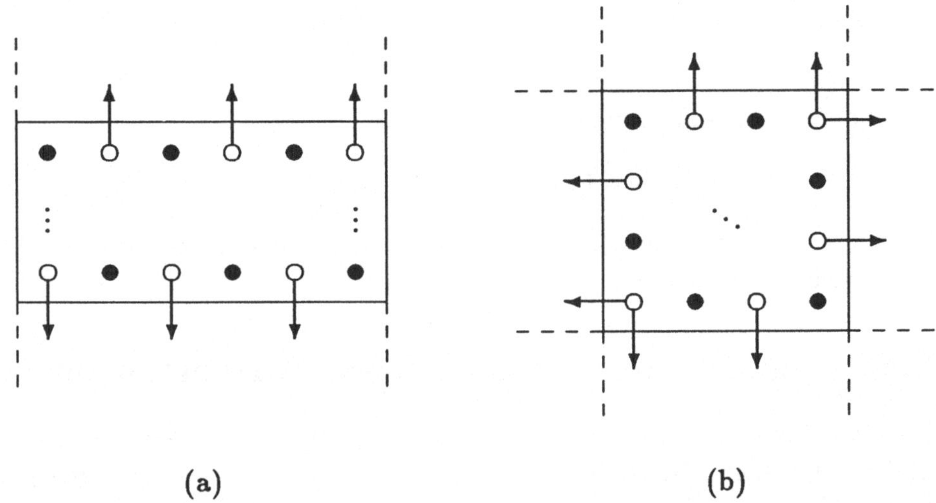

Abbildung 10.5: Kommunikation beim ein– und zweidimensionalen Aufteilungsschema

Reihe eines Teilgebiets. Entsprechend empfängt ein Prozessor Werte für Gitterpunkte aus der untersten Reihe des oben angrenzenden und der obersten Reihe des unten angrenzenden Teilgebiets.

Die zweidimensionale Aufteilung aus Abbildung 10.4 b) ist besonders für eine Gitterarchitektur passend. Außer an den Rändern von Ω wird diesmal jeweils mit den vier Prozessoren kommuniziert, die den oben, unten, links und rechts anschließenden Teilgebieten zugeordnet sind. Die von einem Prozessor zu versendenden Daten sind in Abbildung 10.5 b) schematisch dargestellt.

Abgesehen davon, wie gut die Aufteilung in Teilgebiete der Rechnerarchitektur angepaßt ist, beeinflußt auch das Verhältnis

$$v := \frac{\text{Zahl der aufzudatierenden Gitterpunkte}}{\text{Zahl der zu versendenden Gitterpunkte}}$$

die Gesamtrechenzeit. Dieses Verhältnis sollte möglichst groß sein, um relativ zur reinen Rechenzeit geringe Kommunikationszeiten zu erzielen. In diesem Zusammenhang ist die folgende Bemerkung von Interesse.

10.3.7 Bemerkung: Es sei $p = P^2$ und $N = P^2 Q$ mit $P,\ Q \in \mathbf{N}$. Die ein– bzw. zweidimensionale Aufteilung aus Abbildung 10.4 sei so vorgenommen, daß jedes Teilgebiet von Ω_h ein Rechteck von $Q \times N$ Gitterpunkten bzw. ein Quadrat von $PQ \times PQ$ Gitterpunkten darstellt. Dann ist für die eindimensionale Aufteilung

$$v = (QN)/(2N) = Q/2,$$

während für die zweidimensionale Aufteilung

$$v = (PQ)^2/(4PQ) = QP/4$$

gilt. Mit wachsendem P wird also v beim zweidimensionalen Aufteilungsschema deutlich größer.

10.4 Ausblick auf weitere Iterationsverfahren

Zum Abschluß dieses Kapitels wollen wir kurz auf einige neuere Iterationsverfahren eingehen, die in der Praxis erfolgreich bei Diskretisierungen partieller Differentialgleichungen eingesetzt werden. Wir beschreiben nur ganz grob die den Verfahren zugrundeliegenden Ideen und einige Fragestellungen im Zusammenhang mit ihrer Realisierung auf Vektor– und Parallelrechnern. In den Literaturhinweisen geben wir dann Referenzen für detailliertere Darstellungen an.

Block–Iterationsverfahren und Gebietszerlegungen

Mit den Block–Jacobi–Verfahren und den (nicht überlappenden) SOR–Multisplittings haben wir bereits in Kapitel 9 bestimmte Block–Iterationsverfahren angesprochen. Sie beruhen auf einer Zerlegung $A = M - N$, bei der die Matrix M Block–Diagonalgestalt besitzt. Die einzelnen Diagonalblöcke werden gewöhnlich über eine Einteilung des physikalischen Gebiets in verschiedene Teilgebiete bestimmt.

Allgemein verwendet man den Begriff *Gebietszerlegung* (engl.: *domain decomposition*) zur Kennzeichnung von Verfahren, bei denen im weitesten Sinne Techniken vorkommen, die das physikalische Gebiet in Teilgebiete auftrennen. In einem Iterationsschritt werden dabei zunächst Berechnungen auf den Teilgebieten durchgeführt, welche dann zu einer neuen Näherung für die gesuchte Lösung kombiniert werden. Die Block–Iterationsverfahren sind nur eines von vielen Feldern, in denen Gebietszerlegungen verwendet werden.

Solche Verfahren sind für Vektor– und Parallelrechner in natürlicher Weise geeignet, wenn die Berechnungen zu den einzelnen Teilgebieten weitgehend unabhängig voneinander sind.

In Analogie zum Vorgehen beim SOR–Verfahren wird bei den *Block–SOR–Verfahren* die aus Rechnungen zu vorangehenden Blöcken gewonnene Information bei den Berechnungen zum gerade aktuellen Block mit aufgenommen. Solche Verfahren gehören im wesentlichen zu einer Zerlegung $A = M - N$, bei der die Matrix M untere Block–Dreiecksgestalt besitzt, welche den ganzen unteren Dreiecksanteil und eine Block–Diagonale von A enthält. Die Berechnungen zu verschiedenen Blöcken sind nicht mehr unbedingt voneinander unabhängig. Wie bei der Schachbrett–Numerierung erreicht man jedoch auch hier durch geeignete Anordnung der Variablen (welche man wie in 10.3 durch unterschiedliche Farben für die Variablen beschreiben kann) eine teilweise Entkopplung der einzelnen Blöcke voneinander. Rechnungen zu entkoppelten Blöcken können dann parallel ausgeführt werden.

Für das Modellproblem konvergiert z.B. das sogenannte *Linien–SOR–Verfahren* (ein spezielles Block–SOR–Verfahren) bei optimaler Wahl für den Relaxationsparameter schneller als das optimale gewöhnliche SOR–Verfahren.

ADI–Verfahren

Bei den ADI–Verfahren (engl.: *alternating direction implicit method*) oder Verfahren alternierender Richtungen besteht ein Iterationsschritt aus mehreren Teilschritten. In jedem Teilschritt sind „einfache“ lineare Gleichungssysteme (z.B. Tridiagonalsysteme) zu lösen. Die Koeffizientenmatrizen dieser Gleichungssysteme beschreiben die Kopplung der Variablen in jeweils nur *einer* Richtung des physikalischen Gebiets.

Für das Modellproblem erfordert beim *ADI–Verfahren von Peaceman und Rachford* ein Iterationsschritt die Lösung zweier von einem Parameter r abhängiger Tridiagonalsysteme. Jedes dieser „großen“ Tridiagonalsysteme zerfällt in jeweils N Tridiagonalsyteme der Dimension N. Bestes Konvergenzverhalten wird erzielt, wenn der Parameter r in bestimmter Weise von Iterationsschritt zu Iterationsschritt variiert wird. Beim Modellproblem konvergiert bei geeigneter Wahl für r das ADI–Verfahren von Peaceman und Rachford wesentlich schneller als das SOR–Verfahren mit optimalem Relaxationsparameter.

Andere ADI–Verfahren werden vorwiegend für Diskretisierungen parabolischer Differentialgleichungen eingesetzt.

Die zentralen Fragestellungen beim ADI–Verfahren auf Vektor– und Parallelrechnern entstehen im Zusammenhang mit dem Datenzugriff bzw. der

Datenverteilung. Häufig erfordern nämlich effiziente Algorithmen für die einzelnen Teilschritte unterschiedlichen Zugriff (auf Vektorrechnern) bzw. unterschiedliche Abspeicherschemata (auf Parallelrechnern) für die Komponenten der Iterierten.

Semiiterative Verfahren

Ausgehend von einem gewöhnlichen, auf einer Zerlegung $A = M - N$ beruhenden Iterationsverfahren, versucht man bei semiiterativen Verfahren die Konvergenz dadurch zu beschleunigen, daß man eine bestimmte Iterierte des Ausgangsverfahrens mit (eventuell allen) früher berechneten zu einer neuen Iterierten kombiniert. Für diesen Mittelungsprozeß kann man, basierend auf Informationen über die Eigenwertverteilung der Iterationsmatrix des Ausgangsverfahren, in vielen Fällen gewisse optimale Strategien angeben.

Häufig können die Iterierten des so entstehenden semiiterativen Verfahrens auf ähnlich einfache Weise auseinander ausgerechnet werden wie beim Ausgangsverfahren. Beispielsweise führt beim Modellproblem mit der Schachbrett–Numerierung das *Tschebyscheff–Verfahren* auf dieselbe Iterationsvorschrift wie beim SOR–Verfahren mit der Ausnahme, daß nun der Relaxationsparamter ω in jedem Halbschritt einen anderen Wert annimmt.

Semiiterative Verfahren sind als Verfahren für serielle Rechner entwickelt worden. Effiziente Realisierungen auf Vektor– oder Parallelrechnern hängen vom jeweiligen Verfahren und von der Gestalt der Koeffizientenmatrix ab.

Mehrgitterverfahren

Bei Mehrgitterverfahren verwendet man gleichzeitig verschieden „feine" Gitter auf dem physikalischen Gebiet Ω. Zu lösen ist ein großes lineares Gleichungssystem, welches aus einer Diskretisierung auf dem feinsten dieser Gitter resultiert. Man verwendet dazu einen komplexen iterativen Prozeß, der Diskretisierungen auf den gröberen Gittern mit einbezieht. Neben *Restriktionen* und *Prolongationen*, welche die Übergänge zu den gröberen Gittern hin und von diesen weg beschreiben, benötigt man dazu sogenannte *Glätter*. Dies sind gewöhnliche Iterationsverfahren, mit welchen auf den verschiedenen Gittern Lösungen angenähert werden.

Als Glätter werden z.B. das JOR– oder das SOR–Verfahren verwendet. Prolongation und Restriktion bestehen jeweils aus einer Matrix–Vektor–Multiplikation mit unterschiedlichen, dünn besetzten, rechteckigen Matrizen. In den einfachsten Fällen ist die Matrix der Prolongation gerade die

Transponierte der Restriktion. Prolongation und Restriktion haben einen lokalen Charakter, d.h. bei ihrer Anwendung hängt eine Komponente des Ergebnisses nur von physikalisch in der Nähe liegenden Gitterpunkten ab.

Für gewisse einfache Fälle kann man zeigen, daß der asymptotische Konvergenzfaktor (s. Definition A.2.5) bei Mehrgitterverfahren unabhängig von der Größe des feinsten Gitters ist. Zur korrekten Interpretation dieser Aussage muß man allerdings mit berücksichtigen, daß der Rechenaufwand für einen Iterationsschritt mit der Größe des feinsten Gitters anwächst. Mehrgitterverfahren gehören dennoch zu den schnellsten derzeit bekannten Iterationsverfahren zur Lösung von Diskretisierungen partieller Differentialgleichungen.

Auf Parallelrechnern kann man Mehrgitterverfahren so realisieren, daß man zunächst eine Gebietszerlegung vornimmt und jedem einzelnen Prozessor ein Teilgebiet zuordnet. Jeder Prozessor enthält dann die Anteile aller Gitter, die in sein Gebiet fallen. Wie wir in 10.3 für das Beispiel der SOR–Iteration gesehen haben, erfordert die Glättungsiteration hier nur Kommunikation zwischen Prozessoren, denen physikalisch benachbarte Teilgebiete zugeordnet sind. Dasselbe gilt wegen ihres lokalen Charakters auch für Prolongation und Restriktion und damit für das gesamte Mehrgitterverfahren.

Präkonditionierte cg–Verfahren

Für eine symmetrisch positiv definite Matrix $A \in \mathbf{R}^{n \times n}$ ist die Lösung der Gleichung $Ax = d$ gleichzeitig das eindeutig bestimmte globale Minimum der quadratischen Form

$$f(x) = \frac{1}{2} x^T A x - x^T d.$$

Beim cg–Verfahren (*Verfahren der konjugierten Gradienten*) wird dieses Minimum in mehreren Schritten errechnet. Jeder Schritt berechnet die Lösung eines eindimensionalen Minimierungsproblems, bei dem das Minimum von f entlang einer zuvor bestimmten „Suchrichtung" ermittelt wird. Die erzeugten Suchrichtungen sind dabei konjugiert in Bezug auf A, d.h. für zwei solche Suchrichtungen $p, q \in \mathbf{R}^n$ gilt

$$p^T A q = 0.$$

Würde man numerisch exakt rechnen, so wäre das cg–Verfahren ein direktes Verfahren, welches nach spätestens n Schritten die gesuchte Lösung lieferte. Für die Praxis muß man das cg–Verfahren jedoch als ein iteratives Verfahren ansehen, dessen Konvergenzgeschwindigkeit vom Verhältnis $\kappa(A) = \lambda_n/\lambda_1$ des größten zum kleinsten Eigenwert von A abhängt.

In seiner ursprünglichen Form „konvergiert" das cg–Verfahren gegenüber anderen Verfahren gewöhnlich zu langsam. Man verwendet deshalb ***präkonditionierte*** cg–Verfahren, bei denen die Konvergenzgeschwindigkeit erhöht wird. Formal ist ein präkonditioniertes cg–Verfahren identisch mit dem gewöhnlichen cg–Verfahren, angewandt auf das transformierte lineare Gleichungssystem

$$SAS^T y = Sd$$

mit geeignet gewählter nichtsingulärer Matrix S, so daß $\kappa(SAS^T)$ einen günstigen Wert besitzt. In der Praxis ist es vom Rechenaufwand her vorteilhaft, SAS^T nicht tatsächlich auszurechnen, sondern die Präkonditionierung in die Berechnung der Suchrichtungen und der Iterierten mit zu integrieren. Bei vielen Präkonditionierern bedeutet dies einfach, im cg–Verfahren an geeigneter Stelle einen oder mehrere Iterationsschritte eines gewöhnlichen Iterationsverfahren mit symmetrischer Iterationsmatrix einzuschieben. Dies ist z.B. bei den *Jacobi–* und den *symmetrischen SOR–Präkonditionierern* der Fall. Auch die besonders häufig verwendeten Präkonditionierer mittels *unvollständiger Cholesky–Zerlegung* gehören in diese Kategorie.

Ein Iterationsschritt des cg–Verfahrens (ohne Präkonditionierung) erfordert eine Matrix–Vektor–Multiplikation mit der Matrix A und einige Innenprodukte und SAXPY–Operationen. Weil A gewöhnlich dünn besetzt ist, müssen auf Vektor– und Parallelrechnern spezielle Techniken zur effizienten Realisierung des Matrix–Vektor–Produkts eingesetzt werden. Man vewendet dazu spezielle Abspeicherschemata für A oder, besonders auf Parallelrechnern, Gebietszerlegungen.

Parallele Algorithmen für die Präkonditionierung erhält man aus entsprechenden effizienten Algorithmen für die zugehörigen Iterationsverfahren. Wie beim SOR–Verfahren für das Modellproblem beschreibt man diese beispielsweise über geeignete „Einfärbungen" der Gitterpunkte.

Literaturhinweise: Einführungen in Finite–Differenzen–Diskretisierungen geben z.B. die Bücher [8], [21] und [29], wo sich auch Beweise zu Satz 10.1.1 finden. Mit dem Modellproblem der diskreten Laplace–Gleichung befassen sich zahlreiche weitere klassische Lehrbücher zur Numerik, so z.B. [32], [34] und [36]. In allen drei Referenzen werden die fundamentalen Eigenschaften der Matrix A (Satz 10.1.2) nachgewiesen.

Buneman hat sein Verfahren in [6] publiziert (s. auch [7] für eine Stabiltätsanalyse). Unsere Darstellung des Verfahrens von Buneman folgt der aus [32]. Eine

Übersicht über verwandte und andere effiziente direkte Verfahren für die diskrete Laplace–Gleichung findet sich in den Artikeln [9] und [23]. In [23] wird weitere Literatur zu Implementierungen dieser Methoden auf Vektor– und Parallelrechnern angegeben. Der Artikel [25] enthält eine Untersuchung über die Stabilität von Verfahren 10.2.7 für verschiedene Reihenfolgen bei der Lösung der einzelnen Tridiagonalsysteme. In [28] werden für Vektorrechner ausfürlich die Gauß–Elimination mit mehreren Koeffizientenmatrizen ebenso wie für mehrere rechte Seiten diskutiert. Der letztere Fall wird auch in [17] auf seine parallele Effizienz hin untersucht.

Die Aussagen über den Spektralradius und den optimalen Relaxationsfaktor (Satz 10.3.1) beim SOR–Verfahren für das Modellproblem finden sich z.B. in [32], [34] und [36]. Auf die Schachbrett–Numerierung und die Gültigkeit von Satz 10.3.3 wird in [36] explizit eingegangen. Eine ausführliche Diskussion des SOR–Verfahrens mit Schachbrett–Numerierung auf Vektor– und Parallelrechnern gibt [22], wo auch das Jacobi–Verfahren für das Modellproblem untersucht wird. Aus diesem Buch stammt zudem die im Text erwähnte Variante mit besonders langen Vektoren. Praktische Resultate mit der Schachbrett–Numerierung auf Vektorrechnern werden in [18] und [19] berichtet. Ein anderes SOR–Verfahren für das Modellproblem auf Vektorrechnern wird in [12] beschrieben. [5] und [27] enthalten numerische Experimente auf Parallerechnern mit Binärbaum– bzw. Hypercube–Architektur.

Das Prinzip der Einfärbungen wird unter dem Stichwort *Multicolouring* auch bei komplizierteren Differenzensternen angewendet, um parallele Varianten für die SOR–Methode zu erhalten. Man benötigt dann mehr als nur zwei Farben. Eine systematische Einführung gibt der Artikel [1]. Mehrere Arbeiten (s. z.B. [1], [2], [3]) beschäftigen sich damit, wie diese Färbungen die Konvergenzrate des zugehörigen SOR–Verfahrens beeinflussen. Für den sogenannten Neun–Punkte–Stern wurde in [2] eine auf in [20] entwickelten Methoden basierende Analyse vorgelegt. In [5] werden für Parallelrechner *Block–Färbungen* eingeführt. Beispiele auf einem Rechner mit Binärbaum–Architektur belegen deren Überlegenheit gegenüber dem Multicolouring, wenn dort zu viele Farben verwendet werden müssen. Viele Präkonditionierer für cg–Verfahren verwenden ebenfalls Multicolouring. Der Bericht [10] beschreibt einige derartige Verfahren und gibt numerische Ergebnisse auf Vektorrechnern.

Zur Theorie der in Abschnitt 10.4 angesprochenen Block–Iterations– (insbesondere Block–SOR–), ADI– und semiiterativen Verfahren verweisen wir auf die ausführlichen Darstellungen in den Lehrbüchern wie z.B. [32], [34] und [36]. Eine Übersicht über neuere Entwicklungen bei semiiterativen Verfahren, insbesondere bei nichtsymmetrischer Koeffizientenmatrix, gibt [11]; das Tschebyscheff–Verfahren für das Modellproblem mit Schachbrett–Numerierung wird in [24] betrachtet. Zu allen drei angesprochenen Verfahrensklassen finden sich in [22] Überlegungen zur Realisierung auf Vektor– und Parallelrechnern. Weitere Literaturhinweise werden dort angegeben.

Das Buch [16] beschäftigt sich mit Theorie und Anwendungen der Mehrgitterverfahren. Einige Referenzen zu Realisierungen auf Vektor– und Parallelrechnern finden sich in [22]. Mit dem SUPRENUM–Rechner wurde in der Bundesrepublik ein Parallerechner entwickelt, der die bei Mehrgitterverfahren (und allgemein bei Gitter–Methoden) notwendige Kommunikation besonders gut unterstützt. Ein SUPRENUM–Rechner besitzt 256 Prozessoren, welche gitterartig in 16 „Cluster“ zu je 16 Prozessoren angeordnet sind. Innerhalb eines Clusters ist praktisch jeder Prozessor mit jedem verbunden, was technisch durch einen sehr schnellen „Clusterbus“ realisiert ist. Zur weiteren Information über das SUPRENUM–Projekt verweisen wir auf [13], [14] und [33]. In [30] und [31] wird speziell auf die Realisierung von Mehrgitterverfahren auf dem SUPRENUM–Rechner eingegangen.

Einführungen in das cg–Verfahren geben z.B. [15] oder [32]. Die Präkonditionierung wird in [15], [22] und auch [4] motiviert, theoretisch begründet und auf ihre praktische Realisierung hin untersucht. Die im Text angesprochenen Präkonditionierer (Jacobi– oder symmetrisches SOR–Verfahren, unvollständige Cholesky–Zerlegung) und andere sind in [22] dargestellt. Die unvollständige Cholesky–Zerlegung und gewisse Block–Varianten finden sich auch in [15]. Die Übersichtsartikel [26] und [35] behandeln Realisierungen präkonditionierter cg–Verfahren auf Vektor– und Parallerechnern, [26] enthält ein ausführliches Literaturverzeichnis.

[1] Adams, L., Jordan, H.: Is SOR Color–blind?, SIAM J. Sci. Stat. Comput. **7**, 490–501 (1986)

[2] Adams, L., LeVeque, R., Young, D.: Analysis of the SOR Iteration for the 9-Point Laplacian, SIAM J. Numer. Anal. **25**, 1156-1180 (1988)

[3] Adams, L., Ortega, J.: A Multicolour SOR Method for Parallel Computation, Proc. of the 1982 International Conference on Parallel Processing, Bellaire, MI, August 1982, 53–56

[4] Axelsson, O., Barker, V.: Finite Element Solution of Boundary Value Problems, New York: Academic Press (1984)

[5] Block, U., Frommer, A., Mayer, G.: Block Colouring Schemes for the SOR Method on Local Memory Parallel Computers, erscheint in Parallel Comput. (1990)

[6] Buneman, O.: A Compact Non–iterative Poisson Solver, Stanford University, Institute for Plasma Research Report Nr. 294, Stanford CA (1969)

[7] Buzbee, B., Golub, G., Nielson, C.: On Direct Methods for Solving Poisson's Equations, SIAM J. Numer. Anal. **7**, 627–656 (1970)

[8] Collatz, L.: The Numerical Treatment of Differential Equations, 3rd Edition, Berlin: Springer (1960)

[9] Dorr, F.: The Direct Solution of the Discrete Poisson Equation on a Rectangle, SIAM Rev. **12**, 248–2263 (1970)

[10] Duff, I., Meurant, G.: The Effect of Ordering on Preconditioned Conjugate Gradient Methods, Technical Report HL88/1414, Computer Science and Systems Division, Harwell Laboratory, Oxon OX11 0RA (1988)

[11] Eiermann, M., Varga, R., Niethammer, W.: Iterationsverfahren für nichtsymmetrische Gleichungssysteme und Approximationsmethoden im Komplexen, Jahresb. Dtsch. Math.–Ver. **89**, 1–32 (1987)

[12] Gentzsch, W.: A Fully Vectorizable SOR Variant, Parallel Comput. **4**, 349–353 (1987)

[13] Gesellschaft für Mathematik und Datenverarbeitung (Hrsg.): GMD–Spiegel **19**, Heft 1, Sankt Augustin: GMD (1989)

[14] Giloi, W.: SUPRENUM: A Trendsetter in Modern Supercomputer Development, Parallel Comput. **7**, 283–296 (1988)

[15] Golub, G., van Loan, Ch.: Matrix Computations, 2nd Edition, Baltimore: Johns Hopkins (1989)

[16] Hackbusch, W.: Multi–Grid Methods and Applications, Berlin: Springer (1985)

[17] Hockney, R., Jesshope, C.: Parallel Computers 2, Bristol: Adam Hilger (1988)

[18] Kincaid, D., Oppe, T., Young, D.: Vector Computations for Sparse Linear Systems, SIAM J. Alg. Disc. Meth. **7**, 99–112 (1986)

[19] Kincaid, D., Oppe, T., Young, P.: Vectorized Iterative Methods for Partial Differential Equations, Commun. Appl. Numer. Math. **2**, 789–796 (1986)

[20] LeVeque, R., Trefethen, L.: Fourier Analysis of the SOR Iteration, IMA J. Numer. Anal. **8**, 273–279 (1988)

[21] Meis, Th., Marcowitz, U.: Numerische Behandlung von Differentialgleichungen, Berlin: Springer (1978)

[22] Ortega, J.: Introduction to Parallel and Vector Solution of Linear Systems, New York: Plenum Press (1988)

[23] Ortega, J., Voigt, R.: Solution of Partial Differential Equations on Vector and Parallel Computers, SIAM Rev. **27**, 149–270 (1985)

[24] Press, W., Flannery, B., Teukolsky, S., Vetterling, W.: Numerical Recipes, Cambridge: Cambridge University Press (1986)

[25] Reichel, L.: The Ordering of Tridiagonal Matrices in the Cyclic Reduction Method for Poisson's Equation, Numer. Math. **56**, 215–227 (1989)

[26] Saad, Y.: Krylov Subspace Methods on Supercomputers, SIAM J. Sci. Stat. Comput. **10**, 1200–1232 (1989)

[27] Saltz, J., Naik, V., Nicol, D.: Reduction of the Effects of the Communication Delays in Scientific Algorithms on Message Passing MIMD Architectures, SIAM J. Sci. Stat. Comput. **8**, s118–s138 (1987)

[28] Schönauer, W.: Scientific Computation on Vector Computers, Amsterdam: North Holland (1987)

[29] Schwarz, H.: Numerische Mathematik, Stuttgart: Teubner (1986)

[30] Solchenbach, K.: Grid Applications on Distributed Memory Architectures: Implementation and Evaluation, Parallel Comput. **7**, 341–356 (1988)

[31] Solchenbach, K., Trottenberg, U.: SUPRENUM: System Essentials and Grid Applications, Parallel Comput.**7**, 265–281 (1988)

[32] Stoer, J., Bulirsch, R.: Einführung in die Numerische Mathematik II, 2. Auflage, Berlin: Springer (1978)

[33] Trottenberg, U.: SUPRENUM – an MIMD Multiprocessor System for Multi-Level Scientific Computing, in: Händler, W. et al.(eds.): CONPAR 86, Lecture Notes in Computer Science **237**, 48–52 (1986)

[34] Varga, R.: Matrix Iterative Analysis, Englewood Cliffs: Prentice Hall (1962)

[35] van der Vorst, H.: High Performance Preconditioning, SIAM J. Sci. Stat. Comput. **10**, 1174–1185 (1989)

[36] Young, D.: Iterative Solution of Large Linear Systems, New York: Academic Press (1971)

Kapitel 11

Asynchrone Iterationsverfahren

In diesem Kapitel behandeln wir Iterationsverfahren, wie sie typischerweise auf einem Parallelrechner mit *gemeinsamem Speicher* (s. Abbildung 11.1) realisiert werden können. Wir legen, anders als bisher, jetzt also einen Modell–Parallelrechner zugrunde, bei dem alle Prozessoren ihre Daten aus einem gemeinsamen Speicher holen und in diesen schreiben.

Für das lineare Gleichungssystem

$$Ax = d$$

mit der nichtsingulären Matrix $A = (a_{ij}) \in \mathbf{R}^{n \times n}$ und $d \in \mathbf{R}^n$ betrachten wir die aus Abschnitt 8.2 bekannte Jacobi–Zerlegung

$$A = D - B$$

mit $D = \text{diag}(a_{11}, \ldots, a_{nn})$. Wir nehmen an, die Matrix D ist nichtsingulär

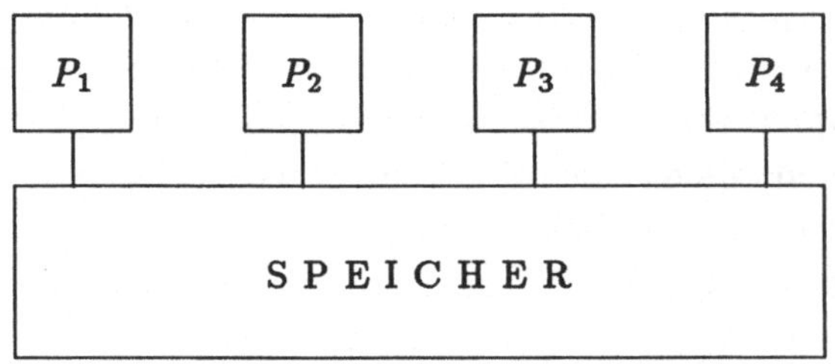

Abbildung 11.1: Parallelrechner mit gemeinsamem Speicher

und bezeichnen mit J wieder die Matrix

$$J := D^{-1}B. \tag{11.1}$$

11.1 Realisierung asynchroner Verfahren

Das Jacobi–Verfahren

$$x^{k+1} = Jx^k + D^{-1}d, \; k = 0, 1, \ldots, \tag{11.2}$$

können wir auf einem Parallelrechner mit gemeinsamem Speicher folgendermaßen durchführen: Für $i = 1, \ldots, p$ seien die Mengen S_i paarweise disjunkte, nichtleere Mengen mit

$$\bigcup_{i=1}^{p} S_i = \{1, \ldots, n\}.$$

Im gemeinsamen Speicher sind n Plätze für die Komponenten eines Vektors x reserviert. Jeder Prozessor P_i berechnet aus den Komponenten von x über (11.2) neue Komponenten x_j für $j \in S_i$. Diese neuen Komponenten überschreiben dann die alten Komponenten von x im gemeinsamen Speicher. Jeder Prozessor wiederholt diese Schritte so lange, bis ein Abbruchkriterium erfüllt ist.

Um auf diese Weise tatsächlich das Jacobi–Verfahren (11.2) zu realisieren, müssen die einzelnen Prozessoren *synchron* arbeiten in dem Sinne, daß jeder Prozessor nach Beendigung der Berechnung „seiner" Komponenten der aktuellen Iterierten so lange wartet, bis auch alle anderen Prozessoren „ihre" Komponenten der aktuellen Iterierten ausgerechnet und in den gemeinsamen Speicher geschrieben haben.

Bei jedem Iterationsschritt sind hier i.a. inaktive Prozessoren unvermeidbar. Dies hat mehrere Gründe. Zum einen besitzen die Mengen S_i nicht unbedingt alle dieselbe Zahl von Elementen, zum andern kann die Neuberechnung einer Komponente x_i, beispielsweise bei einer dünn besetzten Matrix, unterschiedlich aufwendig sein. Außerdem ist denkbar, daß die einzelnen Prozessoren prinzipiell mit unterschiedlicher Geschwindigkeit arbeiten, weil z.B. ihre Taktfrequenz nicht zentral gesteuert wird oder weil die Prozessoren einfach von unterschiedlicher Bauart sind.

Verzichtet man auf die Synchronisation, so treten in den einzelnen Prozessoren keine solchen Wartezeiten mehr auf. Dafür wird es dann aber vorkommen, daß ein Prozessor bereits mit dem nächsten Schritt „seiner" Neuberechnungen beginnt, ohne daß die Ergebnisse der anderen Prozessoren alle im gemeinsamen Speicher vorliegen. Der Prozessor verwendet dann also zumindest teilweise Daten, welche zu weiter zurückliegenden Iterationsschritten gehören. Welche Daten welcher Prozessor wann verwendet, ist so — vor allem für die späteren Iterationsschritte — vor Beginn der Rechnung nur sehr schwer abzusehen. Man bezeichnet solche Verfahren deshalb auch als *chaotische* Iterationsverfahren. Wir ziehen den Ausdruck *asynchrone* Verfahren vor, weil er darauf hinweist, daß die Grundlage für diese Verfahren gerade das Fehlen der Synchronisation zwischen den Prozessoren ist.

Wir werden uns im nächsten Abschnitt mit notwendigen und in gewissem Sinne auch hinreichenden Bedingungen für die Konvergenz asynchroner Iterationsverfahren beschäftigen. Die für die Praxis besonders wichtige Frage, ob der Zeitgewinn durch das asynchrone Vorgehen durch eine schlechtere Konvergenzgeschwindigkeit eventuell nicht wieder aufgehoben wird, werden wir jedoch nicht theoretisch behandeln. In der Literatur wird von numerischen Experimenten berichtet, bei denen sich die asynchronen Verfahren tatsächlich als vorteilhaft erwiesen.

11.2 Konvergenzaussagen

Wir legen zunächst genau fest, was wir für die Zukunft unter einem asynchronen Iterationsverfahren verstehen wollen .

11.2.1 Definition: Für $k = 1, 2, \ldots$ seien Mengen $I_k \subseteq \{1, \ldots, n\}$ und n–Tupel $(s_1(k), \ldots, s_n(k)) \in \mathbf{N}_0^n$ gegeben. Außerdem gelte

(i) $s_i(k) \leq k-1$ für $i = 1, \ldots, n$ und $k = 1, 2, \ldots$,

(ii) $\lim\limits_{k \to \infty} s_i(k) = \infty$ für $i = 1, \ldots, n$,

(iii) für jedes $i \in \{1, \ldots, n\}$ enthält die Menge $\{k \mid i \in I_k\}$ unendlich viele Elemente.

Dann heißt das Verfahren, welches ausgehend von einem Startvektor $x^0 \in \mathbf{R}^n$ die Iterierten $x^k \in \mathbf{R}^n$, $k = 1, 2, \ldots$, berechnet mit

$$x_i^k = \begin{cases} x_i^{k-1} & \text{für } i \notin I_k \\ \dfrac{1}{a_{ii}} \left(\sum\limits_{j=1, j \neq i}^{n} -a_{ij} x_j^{s_j(k)} + d_i \right) & \text{für } i \in I_k \end{cases}, \quad k = 1, 2, \ldots,$$

ein zu $(I_k, (s_1(k), \ldots, s_n(k)))$, $k = 1, 2, \ldots$, gehöriges *asynchrones Iterationsverfahren*.

Bezeichnet J_i die i–te Zeile der Matrix J aus (11.1) und c_i die Zahl d_i/a_{ii}, $i = 1, \ldots, n$, so läßt sich die Berechnungsvorschrift für x_i^k unter Verwendung des Innenprodukts in die später häufig verwendete Gestalt

$$x_i^k = \begin{cases} x_i^{k-1} & \text{für } i \notin I_k \\ J_i \cdot (x_1^{s_1(k)}, \ldots, x_n^{s_n(k)})^T + c_i & \text{für } i \in I_k \end{cases} \tag{11.3}$$

umschreiben.

Man kann sich Definition 11.2.1 so vorstellen, daß der Index k eine Folge von Zeitpunkten $t_1 < t_2 < \ldots < t_k < \ldots$ indiziert. Zu jedem Zeitpunkt t_k wird einem Prozessor die Berechnung neuer Komponenten x_j, $j \in I_k$, zugeteilt. Er verwendet dazu die von früheren Rechnungen her bekannten Komponenten $x_1^{s_1(k)}, \ldots, x_n^{s_n(k)}$. Die Forderung (i) aus Definition 11.2.1 ist hier selbstverständlich, Forderung (ii) bedeutet, daß mit dem Fortschreiten der Iteration auf zu weit zurückliegende Ergebnisse nicht mehr zurückgegriffen wird. Dies ist zum Beispiel dann erfüllt, wenn die zur Berechnung einer beliebigen Iterierten benötigte Zeit nach oben beschränkt ist. Die Forderung (iii) hat die anschauliche Bedeutung, daß für jede Komponente von x immer wieder Neuberechnungen angestellt werden. Das Beispiel aus dem ersten Abschnitt ordnet sich in diese Definition ein: Für die Mengen I_k, $k = 0, 1, \ldots$, ist immer eine der Mengen S_i, $i = 1, \ldots, p$, zu nehmen; die Zahlen $x_j^{s_j(k)}$ sind gerade die zum Zeitpunkt t_k im gemeinsamem Speicher vorliegenden Komponenten der Iterierten.

Verfügen die einzelnen Prozessoren über keine individuellen lokalen Speicher, so müssen die Prozessoren während der Rechnung immer wieder die gerade benötigten Zeilen von J einlesen. In diesem Fall sind stark verzögernde Zugriffskonflikte beim Auslesen aus dem gemeinsamen Speicher praktisch unvermeidbar. Solche Probleme werden dagegen stark gemindert, wenn jeder Prozessor in einem individuellen lokalen Speicher alle benötigten Zeilen von J abspeichern kann. Der gemeinsame Speicher ist dann im wesentlichen nur ein Medium zur Kommunikation zwischen den Prozessoren, die dort jeweils „ihre" neu berechneten Komponenten der Iterierten ablegen.

Durch Spezialisierung der I_k und $s_i(k)$ erhält man einige bekannte Iterationsverfahren als Sonderfälle der asynchronen Verfahren.

11.2.2 Bemerkung:

a) Für $I_k = \{1, \ldots, n\}$ und $s_i(k) = k - 1$, $i = 1, \ldots, n$, ergibt (11.3) das Jacobi–Verfahren.

b) Für $I_k = \{i_k\}$ mit $i_k \in \{1, \ldots, n\}$, $i_k \equiv k \bmod n$, und $s_i(k) = k - 1$, $i = 1, \ldots, n$, ergibt (11.3) das Gauß–Seidel–Verfahren.

Man beachte, daß im Fall 11.2.2 b) die Iterierten $x^n, x^{2n}, \ldots$ des asynchronen Verfahrens den Iterierten $x^1, x^2, \ldots$ in der üblichen Formulierung des Gauß–Seidel–Verfahrens (s. Abschnitt 8.3) entsprechen. Im übrigen lassen sich auch das SOR–Verfahren und die SOR–Multisplittings ohne Überlappung als spezielle asynchrone Verfahren mit einem zusätzlichen Relaxationsansatz auffassen. (Wir beschreiben relaxierte asynchrone Verfahren später ausführlicher in (11.13).)

Hier interessieren naturgemäß vor allem die in Definition 11.2.1 zugelassenen zahlreichen anderen Möglichkeiten für *echte* asynchrone Verfahren, welche nicht als gewöhnliche Iterationsverfahren gedeutet werden können.

Der folgende Satz gibt eine wichtige hinreichende Bedingung für die Konvergenz des asynchronen Verfahrens (11.3).

11.2.3 Satz: Es sei $\rho(|J|) < 1$. Dann gilt für das asynchrone Iterationsverfahren (11.3)

$$\lim_{k\to\infty} x^k = x^* \quad \text{mit } x^* = A^{-1}d,$$

unabhängig von der Wahl des Startvektors x^0.

Beweis: Aus $Ax^* = d$ folgt sofort $x^* = Jx^* + c$ oder, komponentenweise,

$$x_i^* = J_i x^* + c_i, \quad i = 1, \ldots, n. \tag{11.4}$$

Die Zahl $\epsilon > 0$ sei so gewählt, daß der Spektralradius ρ_ϵ der positiven Matrix

$$J_\epsilon = |J| + \epsilon \begin{pmatrix} 1 & \ldots & 1 \\ \vdots & & \vdots \\ 1 & \ldots & 1 \end{pmatrix}$$

kleiner als 1 ausfällt. Nach dem Satz von Perron–Frobenius (Satz B.1.4) existiert ein Vektor $u > 0$ mit $J_\epsilon u = \rho_\epsilon u$, d.h. es gilt die Ungleichung

$$|J|u < \rho_\epsilon u$$

oder, komponentenweise,

$$|J_i|u < \rho_\epsilon u_i, \;\; i = 1, \dots, n. \tag{11.5}$$

Wir wählen die Zahl $\alpha > 0$ so, daß die Ungleichung

$$|x^0 - x^*| \leq \alpha u \tag{11.6}$$

erfüllt ist.

Unser Ziel ist die induktive Konstruktion einer Folge $\{k_p\}$, $p = 0, 1, \dots,$ für die gilt

$$|x^k - x^*| \leq \alpha\,(\rho_\epsilon)^p\, u, \;\; k \geq k_p$$

oder, wieder komponentenweise,

$$|x_i^k - x_i^*| \leq \alpha\,(\rho_\epsilon)^p\, u_i, \;\; i = 1, \dots, n, \;\; k \geq k_p. \tag{11.7}$$

Wegen $\rho_\epsilon < 1$ folgt daraus dann die Behauptung des Satzes. Zunächst zeigen wir, daß (11.7) für $k = 0$ mit $k_0 = 0$ gilt, d.h. wir zeigen

$$|x_i^k - x_i^*| \leq \alpha u_i, \;\; i = 1, \dots, n, \;\; k \geq 0. \tag{11.8}$$

Für $k = 0$ ist (11.8) identisch mit (11.6) und deshalb richtig. Gilt nun (11.8) bis zu einem bestimmten Index $k - 1$ mit $k \geq 1$, so erhalten wir für $i \notin I_k$ sofort

$$|x_i^k - x_i^*| = |x_i^{k-1} - x_i^*| \leq \alpha u_i,$$

während sich für $i \in I_k$ nach (11.4) und (11.3)

$$\begin{aligned} |x_i^k - x_i^*| &= |x_i^k - (J_i x^* + c_i)| \\ &= |J_i \cdot ((x_1^{s_1(k)}, \dots, x_n^{s_n(k)})^T - x^*)| \\ &\leq |J_i| \cdot |(x_1^{s_1(k)}, \dots, x_n^{s_n(k)})^T - x^*| \end{aligned} \tag{11.9}$$

ergibt. Da nach 11.2.1 (i) die Zahlen $s_i(k)$ nicht größer als $k - 1$ sind, folgt mit unserer Annahme

$$|x_j^{s_j(k)} - x_j^*| \leq \alpha u_j, \;\; j = 1, \dots, n,$$

so daß wir aus (11.9) zusammen mit (11.5)

$$|x_i^k - x_i^*| \leq |J_i|(\alpha u) \leq \alpha \rho_\epsilon u_i \leq \alpha u_i$$

erhalten. Dies beweist die Gültigkeit von (11.8) für den Index k und schließt den induktiven Beweis zu (11.8) ab.

Nun gelte (11.7) bis zu einem bestimmten Index $p \geq 0$. Wir konstruieren die Zahl k_{p+1}, so daß (11.7) auch für $p+1$ mit diesem k_{p+1} richtig ist. Wir definieren dazu die Zahl r als

$$r := \max\{l_i \mid i = 1, \ldots, n\}$$

mit

$$l_i := \min\{l \in \mathbf{N} \mid s_i(k) \geq k_p \text{ für alle } k \geq l\}, \quad i = 1, \ldots, n.$$

Die Zahlen l_i, $i = 1, \ldots, n$, existieren wegen 11.2.1 (ii), so daß r tatsächlich eine natürliche Zahl darstellt. Für $k \geq r$ wird bei der Berechnung von x^k nur auf Komponenten von Iterierten x^j mit $j \geq k_p$ zurückgegriffen. Außerdem gilt

$$r > k_p, \tag{11.10}$$

denn nach 11.2.1 (i) ist $l_i > k_p$ für $i = 1, \ldots, n$. Schließlich setzen wir

$$k_{p+1} := \min\{k \mid k \geq r \text{ und } I_r \cup I_{r+1} \cup \ldots \cup I_k = \{1, \ldots, n\}\}.$$

Diese Zahl existiert aufgrund von 11.2.1 (iii). Im Vergleich zu x^r wurden also für $j \geq k_{p+1}$ alle Komponenten von x^j mindestens einmal neu berechnet.

Wir haben noch zu zeigen, daß mit diesem k_{p+1} die Ungleichungen (11.7) für $p+1$ und $k \geq k_{p+1}$ gelten. Für festes $k \geq k_{p+1}$ und $i \in \{1, \ldots, n\}$ definieren wir dazu die Zahlen m_i durch

$$m_i := \max\{l \mid i \in I_l, \ l \leq k\},$$

d.h. die i-te Komponente von x^k wurde letztmalig bei der m_i-ten Iteration neu berechnet. Nach Definition von k_{p+1} ist $m_i \geq r$ für $i = 1, \ldots, n$. Nach Definition der l_i haben wir also insbesondere

$$s_j(m_i) > k_p, \quad i, j = 1, \ldots, n. \tag{11.11}$$

Nun gilt aber für $k \geq k_{p+1}$

$$\begin{aligned} |x_i^k - x_i^*| &= |x_i^{m_i} - x_i^*| \\ &= |x_i^{m_i} - (J_i x^* + c)| \\ &= \left| J_i \cdot \left(\left(x_1^{s_1(m_i)}, \ldots, x_n^{s_n(m_i)} \right)^T - x^* \right) \right| \\ &\leq |J_i| \cdot \left| \left(x_1^{s_1(m_i)}, \ldots, x_n^{s_n(m_i)} \right)^T - x^* \right|. \end{aligned} \tag{11.12}$$

Aufgrund von (11.11) und der Induktionsannahme ist weiter

$$|x_j^{s_j(m_i)} - x_j^*| \le \alpha\rho_\epsilon^p u_j, \; j = 1, \ldots, n,$$

so daß wir aus (11.12) die Ungleichungen

$$|x_i^k - x_i^*| \le |J_i|\alpha\rho_\epsilon^p u, \; i = 1, \ldots, n,$$

und daraus mit (11.5)

$$|x_i^k - x_i^*| \le \alpha\rho_\epsilon^{p+1} u_i, \; i = 1, \ldots, n,$$

erhalten. Dies beendet den Beweis zu Satz 11.2.3. □

Wie bei den klassischen Iterationsverfahren aus Kapitel 8 versucht man auch bei den asynchronen Verfahren, die Konvergenzgeschwindigkeit mittels eines Relaxationsansatzes zu steigern. Statt wie in (11.3) berechnet man dann die Komponenten der Iterierten x^k für $k = 1, 2, \ldots$ über

$$x_i^k = \begin{cases} x_i^{k-1} & \text{für } i \notin I_k \\ \dfrac{\omega}{a_{ii}} \left(\displaystyle\sum_{j=1, j\ne i}^{n} -a_{ij} x_j^{s_j(k)} + d_i \right) + (1-\omega) x_i^{s_i(k)} & \text{für } i \in I_k \end{cases}, \tag{11.13}$$

mit dem Relaxationsparameter $\omega \ne 0$. Solche relaxierten Verfahren kann man völlig analog zu den gewöhnlichen asynchronen Verfahren beschreiben. Man muß dazu lediglich die Matrix J durch die Matrix $\omega J + (1-\omega)I$ ersetzen. Aus Satz 11.2.3 ergibt sich als hinreichende Bedingung für die Konvergenz also

$$\rho(|\omega J + (1-\omega)I|) < 1. \tag{11.14}$$

Wir erhalten so das folgende Korollar.

11.2.4 Korollar: Es sei $\rho(|J|) < 1$. Die Zahl ω_0 sei definiert durch

$$\omega_0 := 2/(1 + \rho(|J|)).$$

Dann ist $\omega_0 > 1$, und für das relaxierte asynchrone Iterationsverfahren (11.13) gilt

$$\lim_{k\to\infty} x^k = x^* \quad \text{mit } x^* = A^{-1}d,$$

unabhängig von x^0, vorausgesetzt es gilt $\omega \in (0, \omega_0)$.

Beweis: Offensichtlich ist $\omega_0 > 1$. Wir brauchen also nur noch die Gültigkeit der Ungleichung (11.14) zu zeigen. Wegen

$$|\omega J + (1-\omega)I| \;\leq\; |\omega J| + |1-\omega|I$$

genügt es aufgrund von Korollar B.1.10 nachzuweisen, daß

$$\rho(|\omega J| + |1-\omega|I) < 1$$

gilt. Nun ist aber nach Lemma B.1.11 $\rho(|\omega J|+|1-\omega|I) = |\omega|\rho(|J|)+|1-\omega|$, und dieser Wert ist, wie bereits im Beweis zu Satz 8.2.2 gezeigt wurde, für $\omega \in (0,\omega_0)$ kleiner als 1. □

Wir beenden dieses Kapitel mit der folgenden Umkehrung von Satz 11.2.3.

11.2.5 Satz: Es sei $\rho(|J|) \geq 1$. Dann existieren Mengen $I_k \subseteq \{1,\ldots,n\}$ und n–Tupel $(s_1(k),\ldots,s_n(k)) \in \mathbf{N}_0^n$, $k = 1,2,\ldots$, so daß bei geeigneter Wahl des Startvektors x^0 das zugehörige asynchrone Iterationsverfahren eine Folge $\{x^k\}$ liefert, für die $\lim\limits_{k\to\infty} x^k$ nicht existiert.

Beweis: Ist $\rho(J) \geq 1$, so existiert nach Satz A.2.4 ein Startvektor x^0, so daß die durch das Jacobi–Verfahren

$$x^k = Jx^{k-1} + c, \;\; k = 1,2,\ldots,$$

erzeugte Folge $\{x^k\}$ divergiert. Da nach Bemerkung 11.2.2 das Jacobi–Verfahren als spezielles asynchrones Verfahren aufgefaßt werden kann, ist der Satz für den Fall $\rho(J) \geq 1$ bewiesen.

Um den (relativ langen) Beweis für den Fall $\rho(J) < 1$ zu führen, benötigen wir einige zusätzliche Bezeichnungen. So sei x^* die Lösung von

$$(I - J)x^* = c,$$

welche wegen $\rho(J) < 1$ existiert und eindeutig ist. Ist x^k Iterierte eines zu $(I_k,\ (s_1(k),\ldots,s_n(k)))$, $k = 1,2,\ldots$, gehörigen asynchronen Verfahrens, so bezeichnen wir mit e^k den „Fehler"–Vektor

$$e^k := x^k - x^*, \;\; k = 1,2,\ldots \;.$$

Offensichtlich konvergiert die Folge $\{x^k\}$ genau dann gegen x^*, wenn die Folge $\{e_k\}$ gegen Null strebt. Unter Berücksichtigung der Gleichungen

$$x_i^* = J_i x^* + c_i, \;\; i = 1,\ldots,n,$$

erhalten wir für die e^k, $k = 1, 2, \dots$, die Iterationsvorschrift

$$e_i^k = \begin{cases} e_i^{k-1} & \text{für } i \notin I_k \\ J_i(e_1^{s_1(k)}, \dots, e_n^{s_n(k)})^T & \text{für } i \in I_k \end{cases}. \tag{11.15}$$

Mit u bezeichnen wir den aufgrund des Satzes von Perron–Frobenius (Satz B.1.4) existierenden Vektor $u \neq 0$ mit

$$u \geq 0, \ |J|u = \rho(|J|)u.$$

Zur Abkürzung setzen wir im folgenden $\rho := \rho(|J|)$. Nach Voraussetzung gilt $\rho \geq 1$. Mit z bezeichnen wir den Vektor

$$z = (J - I)^{-1}(2u).$$

Wegen $\rho(J) < 1$ existiert $(J - I)^{-1}$, und z erfüllt

$$Jz = z + 2u. \tag{11.16}$$

Als Startvektor x^0 wählen wir $x^0 := z + x^*$, so daß also

$$e^0 = z \tag{11.17}$$

gilt. Schließlich erklären wir für $i = 0, \dots, n$ die Vektoren w^i, v^i und y^i durch

$$w^i := \begin{pmatrix} J_1(z+u) \\ \vdots \\ J_i(z+u) \\ (z+u)_{i+1} \\ \vdots \\ (z+u)_n \end{pmatrix}, \ v^i := \begin{pmatrix} +u_1 \\ \vdots \\ +u_i \\ -u_{i+1} \\ \vdots \\ -u_n \end{pmatrix}, \ y^i := \begin{pmatrix} \rho u_1 \\ \vdots \\ \rho u_i \\ u_{i+1} \\ \vdots \\ u_n \end{pmatrix}.$$

Unser Ziel ist nun die Konstruktion eines asynchronen Verfahrens mit

$$I_k = \{i_k\}, \text{ wobei } i_k \in \{1, \dots, n\}, \ i_k \equiv k \bmod n, \tag{11.18}$$

$$k - 3n \leq s_i(k) \leq k - 1 \text{ für } i = 1, \dots, n, \tag{11.19}$$

so daß für $l = 0, 1, \dots$ gilt

$$e^{2ln+i} = J^l w^0 + (-\rho)^l v^i, \ i = 1, \dots, n, \tag{11.20}$$

$$e^{(2l+1)n+i} = J^l w^i + (-\rho)^l y^i, \ i = 1, \dots, n. \tag{11.21}$$

Die Aussage des Satzes ist dann bewiesen, denn wegen $\rho(J) < 1$ gilt nach Satz A.2.1

$$\lim_{l\to\infty} J^l w^i = 0, \quad i = 0,\dots,n,$$

wogegen die Grenzwerte

$$\lim_{l\to\infty}(-\rho)^l v^i, \quad \lim_{l\to\infty}(-\rho)^l y^i$$

für $i = 1,\dots,n$ nicht existieren. (Es ist $\rho \geq 1$ und $u \neq 0$.) Die Folge e^k aus (11.20) und (11.21) divergiert also.

Durch (11.18) ist bereits festgelegt, daß im Iterationsschritt $k = mn + i$ mit $m \in \mathbf{N}_0$, $i \in \{1,\dots,n\}$, genau die i-te Komponente von x^k neu berechnet wird. Wir konstruieren nun mit vollständiger Induktion die Tupel $(s_1(k),\dots,s_n(k))$, so daß (11.19)–(11.21) gilt.

Wir beginnen mit $l = 0$. Setzen wir für $i = 1,\dots,n$

$$s_j(i) = 0, \quad j = 1,\dots,n,$$

so erhalten wir nach (11.16) und (11.17)

$$e_i^i = J_i e_i^0 = (z + 2u)_i$$

und damit

$$e^i = \begin{pmatrix} (z+2u)_1 \\ \vdots \\ (z+2u)_i \\ z_{i+1} \\ \vdots \\ z_n \end{pmatrix} = w^0 + v^i.$$

Wir erhalten damit (11.20) für $l = 0$.

Für jedes feste $j \in \{1,\dots,n\}$ gibt es unter den Vektoren v^i, $i = 0,\dots,n$, solche, deren j-te Komponente u_j ist und solche, deren j-te Komponente $-u_j$ ist. Für $k = n + i$, $i = 1,\dots,n$, können wir deshalb für $j = 1,\dots,n$ die Zahlen $s_j(k) \in \{0,\dots,n\}$ so wählen, daß

$$(J)_{ij} v_j^{s_j(k)} = |(J)_{ij}| u_j$$

gilt. Mit dieser Wahl ergibt sich

$$e_i^{n+i} = \sum_{j=1}^{n} (J)_{ij} e_j^{s_j(k)} = J_i w^0 + |J_i| u = J_i(z + u) + \rho u_i$$

und damit

$$e^{n+i} = \begin{pmatrix} J_1(z+u) + \rho u_1 \\ \vdots \\ J_i(z+u) + \rho u_i \\ (z+2u)_{i+1} \\ \vdots \\ (z+2u)_n \end{pmatrix} = w^i + y^i,$$

woraus wir (11.21) für $l = 0$ erhalten.

Nun gelte (11.19)–(11.21) für alle k bis $2ln$. Wir geben an, wie man dann für $k = 2ln + i,\ i = 1, \ldots, n$, und $k = (2l+1)n + i,\ i = 1, \ldots, n$, die Tupel $(s_1(k), \ldots, s_n(k))$ wählen kann, so daß (11.19)–(11.21) auch für $2ln < k \leq 2(l+1)n$ gilt.

Zunächst sei $k = 2ln + i,\ i \in \{1, \ldots, n\}$. Mit derselben Begründung wie für $l = 0$ können wir für $j = 1, \ldots, n$ die Zahlen $s_j(k) = 2(l-1)n + i_j(k)$ mit $i_j(k) \in \{0, \ldots, n\}$ so wählen, daß

$$(J)_{ij} v_j^{i_j(k)} = -|(J)_{ij}| u_j$$

gilt. Offensichtlich erfüllen die Zahlen $s_j(k)$ die Bedingung (11.19). Wir erhalten dann

$$\begin{aligned} e_i^{2ln+i} &= \sum_{j=1}^{n} (J)_{ij} \left(J_j^{l-1} w^0 + (-\rho)^{l-1} v_j^{i_j(k)} \right) \\ &= J_i^l w^0 + (-\rho)^l u_i, \end{aligned}$$

und damit

$$e^{2ln+i} = \begin{pmatrix} J_1^l w^0 + (-\rho)^l u_1 \\ \vdots \\ J_i^l w^0 + (-\rho)^l u_i \\ J_{i+1}^{l-1} w^{i+1} + (-\rho)^{l-1} y_{i+1}^{i+1} \\ \vdots \\ J_n^{l-1} w^n + (-\rho)^{l-1} y_n^n \end{pmatrix} = J^l w^0 + (-\rho)^l v^i,$$

wie in (11.20) angegeben.

Für $k = (2l+1)n + i,\ i = 1, \ldots, n$, wählen wir analog für $j = 1, \ldots, n$, die Zahlen $s_j(k) = 2ln + i_j(k)$ mit $i_j(k) \in \{0, \ldots, n\}$ so, daß nun

$$(J)_{ij} v_j^{i_j(k)} = +|(J)_{ij}| u_j$$

gilt. Wieder sieht man sofort, daß die Zahlen $s_j(k)$ die Bedingung (11.19) erfüllen. Wir erhalten so

$$\begin{aligned} e_i^{(2l+1)n+i} &= \sum_{j=1}^{n} (J)_{ij} \left(J_j^l w^0 + (-\rho)^l v_j^{i_j(k)} \right) \\ &= J_i^{l+1} w^0 - (-\rho)^{l+1} u_i, \end{aligned}$$

und daraus

$$e^{(2l+1)n+i} = \begin{pmatrix} J_1^{l+1} w^0 - (-\rho)^{l+1} u_1 \\ \vdots \\ J_i^{l+1} w^0 - (-\rho)^{l+1} u_i \\ J_{i+1}^l w^0 + (-\rho)^l v_{i+1}^{i+1} \\ \vdots \\ J_n^l w^0 + (-\rho)^l v_n^n \end{pmatrix} = J^l w^i + (-\rho)^l y^i .$$

Dies ist gerade die zu zeigende Gleichung (11.21). □

Literaturhinweise: Spezielle asynchrone Verfahren scheinen in [4] (als *chaotische Iterationsverfahren*) erstmalig untersucht worden zu sein. Aus dieser Arbeit (s. auch [10]) stammen die hier behandelten Konvergenzsätze. Die von uns verwendete Definition für ein asynchrones Verfahren geht auf [2] zurück. Neben den chaotischen Verfahren aus [4] ordnen sich dieser Definition weitere, z.B. in [11], [13], [14] und [15] betrachtete Verfahren unter.

Zahlreiche Arbeiten beschäftigen sich mit asynchronen Iterationsverfahren bei nichtlinearen Iterationsfunktionen (s. [2], [7], [15], [16]) oder mit Aussagen über die monotone Konvergenz bezüglich einer Halbordnung (s. [8], [12], [16]). In [17] wird der Begriff der *asynchron kontrahierenden Funktion* eingeführt, mit welchem dann asynchrone Iterationsverfahren für noch allgemeinere Problemstellungen untersucht werden. In [3] werden asynchrone Varianten der Multisplitting–Verfahren (s. Kapitel 9) betrachtet.

Praktische Ergebnisse und Vergleiche zu asynchronen Verfahren auf Parallelrechnern finden sich in [1], [2], [5], [6] und [9].

[1] Barlow, R., Evans, D.: Synchronous and Asynchronous Iterative Parallel Algorithms for Linear Systems, Comput. J. **25**, 56–60 (1982)

[2] Baudet, G.: Asynchronous Iterative Methods for Multiprocessors, J. Assoc. Comput. Mach. **25**, 226–244 (1978)

[3] Bru, R., Elsner, L., Neumann, M.: Models of Parallel Chaotic Relaxation Methods, Linear Algebra Appl. **103**, 175–192 (1988)

[4] Chazan, D., Miranker, W.: Chaotic Relaxation, Linear Algebra Appl. **2**, 199-222 (1969)

[5] Deminet, J.: Experience With Multiprocessor Algorithms, IEEE Trans. Comput. **C-31**, 278–288 (1982)

[6] Dubois, M., Briggs, F.: Performance of Synchronized Iterative Processes in Multiprocessor Systems, IEEE Trans. Software Eng. **SE-8**, 419–431 (1982)

[7] El Tarazi, M.: Some Convergence Results for Asynchronous Algorithms, Numer. Math. **39**, 325–340 (1982)

[8] El Tarazi, M.: Algorithmes mixtes asynchrones. Etude de convergence monotone, Numer. Math. **44**, 363–369 (1984)

[9] Evans, D.: Parallel S.O.R. Iterative Methods, Parallel Comput. **1**, 3–18 (1984)

[10] Lei, L.: Convergence of Asynchronous Iteration with Arbitrary Splitting Form, Linear Algebra Appl. **113**, 119–127 (1989)

[11] Miellou, J.-C.: Itérations chaotiques à retards, Comptes rendus de l'Acad. Sci. Paris, Ser. A **278**, 957–960 (1974)

[12] Miellou, J.-C.: Itérations chaotiques à retards; études de la convergence dans le cas d'espaces partiellement ordonnés, Comptes Rendus de l'Acad. Sci. Paris, Ser. A, **280**, 233–236 (1975)

[13] Miellou, J.-C.: Algorithmes de relaxation chaotique à retards, Revue d'Automatiques, Informatiques et Recherche Opérationelle **9**, R-1, 55–82 (1975)

[14] Ostrowski, A.: Iterative Solution of Linear Systems of Functional Equations, J. Math. Anal. Appl. **2**, 351–369 (1961)

[15] Robert, F., Charnay, M., Musy, F.: Itérations chaotiques série–parallèle pour des équations non–linéaires de point fixe, Apl. Mat. **20**, 1–38 (1975)

[16] Shao, J., Kang, L.: An asynchronous parallel mixed algorithm for linear and nonlinear equations, Parallel Comput. **5**, 313–321 (1987)

[17] Üresin, A., Dubois, M.: Sufficient Conditions for the Convergence of Asynchronous Iterations, Parallel Comput. **10**, 83–92 (1989)

Anhang A

Hilfsmittel aus der linearen Algebra

Wir stellen hier in aller Kürze die für uns besonders wichtigen Hilfsmittel und Sachverhalte aus der linearen Algebra zusammen. Ausführlichere und weiterreichende Darstellungen finden sich in den einführenden Kapiteln fast aller Bücher über numerische lineare Algebra, von denen wir eine äußerst enge Auswahl am Ende dieses Anhangs angeben. Wenn Beweise im Text nicht ausgeführt werden, verweisen wir stets auf eines dieser Bücher. (Meistens finden sich die Beweise auch in den anderen Referenzen.)

A.1 Normen

A.1.1 Definition: Die Abbildung

$$\|\cdot\| : \mathbf{R}^n \to \mathbf{R}, \quad x \longmapsto \|x\|,$$

heißt *Norm* auf $\mathbf{R}^n$, falls für alle $x, y \in \mathbf{R}^n, \ \alpha \in \mathbf{R}$, gilt:

(i) $\|x\| \geq 0, \ \|x\| = 0 \Leftrightarrow x = 0,$

(ii) $\|\alpha x\| = |\alpha| \|x\|,$

(iii) $\|x + y\| \leq \|x\| + \|y\|.$

A.1.2 Beispiel: Für $1 \leq p \leq \infty$ ist die *l_p–Norm* $\|\cdot\|_p$ auf $\mathbf{R}^n$ erklärt durch

$$\|x\|_p = \begin{cases} \left(\sum_{i=1}^{n} |x_i|^p\right)^{1/p} & \text{für } p < \infty \\ \max\{|x_i| \mid i = 1, \ldots, n\} & \text{für } p = \infty. \end{cases}$$

Während die Eigenschaften (i) und (ii) aus Definition A.1.1 für jede l_p–Norm sofort einzusehen sind, ist der Nachweis von A.1.1(iii) für $1 < p < \infty$ etwas aufwendiger (s. [2], Exercise 1.2.3). Häufig verwendet werden l_1–, l_2– und l_∞–Norm, welche man auch als *Summen–*, *Euklid–* bzw. *Maximum-Norm* bezeichnet.

Die von zwei verschiedenen Normen erzeugten Topologien auf $\mathbf{R}^n$ sind stets gleich, wie der folgende Satz über die Normäquivalenz zeigt.

A.1.3 Satz ([3], Satz 4.4.6)**:** Es seien $\|\cdot\|$ und $\|\cdot\|_*$ zwei Normen auf $\mathbf{R}^n$. Dann existieren Zahlen $\alpha, \beta > 0$, so daß für alle $x \in \mathbf{R}^n$ gilt

$$\alpha\|x\| \leq \|x\|_* \leq \beta\|x\|.$$

A.1.4 Definition: Es sei $\|\cdot\|$ eine Norm auf $\mathbf{R}^n$. Dann heißt die Abbildung

$$\|\cdot\| : \mathbf{R}^{n\times n} \to \mathbf{R}, \quad A \longmapsto \|A\| = \sup\left\{\frac{\|Ax\|}{\|x\|} \mid x \neq 0\right\}$$

zu $\|\cdot\|$ gehörige *Operatornorm.*

Das Symbol $\|\cdot\|$ wird also in zwei Bedeutungen – als Norm in $\mathbf{R}^n$ und als Operatornorm in $\mathbf{R}^{n\times n}$ – gebraucht. Daß $\|A\|$ tatsächlich immer eine nichtnegative reelle Zahl darstellt, folgt aus Teil (i) des nächsten Satzes, welcher einige elementare Eigenschaften der Operatornorm zusammenfaßt.

A.1.5 Satz ([3], S.151f.)**:** Es sei $\|\cdot\|$ eine Norm auf $\mathbf{R}^n$, $x \in \mathbf{R}^n$, $A, B \in \mathbf{R}^{n\times n}$ und $\alpha \in \mathbf{R}$. Dann gilt:

(i) $\|A\| = \max\{\|Ax\| \mid \|x\| = 1\}$,

(ii) $\|Ax\| \leq \|A\|\|x\|$,

(iii) $\|A\| \geq 0$, $\|A\| = 0 \Leftrightarrow A = 0$,

(iv) $\|\alpha A\| = |\alpha|\|A\|$,

(v) $\|A+B\| \leq \|A\| + \|B\|$,

(vi) $\|AB\| \leq \|A\|\|B\|$.

Wegen (iii)–(v) ist jede Operatornorm eine Norm auf $\mathbf{R}^{n\times n}$ (im Sinne von A.1.1). Manchmal ist es günstig, mit anderen Normen als den l_p–Normen aus Beispiel A.1.2 zu arbeiten. Eine Möglichkeit, weitere Normen zu erzeugen, gibt der nächste Satz.

A.1.6 Satz: Es sei $\|\cdot\|$ eine Norm auf $\mathbf{R}^n$ und $P \in \mathbf{R}^{n\times n}$, P nichtsingulär. Dann ist die *P–Norm*

$$\|\cdot\|_P : \mathbf{R}^n \to \mathbf{R}, \quad x \longmapsto \|Px\|,$$

ebenfalls eine Norm auf $\mathbf{R}^n$. Ist $A \in \mathbf{R}^{n\times n}$, so gilt für die zugehörige Operatornorm

$$\|A\|_P = \|PAP^{-1}\|.$$

Beweis: Wie man durch einfaches Nachrechnen sofort bestätigt, erfüllt $\|\cdot\|_P$ die Bedingungen (i)–(iii) für eine Norm aus Definition A.1.1. Da P nichtsingulär ist, läßt sich jeder Vektor $x \in \mathbf{R}^n$, $x \neq 0$, darstellen als $x = Py$ mit $y \neq 0$. Umgekehrt läßt sich $y \in \mathbf{R}^n$, $y \neq 0$, stets schreiben als $y = P^{-1}x$ mit $x \neq 0$. Also gilt

$$\begin{aligned} \|A\|_P &= \sup\left\{\frac{\|Ax\|_P}{\|x\|_P} \mid x \neq 0\right\} \\ &= \sup\left\{\frac{\|PAx\|}{\|Px\|} \mid x \neq 0\right\} \\ &= \sup\left\{\frac{\|PAP^{-1}y\|}{\|y\|} \mid y \neq 0\right\} \\ &= \|PAP^{-1}\|. \end{aligned}$$

□

Bevor wir für einige Spezialfälle angeben, wie die Operatornorm einer Matrix aus den Matrixelementen bestimmt werden kann, führen wir den Begriff des Spektralradius ein.

A.1.7 Definition: Für $A \in \mathbf{R}^{n\times n}$ ist der *Spektralradius* $\rho(A)$ definiert als

$$\rho(A) = \max\{|\lambda| \mid \lambda \text{ ist Eigenwert von } A\}.$$

Dabei ist das Maximum über die Beträge sämtlicher, also eventuell auch der komplexen Eigenwerte von A zu nehmen.

A.1.8 Satz ([2], Theorem 1.3.4 und 1.3.5)**:** Für $A = (a_{ij}) \in \mathbf{R}^{n\times n}$ gilt:

(i) $\|A\|_1 = \max\left\{\sum_{i=1}^{n} |a_{ij}| \mid j = 1,\ldots,n\right\}$,

(ii) $\|A\|_2 = \sqrt{\rho(A^T A)}$,

(iii) $\|A\|_\infty = \max\left\{\sum_{j=1}^{n} |a_{ij}| \mid i = 1,\ldots,n\right\}$.

Wir beenden diesen Abschnitt mit zwei weiteren wichtigen Aussagen über den Spektralradius.

A.1.9 Satz ([3], S. 23f.)**:** Sei $A \in \mathbf{R}^{n\times n}$. Dann existiert zu jedem $\epsilon > 0$ eine Norm $\|\cdot\|$ auf $\mathbf{R}^n$, so daß für die zugehörige Operatornorm gilt

$$\|A\| \leq \rho(A) + \epsilon.$$

Ist $\|\cdot\|$ eine beliebige Norm auf $\mathbf{R}^n$, so gilt darüber hinaus für die zugehörige Operatornorm

$$\rho(A) \leq \|A\|.$$

A.1.10 Satz ([4], S. 80ff.)**:** Der Spektralradius hängt stetig von den Matrixelementen ab. Das bedeutet: Für die Matrix $A \in \mathbf{R}^{n\times n}$ existiert zu jedem $\epsilon > 0$ eine Zahl $\delta > 0$, so daß für jede Matrix $B = (b_{ij}) \in \mathbf{R}^{n\times n}$ gilt

$$|b_{ij} - a_{ij}| < \delta, \;\; i,j = 1,\ldots,n \;\;\Rightarrow\;\; |\rho(B) - \rho(A)| < \epsilon.$$

A.2 Konvergenz von Iterationsverfahren

Als Hauptresultat dieses Abschnitts werden wir zeigen, daß die Konvergenz eines Iterationsverfahrens mit der Iterationsmatrix $H \in \mathbf{R}^{n\times n}$ zu der Bedingung

$$\rho(H) < 1$$

äquivalent ist, und daß in diesem Falle $\rho(H)$ als — im weiteren näher zu präzisierendes — Maß für die Konvergenzgeschwindigkeit genommen werden kann. Wir formulieren zuvor jedoch einige Ergebnisse über die Konvergenz von Potenzen und Reihen von Matrizen.

A.2.1 Satz: Es sei $A \in \mathbf{R}^{n\times n}$. Dann gilt

$$\rho(A) < 1 \Leftrightarrow \lim_{k\to\infty} A^k = 0.$$

Beweis: Zuerst sei $\rho(A) < 1$. Nach Satz A.1.9 existiert eine Norm $\|\cdot\|$ auf $\mathbf{R}^n$, so daß für die zugehörige Operatornorm immer noch

$$\|A\| < 1$$

gilt. Wegen A.1.5(vi) ist für $k = 0, 1, \ldots$

$$\|A^k\| \leq \|A\|^k,$$

woraus sich wegen $\lim_{k\to\infty} \|A\|^k = 0$ die Gleichung $\lim_{k\to\infty} A^k = 0$ ergibt.

Ist umgekehrt $\lim_{k\to\infty} A^k = 0$ und $x \in \mathbf{C}^n$ ein Eigenvektor zum Eigenwert $\lambda \in \mathbf{C}$ von A mit $|\lambda| = \rho(A)$, so gilt

$$0 = \lim_{k\to\infty} A^k x = \lim_{k\to\infty} \lambda^k x.$$

Wegen $x \neq 0$ folgt hieraus jedoch $|\lambda| < 1$. □

Mit Hilfe von Satz A.2.1 erhalten wir eine Aussage über die Konvergenz der Reihe $\sum_{k=0}^{\infty} A^k$, welche in Anhang B verwendet wird.

A.2.2 Satz: Es sei $A \in \mathbf{R}^{n\times n}$. Die *Neumann-Reihe* $\sum_{k=0}^{\infty} A^k$ konvergiert genau dann, wenn $\rho(A) < 1$ ist. Im Falle der Konvergenz gilt

$$\sum_{k=0}^{\infty} A^k = (I - A)^{-1}.$$

Beweis: Ist $\rho(A) \geq 1$, so strebt A^k nach Satz A.2.1 *nicht* gegen 0 für $k \to \infty$. Also divergiert die Neumann-Reihe. Im Fall $\rho(A) < 1$ ist die Matrix $I - A$ nichtsingulär. Für alle $m \in \mathbf{N}$ gilt

$$(I - A)\sum_{k=0}^{m} A^k = I - A^{m+1},$$

d.h.

$$\sum_{k=0}^{m} A^k = (I - A)^{-1} - (I - A)^{-1} A^{m+1}.$$

Da nach Satz A.2.1 $\lim_{m\to\infty} A^m = 0$ ist, konvergiert die Neumann–Reihe gegen $(I - A)^{-1}$. □

Wir betrachten jetzt Iterationsverfahren der Gestalt

$$x^{k+1} = Hx^k + c, \quad k = 0, 1, \ldots, \tag{A.1}$$

mit $H \in \mathbf{R}^{n\times n}$, $c \in \mathbf{R}^n$ und einem Startvektor $x^0 \in \mathbf{R}^n$.

A.2.3 Definition: Das Iterationsverfahren (A.1) heißt *konvergent* (gegen x^*), falls ein Vektor x^* existiert, so daß unabhängig von der Wahl des Startvektors x^0 für die Iterierten x^k aus (A.1) gilt

$$\lim_{k\to\infty} x^k = x^*.$$

Im Falle der Konvergenz von (A.1) existiert also ein *eindeutiger* Vektor x^* mit der Eigenschaft

$$x^* = Hx^* + c.$$

Ist nämlich y^* irgendein Vektor mit $y^* = Hy^* + c$, und starten wir die Iteration (A.1) mit $x^0 = y^*$, so ergibt sich $x^k = y^*$, $k = 0, 1, \ldots$, und damit

$$y^* = \lim_{k\to\infty} x^k = x^*.$$

Der folgende Satz gibt eine notwendige und hinreichende Bedingung für die Konvergenz des Verfahrens (A.1).

A.2.4 Satz: Das Verfahren (A.1) ist konvergent genau dann, wenn gilt

$$\rho(H) < 1.$$

Beweis: Ist (A.1) konvergent gegen x^*, so haben wir für jede Iteriertenfolge $\{x^k\}$

$$\lim_{k\to\infty} (x^k - x^*) = 0.$$

Wegen $x^* = Hx^* + c$ gilt für $k \geq 1$

$$\begin{aligned} x^k - x^* &= Hx^{k-1} + c - (Hx^* + c) \\ &= H(x^{k-1} - x^*) \end{aligned}$$

und damit

$$x^k - x^* = H^k(x^0 - x^*).$$

Bei beliebiger Wahl von x^0 nimmt auch $x^0 - x^*$ jeden beliebigen Wert an. Daher gilt für alle $y \in \mathbf{R}^n$

$$\lim_{k\to\infty} H^k y = 0$$

und damit $\lim_{k\to\infty} H^k = 0$. Nach Satz A.2.1 folgt daraus

$$\rho(H) < 1.$$

Gilt umgekehrt $\rho(H) < 1$, so ist $I - H$ nichtsingulär. Die Gleichung

$$x = Hx + c$$

besitzt also genau eine Lösung x^* mit $x^* = (I - H)^{-1}c$. Mit diesem x^* gilt wieder wie vorhin

$$x^k - x^* = H^k(x^0 - x^*), \quad k = 0, 1, \ldots \ .$$

Wegen $\rho(H) < 1$ erhalten wir mit Satz A.2.1 also

$$\lim_{k\to\infty} x^k = x^*,$$

unabhängig von x^0. □

Wir definieren nun den asymptotischen Konvergenzfaktor für ein konvergentes Verfahren der Gestalt (A.1). Aufgrund seiner Definition kann dieser Konvergenzfaktor als Maß für die Konvergenzgeschwindigkeit von (A.1) angesehen werden. Es wird sich dann herausstellen, daß der Konvergenzfaktor identisch ist mit dem Spektralradius der Iterationsmatrix (Satz A.2.6).

A.2.5 Definition: Das Iterationsverfahren (A.1) sei konvergent gegen x^*. $\mathcal{C}$ sei die Menge aller zu verschiedenen Startvektoren x^0 gehörigen, durch (A.1) generierten Folgen $\{x^k\}$. Dann heißt die Zahl α mit

$$\alpha = \alpha(A.1) := \sup \left\{ \limsup_{k\to\infty} (\|x^k - x^*\|)^{1/k} \mid \{x^k\} \in \mathcal{C} \right\}$$

asymptotischer Konvergenzfaktor von (A.1).

Der asymptotische Konvergenzfaktor ist unabhängig von der speziellen Wahl für die Norm $\|\cdot\|$. Aufgrund des Normäquivalenzsatzes A.1.3 und der Tatsache, daß für alle $\beta > 0$ gilt

$$\lim_{k\to\infty} \beta^{1/k} = 1,$$

ist nämlich

$$\limsup_{k\to\infty} (\|x^k - x^*\|)^{1/k}$$

unabhängig von $\|\cdot\|$.

Für einen beliebigen Startvektor x^0 existiert zu vorgegebenem $\epsilon > 0$ ein Index k_ϵ, so daß für alle $k \geq k_\epsilon$ die Abschätzung

$$\|x^k - x^*\| \leq (\alpha + \epsilon)^k$$

gilt. Andererseits existiert zu beliebigem $\epsilon > 0$ ein Startvektor x^0, so daß für die mit ihm erzeugten Iterierten für unendlich viele k die Abschätzung

$$\|x^k - x^*\| \geq (\alpha - \epsilon)^k$$

richtig ist. Grob gesprochen bedeutet der asymptotische Konvergenzfaktor α also, daß alle Iteriertenfolgen $\{x^k\}$ mindestens so schnell gegen x^* konvergieren wie die geometrische Zahlenfolge $\{\alpha^k\}$ gegen Null strebt. Bei geeigneter Wahl für den Startvektor konvergiert $\{x^k\}$ jedoch langsamer gegen x^* als jede Zahlenfolge $\{\beta^k\}$ mit $0 < \beta < \alpha$.

Im nächsten Satz beweisen wir den angekündigten Zusammenhang zwischen asymptotischem Konvergenzfaktor und $\rho(A)$.

A.2.6 Satz: Das Verfahren (A.1) sei konvergent. Dann gilt

$$\alpha(A.1) = \rho(H).$$

Beweis: Zu $\epsilon > 0$ existiert nach Satz A.1.9 eine Norm $\|\cdot\|$ mit

$$\|H\| \leq \rho(H) + \epsilon.$$

Ist x^* Fixpunkt des Verfahrens (A.1) so gilt $x^* = Hx^* + c$, also $x^k - x^* = H(x^{k-1} - x^*) = \ldots = H^k(x^0 - x^*)$. Hieraus erhalten wir mit Satz A.1.5

$$\|x^k - x^*\| \leq \|H\|^k \|x^0 - x^*\| \leq (\rho(H) + \epsilon)^k \|x^0 - x^*\|$$

und damit $\limsup_{k\to\infty} \|x^k - x^*\|^{1/k} \le \rho(H)+\epsilon$, unabhängig vom Startvektor x^0. Weil außerdem $\epsilon > 0$ beliebig war, folgt so

$$\alpha \le \rho(H).$$

Wir bestimmen jetzt noch einen Startvektor x^0, so daß für die zugehörige Iteriertenfolge $\{x^k\}$ gerade

$$\limsup_{k\to\infty} \|x^k - x^*\|^{1/k} = \rho(H)$$

gilt. Wir müssen dazu zwei Fälle unterscheiden.
Existiert ein *reeller* Eigenwert λ von H mit $|\lambda| = \rho(H)$ und ist x ein zugehöriger Eigenvektor, so wählen wir

$$x^0 = x^* + x.$$

Dann folgt nämlich aus $x^k - x^* = H^k(x^0 - x^*)$ unmittelbar

$$\|x^k - x^*\| = |\lambda|^k \|x\|$$

und damit $\limsup_{k\to\infty} \|x^k - x^*\|^{1/k} = |\lambda| = \rho(H)$. Existiert kein reeller Eigenwert vom Betrag $\rho(H)$, so gibt es ein Paar von zueinander konjugiert komplexen Eigenwerten λ und $\overline{\lambda}$ von H mit $|\lambda| = \rho(H)$ und zugehörigen konjugiert komplexen Eigenvektoren x und $\overline{x}$. Wir ergänzen die Vektoren $e_1 = x, e_2 = \overline{x}$ zu einer Basis $\{e_1, \ldots, e_n\}$ von $\mathbf{C}^n$ und betrachten auf $\mathbf{C}^n$ die Norm

$$\|\cdot\|_* : \ y = \sum_{i=1}^{n} \zeta_i e_i \longmapsto \sum_{i=1}^{n} |\zeta_i|.$$

(Man prüft leicht nach, daß $\|\cdot\|_*$ tatsächlich eine Norm darstellt). Weil H eine reelle Matrix ist, verschwindet der Realteil von x nicht (andernfalls wäre λ reell, was wir ausgeschlossen haben). Wir wählen für x^0 den Vektor $x^0 = x^* + Re(x) = x^* + \frac{1}{2}(x + \overline{x})$. Dann gilt

$$x^k - x^* = H^k(x^0 - x^*) = \frac{1}{2}\left(\lambda^k e_1 + \overline{\lambda}^k e_2\right),$$

also

$$\|x^k - x^*\|_* = \frac{1}{2}\left(|\lambda|^k + |\overline{\lambda}|^k\right) = |\lambda|^k = (\rho(H))^k,$$

woraus $\limsup_{k\to\infty} \|x^k - x^*\|_*^{1/k} = \rho(H)$ folgt. □

Der Spektralradius der Iterationsmatrix kann also direkt als Maß für die Konvergenzgeschwindigkeit eines Iterationsverfahrens genommen werden. Je kleiner der Spektralradius, desto „schneller" konvergiert das Verfahren. Vor diesem Hintergrund ist auch die Sprechweise „Verfahren V1 konvergiert langsamer (nicht schneller) als Verfahren V2" zu verstehen. Wir meinen damit einfach, daß für die Spektralradien der jeweiligen Iterationsmatrizen H_1 und H_2 eine Abschätzung der Form $\rho(H_1) > \rho(H_2)$ bzw. $\rho(H_1) \geq \rho(H_2)$ bekannt ist.

Solche Interpretationen sollten jedoch nicht zu eng ausgelegt werden. Aufgrund seiner Definition beschreibt der asymptotische Konvergenzfaktor nur das Verhalten der Iterierten nach sehr vielen Iterationsschritten unter Berücksichtigung der denkbar schlechtesten Wahl für den Startvektor.

A.3 Symmetrisch positiv definite Matrizen

A.3.1 Definition: Es sei $A \in \mathbf{R}^{n \times n}$.

(i) A heißt *positiv definit*, falls für alle Vektoren $x \in \mathbf{R}^n$, $x \neq 0$, gilt

$$x^T A x > 0.$$

(ii) A heißt *symmetrisch positiv definit*, falls A positiv definit und symmetrisch ist, d.h. es gilt zusätzlich zu (i)

$$A^T = A.$$

Wir fassen einige wichtige Eigenschaften symmetrisch positiv definiter Matrizen zusammen.

A.3.2 Satz: Die Matrix $A = (a_{ij}) \in \mathbf{R}^{n \times n}$ sei symmetrisch positiv definit. Dann gilt:

(i) $a_{ii} > 0$ für $i = 1, \ldots, n$.

(ii) Für alle $x \in \mathbf{C}^n, x \neq 0$, ist $\overline{x}^T A x > 0$.

(iii) Alle Eigenwerte von A sind reell und positiv.

Beweis: (i) : Es bezeichne $e_i \in \mathbf{R}^n$ den i–ten kartesischen Einheitsvektor. Dann ist für $i = 1, \ldots, n$

$$0 < e_i^T A e_i = a_{ii}.$$

(ii) : Wir schreiben für $x \in \mathbf{C}^n$

$$x = \mathrm{Re}(x) + i\ \mathrm{Im}(x), \quad \mathrm{Re}(x), \mathrm{Im}(x) \in \mathbf{R}^n,$$

und erhalten so

$$\begin{aligned}\overline{x}^T A x &= \mathrm{Re}(x)^T A\ \mathrm{Re}(x) - i\ \mathrm{Im}(x)^T A\ \mathrm{Re}(x) + i\ \mathrm{Re}(x)^T A\ \mathrm{Im}(x) \\ &\quad + \mathrm{Im}(x)^T A\ \mathrm{Im}(x).\end{aligned}$$

Wegen der Symmetrie von A ist $\mathrm{Im}(x)^T A\ \mathrm{Re}(x) = \mathrm{Re}(x)^T A\ \mathrm{Im}(x)$. Damit ergibt sich

$$\overline{x}^T A x = \mathrm{Re}(x)^T A\ \mathrm{Re}(x) + \mathrm{Im}(x)^T A\ \mathrm{Im}(x).$$

Die Summanden auf der rechten Seite sind beide nichtnegativ; für $x \neq 0$ ist mindestens einer positiv.
(iii) : Ist λ ein Eigenwert von A und x ein zugehöriger Eigenvektor, so ist

$$\overline{x}^T A x = \overline{x}^T \lambda x = \lambda \left(\|\mathrm{Re}(x)\|_2^2 + \|\mathrm{Im}(x)\|_2^2 \right).$$

Da nach (ii) die Zahl $\overline{x}^T A x$ positiv ist, folgt sofort $\lambda > 0$. □

Wir beweisen abschließend eine wichtige Aussage über die Konvergenz von Iterationsverfahren, welche durch bestimmte Zerlegungen einer symmetrisch positiv definiten Matrix A erzeugt werden. Wir benötigen dazu den folgenden, grundlegenden Satz von Stein.

A.3.3 Satz: $A \in \mathbf{R}^{n\times n}$ sei symmetrisch positiv definit, und $H \in \mathbf{R}^{n\times n}$ sei so gewählt, daß auch die Matrix $A - H^T A H$ symmetrisch positiv definit ist. Dann gilt

$$\rho(H) < 1.$$

Beweis: Wir bemerken zunächst, daß die Matrix $A - H^T A H$ für jede Wahl von H zumindest symmetrisch ist. Nun sei $\lambda \in \mathbf{C}$ ein Eigenwert von H und $x \in \mathbf{C}^n$ ein zugehöriger Eigenvektor. Nach Satz A.3.2 gilt dann

$$0 < \overline{x}^T (A - H^T A H) x$$

und damit

$$\begin{aligned} 0 \ < \ \overline{x}^T A x - (H\overline{x})^T A (H x) &= \overline{x}^T A x - \overline{\lambda}\lambda\ \overline{x}^T A x \\ &= (1 - |\lambda|^2) \overline{x}^T A x, \end{aligned}$$

woraus sich $|\lambda| < 1$ ergibt. □

A.3.4 Satz: Die Matrix $A \in \mathbf{R}^{n \times n}$ sei symmetrisch positiv definit, und es sei $A = P - Q$ mit einer nichtsingulären Matrix $P \in \mathbf{R}^{n \times n}$ und $Q \in \mathbf{R}^{n \times n}$. Außerdem sei die Matrix $P^T + Q$ positiv definit. Dann gilt

$$\rho(P^{-1}Q) < 1.$$

Beweis: Wir zeigen, daß die Matrix $B = A - (P^{-1}Q)^T A(P^{-1}Q)$ positiv definit ist. Mit Satz A.3.3 folgt daraus dann $\rho(P^{-1}Q) < 1$.

Unter Verwendung von $Q = P - A$ erhalten wir

$$\begin{aligned} B &= A - (I - P^{-1}A)^T A(I - P^{-1}A) \\ &= (P^{-1}A)^T A + AP^{-1}A - (P^{-1}A)^T A(P^{-1}A) \\ &= (P^{-1}A)^T (P + P^T - A)(P^{-1}A). \end{aligned}$$

Bezeichnen wir für $x \in \mathbf{R}^n$ mit y den Vektor $(P^{-1}A)x$, so gilt

$$\begin{aligned} x^T Bx &= y^T (P + P^T - A)y \\ &= y^T (P^T + Q)y. \end{aligned}$$

Für $x \neq 0$ ist $y \neq 0$, denn P^{-1} und A sind nichtsingulär. Mit $P^T + Q$ ist also auch die Matrix B positiv definit. □

Literaturhinweise:

[1] Golub, G., van Loan, Ch.: Matrix Computations, 2nd Edition, Baltimore: Johns Hopkins (1989)

[2] Ortega, J.: Numerical Analysis, a Second Course, New York: Academic Press (1972)

[3] Stoer, J.: Einführung in die Numerische Mathematik I, 3. Auflage, Berlin: Springer (1979)

[4] Stoer, J., Bulirsch, R.: Einführung in die Numerische Mathematik II, 2. Auflage, Berlin: Springer (1978)

[5] Varga, R.: Matrix Iterative Analysis, Englewood Cliffs, N.J.: Prentice Hall (1962)

Anhang B

Nichtnegative Matrizen

In diesem Anhang stellen wir einige wichtige technische Hilfsmittel bereit, wie sie bei Aussagen über die Durchführbarkeit von Eliminationsverfahren und die Konvergenz bei Iterationsverfahren benötigt werden. Neben dem fundamentalen Satz von Perron–Frobenius formulieren wir einige weitere nützliche Resultate zur Abschätzung der Spektralradien nichtnegativer Matrizen. In den Abschnitten B.2 und B.3 verwenden wir diese Sätze bei der Untersuchung der Eigenschaften von $M-$ und $H-$Matrizen.

Als Referenzen für diesen Teil des Anhangs genügen jeweils die Kapitel 2 der Bücher [1], [2] und [3]; speziell für $H-$Matrizen zusätzlich Kapitel 7 aus [1].

B.1 Aussagen über den Spektralradius

B.1.1 Definition: Es seien $A = (a_{ij})$, $B = (b_{ij})$ zwei $n \times m-$Matrizen. Dann sind die Relationen „$\leq$" und „$<$" auf $\mathbf{R}^{n\times m}$ definiert durch

$$\begin{aligned} A \leq B \quad &\Leftrightarrow \quad a_{ij} \leq b_{ij}, \ i = 1,\ldots,n, \ j = 1,\ldots,m, \\ A < B \quad &\Leftrightarrow \quad a_{ij} < b_{ij}, \ i = 1,\ldots,n, \ j = 1,\ldots,m. \end{aligned}$$

Gilt $0 \leq A$ $(0 < A)$, so nennt man A *nichtnegativ* (*positiv*).

Durch Identifikation von $\mathbf{R}^{n\times 1}$ mit $\mathbf{R}^n$ sind über Definition B.1.1 die Relationen $\leq$ und $<$ auch in $\mathbf{R}^n$ erklärt. Die Relation $\leq$ ist im übrigen eine Halbordnung, welche man als *natürliche Halbordnung* bezeichnet.

B.1.2 Definition: Die Matrix $A = (a_{ij}) \in \mathbf{R}^{n \times n}$ heißt *reduzibel*, falls eine nichtleere echte Teilmenge J von $\{1, \ldots, n\}$ existiert mit

$$a_{ij} = 0 \text{ für } i \in J, \; j \notin J.$$

Andernfalls heißt A *irreduzibel*.

Ist π eine Permutation, welche die Elemente von J auf die ersten q natürlichen Zahlen abbildet und P die zugehörige $n \times n$–Permutationsmatrix, so kann man eine reduzible Matrix A auch dadurch charakterisieren, daß für sie gilt

$$PAP^T = \begin{pmatrix} A_{11} & 0 \\ A_{21} & A_{22} \end{pmatrix} \text{ mit } A_{11} \in \mathbf{R}^{q \times q}, \; A_{22} \in \mathbf{R}^{(n-q) \times (n-q)}.$$

Wie das nachfolgende Beispiel zeigt, liegen in der Nähe einer jeden quadratischen Matrix beliebig viele irreduzible Matrizen.

B.1.3 Beispiel: Für $A = (a_{ij}) \in \mathbf{R}^{n \times n}$ sei ϵ_0 durch

$$\epsilon_0 := \min\{|a_{ij}| \mid a_{ij} \neq 0\}$$

erklärt. Dann ist für $0 < |\epsilon| < \epsilon_0$ die Matrix

$$A_\epsilon = A + \epsilon \begin{pmatrix} 1 & \ldots & 1 \\ \vdots & & \vdots \\ 1 & \ldots & 1 \end{pmatrix}$$

irreduzibel, denn alle Elemente von A_ϵ sind verschieden von Null.

Mit diesen einleitenden Definitionen sind wir nun in der Lage, den Satz von Perron–Frobenius zu formulieren.

B.1.4 Satz ([3], Theorem 2.1 und 2.7)**:** Die Matrix $A \in \mathbf{R}^{n \times n}$ sei nichtnegativ. Dann gilt:

(i) $\rho(A)$ ist Eigenwert von A.

(ii) Zum Eigenwert $\rho(A)$ existiert ein nichtnegativer Eigenvektor u, d.h. es existiert $u \in \mathbf{R}^n$, $u \geq 0$, $u \neq 0$, mit

$$Au = \rho(A)u.$$

(iii) Aus $A \leq B$ folgt $\rho(A) \leq \rho(B)$.

Ist A zusätzlich irreduzibel, so gelten überdies die schärferen Aussagen:

(iv) $\rho(A)$ ist einfacher Eigenwert von A.

(v) Es existiert ein positiver Eigenvektor von A zum Eigenwert $\rho(A)$, d.h. es existiert $u \in \mathbf{R}^n, u > 0$, mit

$$Au = \rho(A)u.$$

(vi) Aus $A \leq B, \quad A \neq B$ folgt $\rho(A) < \rho(B)$.

B.1.5 Definition: Es sei $a = (a_1, \ldots, a_n)^T \in \mathbf{R}^n$. Dann bezeichnet diag$(a)$ die $n \times n$–Diagonalmatrix

$$\text{diag}(a) = C = (c_{ij}) \in \mathbf{R}^{n \times n} \quad \text{mit } c_{ij} = \begin{cases} a_i & \text{für } i = j \\ 0 & \text{sonst} \end{cases} .$$

B.1.6 Definition: Es sei $u \in \mathbf{R}^n, \ u > 0$, und $U = \text{diag}(u_1, \ldots, u_n) \in \mathbf{R}^{n \times n}$. Dann ist die *u–Norm* $\|\cdot\|_u$ auf $\mathbf{R}^n$ definiert durch

$$\|x\|_u = \|U^{-1}x\|_\infty.$$

Die u–Norm ist also ein Spezialfall der in Satz A.1.6 behandelten *P*–Normen. Nach A.1.6 erhalten wir für die zugehörige Operatornorm für $A \in \mathbf{R}^{n \times n}$

$$\|A\|_u = \|U^{-1}AU\|_\infty.$$

B.1.7 Satz: Es sei $A \in \mathbf{R}^{n \times n}$ mit $A \geq 0$ und $u \in \mathbf{R}^n$ mit $u > 0$. Dann sind die folgenden vier Implikationen richtig.

(i) $Au < u \quad \Rightarrow \quad \rho(A) < 1,$

(ii) $Au \leq u \quad \Rightarrow \quad \rho(A) \leq 1,$

(iii) $Au \geq u \quad \Rightarrow \quad \rho(A) \geq 1,$

(iv) $Au > u \quad \Rightarrow \quad \rho(A) > 1.$

Beweis:
(i) : Die Ungleichung $Au < u$ ist äquivalent zu

$$\|A\|_u < 1,$$

weshalb nach Satz A.1.9 sofort $\rho(A) < 1$ folgt.
(ii) : ergibt sich analog zu (i).
(iii) : Aus $Au \geq u$ erhält man durch wiederholte Multiplikation mit der nichtnegativen Matrix A

$$u \leq Au \leq A^2u \leq \ldots \leq A^ku \leq \ldots.$$

Also ist $\lim_{k\to\infty} A^ku \neq 0$ und damit auch $\lim_{k\to\infty} A^k \neq 0$, falls diese Grenzwerte überhaupt existieren. In jedem Fall folgt aus Satz A.2.1 dann $\rho(A) \geq 1$.
(iv) : Hier existiert eine Zahl $\alpha \in (0,1)$, für die immer noch

$$\alpha Au \geq u$$

gilt. Nach (iii), angewandt auf die nichtnegative Matrix αA, bedeutet dies

$$\rho(\alpha A) \geq 1$$

und damit $\rho(A) \geq 1/\alpha > 1$. □

Wir schließen diesen Abschnitt mit zwei Vergleichssätzen und einem mehr technischen Lemma über den Spektralradius ab. Wir definieren dazu zuerst den Betrag einer Matrix.

B.1.8 Definition: Es sei $A = (a_{ij}) \in \mathbf{R}^{n\times m}$. Dann bedeutet $|A|$ die Matrix

$$|A| := (|a_{ij}|) \in \mathbf{R}^{n\times m}.$$

Man bezeichnet $|A|$ als *Betrag* oder *Betragsmatrix* von A.

B.1.9 Satz: Für $A \in \mathbf{R}^{n\times n}$ gilt

$$\rho(A) \leq \rho(|A|).$$

Beweis: Aus $-|A| \leq A \leq |A|$ ergibt sich

$$-|A|^k \leq A^k \leq |A|^k, \quad k = 1, 2, \ldots\ .$$

Zu $\epsilon > 0$ sei $s_\epsilon := 1/(\rho(|A|) + \epsilon)$. Dann gilt

$$-(s_\epsilon|A|)^k \leq (s_\epsilon A)^k \leq (s_\epsilon|A|)^k, \quad k = 1, 2, \ldots,$$

und $\lim_{k\to\infty}(s_\epsilon|A|)^k = 0$ nach Satz A.2.1, denn es ist

$$\rho(s_\epsilon|A|) = \rho(|A|)/(\rho(|A|) + \epsilon) < 1.$$

Also gilt auch $\lim_{k\to\infty}(s_\epsilon A)^k = 0$ und damit (wieder nach Satz A.2.1) $\rho(s_\epsilon A) < 1$. Hieraus folgt

$$\rho(A) < 1/s_\epsilon = \rho(|A|) + \epsilon,$$

und so, weil $\epsilon > 0$ beliebig wählbar ist, schließlich

$$\rho(A) \leq \rho(|A|).$$

□

Zusammen mit dem Satz von Perron–Frobenius erhalten wir aus diesem Satz ein wichtiges Korollar.

B.1.10 Korollar: Es seien $A, B \in \mathbf{R}^{n\times n}$ mit $B \geq 0$ und

$$|A| \leq B.$$

Dann gilt

$$\rho(A) \leq \rho(B).$$

Ist außerdem A irreduzibel und $|A| \leq B$ mit $|A| \neq B$, so gilt sogar $\rho(A) < \rho(B)$.

Beweis: Die Behauptungen folgen aus Satz B.1.9 zusammen mit den Aussagen (iii) und (vi) des Satzes B.1.4. Zu beachten ist lediglich, daß A genau dann irreduzibel ist, wenn $|A|$ dies ist. □

B.1.11 Lemma: Die Matrix $A \in \mathbf{R}^{n\times n}$ sei nichtnegativ. Weiter sei $\epsilon \in \mathbf{R}, \epsilon > 0$. Dann gilt

$$\rho(A + \epsilon I) = \rho(A) + \epsilon.$$

Beweis: Jeder Eigenwert λ_ϵ von $A + \epsilon I$ läßt sich darstellen als

$$\lambda_\epsilon = \lambda + \epsilon$$

mit einem Eigenwert λ von A. Mit Hilfe der Dreiecksungleichung ergibt sich hieraus $|\lambda_\epsilon| \leq |\lambda| + \epsilon$ und damit durch Übergang zum Maximum $\rho(A + \epsilon I) \leq \rho(A) + \epsilon$. Nach dem Satz von Perron–Frobenius (Satz B.1.4) ist $\rho(A)$ Eigenwert von A, weshalb auch $\rho(A) + \epsilon$ Eigenwert von $A + \epsilon I$ ist. Also gilt sogar $\rho(A + \epsilon I) = \rho(A) + \epsilon$. □

B.2 M–Matrizen

B.2.1 Definition:

(i) Die Menge $Z^{n\times n} \subseteq \mathbf{R}^{n\times n}$ ist definiert als die Menge aller Matrizen $A = (a_{ij}) \in \mathbf{R}^{n\times n}$, für die gilt

$$a_{ij} \leq 0 \quad \text{für } i \neq j.$$

(ii) Die Matrix $A \in \mathbf{R}^{n\times n}$ heißt *M–Matrix*, falls gilt

$$A \in Z^{n\times n}$$

und außerdem die Inverse A^{-1} existiert mit

$$A^{-1} \geq 0.$$

Eine M–Matrix ist also stets nichtsingulär. Die Bedingung $A^{-1} \geq 0$ kann man durch eine Reihe äquivalenter Bedingungen ersetzen, mit denen häufig leichter umzugehen ist. Wir führen zwei davon im nächsten Satz auf.

B.2.2 Satz: Es sei $A \in Z^{n\times n}$. Dann sind die folgenden drei Aussagen äquivalent:

(i) A^{-1} existiert und $A^{-1} \geq 0$.

(ii) Es existiert ein Vektor $u \in \mathbf{R}^n$, $u > 0$, mit $Au > 0$.

(iii) Es existiert eine Matrix $B \in \mathbf{R}^{n\times n}, B \geq 0$, und eine Zahl $s \in \mathbf{R}$, $s > \rho(B)$ mit
$$A = sI - B.$$

Beweis: Wir machen den Ringschluß : (i) $\Rightarrow$ (ii) $\Rightarrow$ (iii) $\Rightarrow$ (i).
(i) $\Rightarrow$ (ii): Die nichtnegative Matrix A^{-1} enthält keine Nullzeile, denn sonst wäre sie singulär. Setzen wir

$$u := A^{-1}(1,\ldots,1)^T,$$

so ist $u > 0$ und

$$Au = AA^{-1}(1,\ldots,1)^T = (1,\ldots,1)^T > 0.$$

(ii) $\Rightarrow$ (iii): Wir setzen

$$s := \max\{a_{ii} \mid i = 1, \dots, n\}.$$

Nach (ii) sind alle Diagonalelemente von A positiv (andernfalls wäre $Au > 0$ für kein $u > 0$ erfüllbar). Also ist $s > 0$, und es gilt

$$A = sI - B$$

mit $B \geq 0$. Daraus erhalten wir mit dem Vektor $u > 0$

$$Au = su - Bu > 0,$$

insbesondere

$$(1/s)Bu < u.$$

Weil $(1/s)B$ eine nichtnegative Matrix ist, ergibt sich daraus nach Satz B.1.7

$$\rho((1/s)B) < 1,$$

also $\rho(B) < s$.
(iii) $\Rightarrow$ (i): Nach Voraussetzung ist

$$A = s(I - (1/s)B)$$

mit $\rho((1/s)B) < 1$. Nach Satz A.2.2 existiert $(I - (1/s)B)^{-1}$, und es gilt

$$(I - (1/s)B)^{-1} = \sum_{k=0}^{\infty}((1/s)B)^k.$$

Mit B ist auch $((1/s)B)^k$ nichtnegativ für $k = 0, 1, \dots$, so daß

$$(I - (1/s)B)^{-1} \geq 0$$

gilt. Die Inverse von A existiert demnach ebenfalls und erfüllt

$$A^{-1} = (1/s)(I - (1/s)B)^{-1} \geq 0.$$

□

Eine im Beweis zu diesem Satz vorgekommene Folgerung wollen wir separat festhalten.

B.2.3 Korollar: Die Diagonalelemente einer M–Matrix sind alle positiv.

Bevor wir in Satz B.2.5 spezielle Klassen von M–Matrizen angeben werden, führen wir einige Begriffe zur *Diagonaldominanz* einer Matrix ein.

B.2.4 Definition: Es sei $A = (a_{ij}) \in \mathbf{R}^{n\times n}$.

(i) A heißt *diagonal dominant*, falls gilt

$$|a_{ii}| \geq \sum_{j=1,j\neq i}^{n} |a_{ij}|, \quad i = 1, \ldots, n.$$

(ii) A heißt *streng diagonal dominant*, falls gilt

$$|a_{ii}| > \sum_{j=1,j\neq i}^{n} |a_{ij}|, \quad i = 1, \ldots, n.$$

(iii) A heißt *irreduzibel diagonal dominant*, falls A irreduzibel und diagonal dominant ist und für mindestens ein $i_0 \in \{1, \ldots, n\}$

$$|a_{i_0 i_0}| > \sum_{j=1,j\neq i_o}^{n} |a_{i_0 j}|$$

gilt.

B.2.5 Satz: Die Matrix $A \in Z^{n\times n}$ ist eine M–Matrix in den folgenden Fällen:

(i) Alle Diagonalelemente von A sind positiv, und A ist nichtsingulär und diagonal dominant.

(ii) Alle Diagonalelemente von A sind positiv, und A ist streng diagonal dominant.

(iii) Alle Diagonalelemente von A sind positiv, und A ist irreduzibel diagonal dominant.

(iv) A ist symmetrisch positiv definit.

Beweis: (i): Es sei $D = \operatorname{diag}(a_{11}, \ldots, a_{nn})$ und

$$D^{-1}A = I - B.$$

Dann ist $B \geq 0$, weshalb nach dem Satz von Perron–Frobenius (Satz B.1.4) $\rho(B)$ Eigenwert von B ist. Da für B außerdem gilt

$$\|B\|_\infty \leq 1,$$

ist $\rho(B) \leq 1$. Es ist sogar $\rho(B) < 1$, denn andernfalls wäre $I - B$, also $D^{-1}A$ und damit A, singulär. Also ist $D^{-1}A$ eine M–Matrix (s. Satz B.2.2(iii)), d.h. es gilt $(D^{-1}A)^{-1} \geq 0$. Hieraus ergibt sich schließlich

$$A^{-1} = (D^{-1}A)^{-1}D^{-1} \geq 0,$$

weshalb auch A eine M–Matrix ist.
(ii): Wegen (i) genügt es hier zu zeigen, daß A nichtsingulär ist. Mit denselben Bezeichnungen und auf dieselbe Weise wie in (i) erhalten wir hier aufgrund der strengen Diagonaldominanz die Ungleichung

$$\|B\|_\infty < 1$$

und daraus $\rho(B) < 1$. Also existiert die Inverse von $I - B = D^{-1}A$ und damit auch die von A.
(iii): Wir zeigen wieder, daß A nichtsingulär ist. Angenommen, es existiert $x \in \mathbf{R}^n$, $x \neq 0$, mit $Ax = 0$. Dann betrachten wir die Menge

$$\begin{aligned} J := \{i \mid\ & |x_i| \geq |x_j|,\ j = 1, \ldots, n, \\ & |x_i| > |x_k| \text{ für mindestens ein } k \in \{1, \ldots, n\}\}. \end{aligned}$$

Die Menge J ist nichtleer, denn andernfalls wäre $|x_1| = \ldots = |x_n| = \alpha \neq 0$, womit sich für die i_0–te Komponente von Ax die Ungleichung

$$\alpha \left(a_{i_0 i_0} - \sum_{j=1, j \neq i_0}^{n} |a_{i_0 j}| \right) \leq 0$$

ergäbe, im Widerspruch zur Voraussetzung. Für jedes $i \in J$ folgt mit der Dreiecksungleichung aus $(Ax)_i = 0$

$$a_{ii} \leq \sum_{j=1, j \neq i}^{n} |a_{ij}| \frac{|x_j|}{|x_i|},$$

was nur dann nicht im Widerspruch zur Diagonaldominanz von A steht, wenn $a_{ij} = 0$ ist für $|x_j| < |x_i|$. Es gilt also

$$a_{ij} = 0 \text{ für } i \in J,\ j \notin J.$$

Dies ist wegen der Irreduzibilität von A jedoch unmöglich.
(iv): Weil A positiv definit ist, sind alle Diagonalelemente von A positiv. Erklären wir die positive Zahl s durch

$$s := \max\{a_{ii} \mid i = 1, \ldots, n\},$$

so ist $A = sI - B$ mit $B \geq 0$. Nach Satz B.1.4 ist $\rho(B)$ Eigenwert von B, also $s - \rho(B)$ Eigenwert von A. Da die Eigenwerte der symmetrischen und positiv definiten Matrix A alle positiv sind (s. Satz A.3.2), folgt $s - \rho(B) > 0$ oder $s > \rho(B)$. Also ist A eine M–Matrix nach Satz B.2.2(iii). □

Wir beenden unsere Ausführungen zu M–Matrizen mit einer nützlichen Folgerung aus Satz B.2.2.

B.2.6 Lemma: Es seien $A, B \in Z^{n\times n}$, und A sei eine M–Matrix. Außerdem gelte

$$A \leq B.$$

Dann ist auch B eine M–Matrix.

Beweis: Nach B.2.2(ii) existiert $u \in \mathbf{R}^n, u > 0$, mit

$$Au > 0.$$

Hieraus folgt sofort $Bu > 0$, weshalb — wieder nach Satz B.2.2(ii) — auch B eine M–Matrix ist. □

B.3 H–Matrizen

B.3.1 Definition: Sei $A = (a_{ij}) \in \mathbf{R}^{n\times n}$.

(i) Die Matrix $\langle A\rangle = (\alpha_{ij}) \in Z^{n\times n}$ mit

$$\alpha_{ij} := \begin{cases} |a_{ii}| & \text{für } i = j \\ -|a_{ij}| & \text{sonst} \end{cases}$$

heißt *Vergleichsmatrix* von A.

(ii) A heißt *H–Matrix*, falls $\langle A\rangle$ eine M–Matrix ist.

B.3.2 Bemerkung: $A \in \mathbf{R}^{n\times n}$ sei eine H–Matrix. Dann sind nach B.2.3 die Diagonalelemente von $\langle A\rangle$ alle positiv, d.h. alle Diagonalelemente von A sind verschieden von Null.

Mit Hilfe der Sätze aus Abschnitt B.2 lassen sich leicht die folgenden Aussagen über H–Matrizen herleiten.

B.3.3 Satz: Die Matrix $A = (a_{ij}) \in \mathbf{R}^{n\times n}$ ist eine H–Matrix genau dann, wenn ein Vektor $u \in \mathbf{R}^n, u > 0$, existiert mit $\langle A\rangle u > 0$, d.h.

$$|a_{ii}|u_i > \sum_{j=1,j\neq i}^{n} |a_{ij}|u_j, \quad i = 1,\ldots,n.$$

Beweis: Die Behauptung ergibt sich direkt aus Satz B.2.2(ii). □

Aufgrund dieses Satzes bezeichnet man H–Matrizen auch als *verallgemeinert diagonal dominante* Matrizen.

B.3.4 Satz: Die Matrix $A = (a_{ij}) \in \mathbf{R}^{n\times n}$ ist eine H–Matrix in jedem der folgenden fünf Fälle:

(i) A ist M–Matrix.

(ii) $\langle A\rangle$ ist nichtsingulär und diagonal dominant.

(iii) A ist streng diagonal dominant.

(iv) A ist irreduzibel diagonal dominant.

(v) A ist symmetrisch, und $\langle A\rangle$ ist positiv definit.

Beweis: (i) folgt unmittelbar aus der Definition einer H–Matrix. Für (ii)–(iv) brauchen wir nur zu zeigen, daß die Matrix A jeweils lauter nichtverschwindende Diagonalelemente besitzt. Dann besitzt $\langle A\rangle$ nämlich nur positive Diagonalelemente, und der Satz ergibt sich sofort aus B.2.5.

Für den Fall (iii) ist dies nach Definition der strengen Diagonaldominanz trivial. Verschwände im Fall (ii) oder (iv) das i-te Diagonalelement von A, so wäre die i-te Zeile von A eine Nullzeile. Dies widerspräche im Fall (ii) der Nichtsingularität von $\langle A\rangle$, im Fall (iv) der Irreduzibilität von A. (Man nehme für J aus Definition B.1.2 die Menge $J := \{i\}$).

Im Fall (v) ist $\langle A\rangle$ symmetrisch positiv definit. Die Behauptung folgt so direkt aus Satz B.2.5 (iv). □

Wie einfache Beispiele zeigen, ist *nicht* die gesamte Klasse der symmetrisch positiv definiten Matrizen in der Klasse der H–Matrizen enthalten.

Der nächste Satz gibt eine wichtige Charakterisierung von H–Matrizen durch den Spektralradius der Iterationsmatrix des zugehörigen Jacobi–Verfahrens.

B.3.5 Satz: Es sei $A = (a_{ij}) \in \mathbf{R}^{n\times n}$, $D = \mathrm{diag}(a_{11},\ldots,a_{nn})$ und $A = D - B$. Dann ist A eine H–Matrix genau dann, wenn D nichtsingulär ist und gilt

$$\rho\left(|D^{-1}B|\right) < 1.$$

Beweis: Wir nehmen zunächst an, A sei eine H–Matrix. Nach Bemerkung B.3.2 ist D nichtsingulär. Nach Satz B.3.3 existiert ein Vektor $u \in \mathbf{R}^n$, $u > 0$, mit $\langle A\rangle u > 0$ oder, äquivalent dazu,

$$|B|u < |D|u.$$

Hieraus erhalten wir $|D|^{-1}|B|u = |D^{-1}B|u < u$ und deshalb $\rho(|D^{-1}B|) < 1$ (s. Satz B.1.7). Nun sei D nichtsingulär, und es gelte $\rho(|D^{-1}B|) < 1$. Wir wählen $\epsilon > 0$ so klein, daß für die Matrix

$$J_\epsilon = |D^{-1}B| + \epsilon\begin{pmatrix} 1 & \ldots & 1 \\ \vdots & & \vdots \\ 1 & \ldots & 1 \end{pmatrix}$$

immer noch $\rho(J_\epsilon) < 1$ ist. Dies ist möglich aufgrund von Satz A.1.10. Da J_ϵ positiv (und damit irreduzibel) ist, existiert nach dem Satz von Perron–Frobenius (Satz B.1.4) ein Vektor $u > 0$ mit $J_\epsilon u = \rho(J_\epsilon)u$. Für diesen Vektor u gilt also

$$|D^{-1}B|u \leq \rho(J_\epsilon)u < u,$$

was gleichbedeutend mit $\langle A\rangle u > 0$ ist. Nach Satz B.3.3 ist demnach A eine H–Matrix. □

B.3.6 Korollar: Die Matrix $A = (a_{ij}) \in \mathbf{R}^{n\times n}$ sei eine untere Dreiecksmatrix mit nichtverschwindenden Diagonalelementen, d.h. es gelte

$$a_{ii} \neq 0 \quad \text{für } i = 1,\ldots,n, \quad a_{ij} = 0 \quad \text{für } j > i.$$

Dann ist A eine H–Matrix.

Beweis: Es seien D und B wie in Satz B.3.5 definiert. Dann ist $D^{-1}B$ eine strenge untere Dreiecksmatrix, d.h. es gilt

$$(D^{-1}B)_{ij} = 0 \quad \text{für } j \geq i.$$

Also ist $\rho(D^{-1}B) = 0$, weshalb nach Satz B.3.5 die Matrix A eine H–Matrix ist. □

Der letzte Satz dieses Abschnitts zeigt, daß eine H–Matrix stets nichtsingulär ist und gibt eine Schranke für die Inverse an.

B.3.7 Satz: Es sei $A \in \mathbf{R}^{n\times n}$ eine H–Matrix. Dann existiert die Inverse A^{-1}, und es gilt

$$|A^{-1}| \le \langle A\rangle^{-1}.$$

Beweis: Es sei $D = \mathrm{diag}(a_{11},\dots,a_{nn})$ und $A = D - B$. Nach Satz B.3.5 existiert D^{-1}, und für die Matrix $J = D^{-1}B$ gilt $\rho(|J|) < 1$. Nach Satz B.1.9 ist auch $\rho(J) < 1$, so daß nach Satz A.2.2 die beiden Neumann–Reihen

$$\sum_{k=0}^{\infty} J^k \text{ und } \sum_{k=0}^{\infty} |J|^k$$

gegen $(I - J)^{-1}$ bzw. $(I - |J|)^{-1}$ konvergieren. Aus der Ungleichungskette

$$\left|\sum_{k=0}^{\infty} J^k\right| \le \sum_{k=0}^{\infty} \left|J^k\right| \le \sum_{k=0}^{\infty} |J|^k$$

erhalten wir so die Abschätzung

$$|(I - J)^{-1}| \le (I - |J|)^{-1}$$

und daraus nach Multiplikation von rechts mit $|D^{-1}|$ $(= |D|^{-1})$

$$|(D - B)^{-1}| \le (|D| - |B|)^{-1}.$$

Wegen $A = D - B$, $\langle A\rangle = |D| - |B|$ ist dies die behauptete Ungleichung. □

Literaturhinweise:

[1] Berman, A., Plemmons, R.: Nonnegative Matrices in the Mathematical Sciences, New York: Academic Press (1979)

[2] Ortega, J., Rheinboldt, W.: Iterative Solution of Nonlinear Equations in Several Variables, New York: Academic Press (1970)

[3] Varga, R.: Matrix Iterative Analysis, Englewood Cliffs, N.J.: Prentice Hall (1962)

Literaturverzeichnis

Adams, L., Jordan, H.: Is SOR Color–blind?, SIAM J. Sci. Stat. Comput. **7**, 490–501 (1986)

Adams, L., LeVeque, R., Young, D.: Analysis of the SOR Iteration for the 9-Point Laplacian, SIAM J. Numer. Anal. **25**, 1156-1180 (1988)

Adams, L., Ortega, J.: A Multicolour SOR Method for Parallel Computation, Proc. of the 1982 International Conference on Parallel Processing, Bellaire, MI, August 1982, 53–56

Alefeld, G.: Über die Durchführbarkeit des Gaußschen Algorithmus bei Gleichungen mit Intervallen als Koeffizienten, Computing Suppl. **1**, 15–19 (1977)

Axelsson, O., Barker, V.: Finite Element Solution of Boundary Value Problems, New York: Academic Press (1984)

Babb II, R.: Programming Parallel Processors, Reading, Mass.: Addison–Wesley (1988)

Barlow, R., Evans, D.: Synchronous and Asynchronous Iterative Parallel Algorithms for Linear Systems, Comput. J. **25**, 56–60 (1982)

Baudet, G.: Asynchronous Iterative Methods for Multiprocessors, J. Assoc. Comput. Mach. **25**, 226–244 (1978)

Berman, A., Plemmons, R.: Nonnegative Matrices in the Mathematical Sciences, New York: Academic Press (1979)

Bischof, Ch., van Loan, Ch.: The WY Representation for Products of Householder Matrices, SIAM J. Sci. Stat. Comput. **8**, s2–s13 (1987)

Block, U., Frommer, A., Mayer, G.: Block Colouring Schemes for the SOR Method on Local Memory Parallel Computers, erscheint in Parallel Comput. (1990)

Brawer, S.: Introduction to Parallel Programming, New York: Academic Press (1989)

Bru, R., Elsner, L., Neumann, M.: Models of Parallel Chaotic Relaxation Methods, Linear Algebra Appl. **103**, 175–192 (1988)

Buneman, O.: A Compact Non–iterative Poisson Solver, Stanford University, Institute for Plasma Research Report Nr. 294, Stanford CA (1969)

Buzbee, B., Golub, G., Nielson, C.: On Direct Methods for Solving Poisson's Equations, SIAM J. Numer. Anal. **7**, 627–656 (1970)

Carling, A.: Parallel Processing, the Transputer and OCCAM, Wilmslow: Sigma Press (1988)

Chamberlain, R.: An Alternative View of LU Factorization with Partial Pivoting on a Hypercube Multiprocessor, in Heath, M.(ed.): Hypercube Multiprocessors, Philadelphia: SIAM (1987), 569–575

Chazan, D., Miranker, W.: Chaotic Relaxation, Linear Algebra Appl. **2**, 199-222 (1969)

Chen, S., Kuck, D., Sameh, A.: Practical Parallel Band Triangular System Solvers, ACM Trans. Math. Software **4**, 270–277 (1978)

Chu, E., George, J.: Gaussian Elimination With Partial Pivoting on a Hypercube Multiprocessor, Parallel Comput. **5**, 65–74 (1987)

Collatz, L.: The Numerical Treatment of Differential Equations, 3rd Edition, Berlin: Springer (1960)

Cosnard, M., Marrakchi, M., Robert, Y., Trystram, D.: Parallel Gaussian Elimination on an MIMD computer, Parallel Comput. **6**, 275–296 (1988)

Cosnard, M., Robert, Y., Trystram, D.: Résolution parallèle de systèmes linéaires denses par diagonalisation, Bulletin EDF C **2**, 67–87 (1986)

Dekker, T., Hoffmann, W.: Rehabilitation of the Gauss–Jordan Algorithm, Numer. Math. **54**, 591–599 (1989)

Deminet, J.: Experience With Multiprocessor Algorithms, IEEE Trans. Comput. C-31, 278–288 (1982)

Dongarra, J.(ed.): Experimental Parallel Computing Architectures, Amsterdam: North Holland (1987)

Dongarra, J., Bunch, J., Moler, C., Stewart, G.: LINPACK Users Guide, Philadelphia: SIAM Publications (1978)

Dongarra, J., Eisenstat, S.: Squeezing the Most out of an Algorithm in CRAY–FORTRAN, ACM Trans. Math. Softw. **10**, 221–230 (1984)

Dongarra, J., Gustavson, F., Karp, A.: Implementing Linear Algebra Algorithms for Dense Matrices on a Vector Pipeline Machine, SIAM Review **26**, 91–112 (1984)

Dongarra, J., Johnsson, L.: Solving Banded Systems on a Parallel Computer, Parallel Comput. **5**, 219–246 (1987)

Dongarra, J., Sameh, A., Sorensen, D.: Implementation of some Concurrent Algorithms for Matrix Factorization, Parallel Comput. **3**, 25–34 (1986)

Dorr, F.: The Direct Solution of the Discrete Poisson Equation on a Rectangle, SIAM Rev. **12**, 248–2263 (1970)

Dubois, M., Briggs, F.: Performance of Synchronized Iterative Processes in Multiprocessor Systems, IEEE Trans. Software Eng. **SE-8**, 419–431 (1982)

Dubois, P., Rodrigue, G.: An Analysis of the Recursive Doubling Algorithm, in Kuck, D. et al. (eds): High Speed Computer and Algorithm Organization, New York: Academic Press (1977), 299–305

Duff, I.: The Influence of Vector and Parallel Processors on Numerical Analysis, in: Iserless, A., Powell, M. (eds): The State of the Art in Numerical Analysis, Oxford: Clarendon Press (1987)

Duff, I., Meurant, G.: The Effect of Ordering on Preconditioned Conjugate Gradient Methods, Technical Report HL88/1414, Computer Science and Systems Division, Harwell Laboratory, Oxon OX11 0RA (1988)

Eiermann, M., Varga, R., Niethammer, W.: Iterationsverfahren für nichtsymmetrische Gleichungssysteme und Approximationsmethoden im Komplexen, Jahresb. Dtsch. Math.-Ver. **89**, 1–32 (1987)

Eisenstat, S., Heath, M., Henkel, C., Romine, C.: Modified Cyclic Algorithms for Solving Triangular Systems on Distributed-Memory Multiprocessors, SIAM J. Sci. Stat. Comput. **9**, 589–600 (1988)

El Tarazi, M.: Some Convergence Results for Asynchronous Algorithms, Numer. Math. **39**, 325–340 (1982)

El Tarazi, M.: Algorithmes mixtes asynchrones. Etude de convergence monotone, Numer. Math. **44**, 363–369 (1984)

Elsner, L.: Comparisons of Weak Regular Splittings and Multisplitting Methods, Numer. Math. **56**, 283–289 (1989)

Evans, D.: Parallel Numerical Algorithms for Linear Systems, in: Evans, D. (ed.): Parallel Processing Systems, Cambrigde: University Press (1982)

Evans, D.: Parallel S.O.R. Iterative Methods, Parallel Comput. **1**, 3–18 (1984)

Frommer, A., Mayer, G.: Convergence of Relaxed Parallel Multisplitting Methods, Linear Algebra Appl. **119**, 141–152 (1989)

Frommer, A., Mayer, G.: Parallel Interval Multisplittings, Numer. Math. **56**, 255–267 (1989)

Frommer, A., Mayer, G.: Theoretische und praktische Ergebnisse zu Multisplitting-Verfahren auf Parallelrechnern, erscheint in ZAMM **70** (1990)

Gallivan, K., Jalby, W., Meier, U.: The Use of BLAS3 in Linear Algebra on a Parallel Processor With a Hierarchical Memory, SIAM J. Sci. Stat. Comput. **8**, 1079–1084 (1987)

Geist, A., Heath, M.: Matrix Factorization on a Hypercube Multiprocessor, in: Heath, M. (ed.): Hypercube Multiprocessors, Philadelphia: SIAM (1986)

Geist, H., Romine, C.: LU–Factorization Algorithms on Distributed–Memory Multiprocessor Architectures, SIAM J. Sci. Stat. Comput. **9**, 639–649 (1988)

Gentzsch, W.: A Fully Vectorizable SOR Variant, Parallel Comput. **4**, 349–353 (1987)

Gentzsch, W., Block, U.: Numerische Verfahren für den Parallelrechner TX3, ZAMM **69**, T 176-T 179

Gesellschaft für Mathematik und Datenverarbeitung (Hrsg.): GMD–Spiegel **19**, Heft 1, Sankt Augustin: GMD (1989)

Giloi, W.: SUPRENUM: A Trendsetter in Modern Supercomputer Development, Parallel Comput. **7**, 283–296 (1988)

Golub, G., van Loan, Ch.: Matrix Computations, 2nd Edition, Baltimore: Johns Hopkins (1989)

Hackbusch, W.: Multi–Grid Methods and Applications, Berlin: Springer (1985)

Hayes, L.: A Vectorized Matrix–Vector Multiply and Overlapping Block Iterative Method, in Numrich, W. (ed.): Supercomputer Applications, New York: Plenum Press, 91–100 (1984)

Heath, M., Romine, C.: Parallel Solution of Triangular Systems on Distributed–Memory Multiprocessors, SIAM J. Sci. Stat. Comput. **9**, 558–588 (1988)

Heller, D.: Some Aspects of the Cyclic Reduction Algorithm for Block Tridiagonal Linear Systems, SIAM J. Numer. Anal. **13**, 484–496 (1976)

Heller, D.: A Survey of Parallel Algorithms in Numerical Linear Algebra, SIAM Rev. **20**, 740–777 (1978)

Hockney, R.: A Fast Direct Solution of Poisson's Equation Using Fourier Analysis, J. Assoc. Comput. Mach. **12**, 95–113 (1965)

Hockney, R., Jesshope, C.: Parallel Computers, Bristol: Adam Hilger (1981)

Hockney, R., Jesshope, C.: Parallel Computers 2, Bristol: Adam Hilger (1988)

Huard, P.: La méthode simplex sans inverse explicite, Bulletin EDF C, 79–98 (1979)

Hwang, K., Briggs, F.: Computer Architecture and Parallel Processing, New York: McGraw Hill (1984)

Ipsen, I., Saad, Y., Schultz, M.: Complexity of Dense Linear System Solution on a Multiprocessor Ring, Linear Algebra Appl. **77**, 205–239 (1986)

Jesshope, C., Craigie, J.: Small is O.K. too (Another Matrix Algorithm for the DAP), DAP Newsletter **4**, 7–12 (1980)

Johnsson, L.: Solving Narrow Banded Systems on Ensemble Architectures, ACM Trans. Math. Software **11**, 271–288 (1985)

Johnsson, L.: Solving Tridiagonal Systems on Ensemble Architectures, SIAM J. Sci. Stat. Comput. **8**, 354–392 (1987)

Kincaid, D., Oppe, T., Young, D.: Vector Computations for Sparse Linear Systems, SIAM J. Alg. Disc. Meth. **7**, 99–112 (1986)

Kincaid, D., Oppe, T., Young, P.: Vectorized Iterative Methods for Partial Differential Equations, Commun. Appl. Numer. Math. **2**, 789–796 (1986)

Kronsjö, L.: Computational Complexity of Sequential and Parallel Algorithms, New York: John Wiley (1985)

Kuck, D.: Parallel Processing of Ordinary Programs, Adv. Comput. **15**, 119–179 (1976)

Kulisch, U.: Grundlagen des Numerischen Rechnens, Mannheim: Bibliographisches Institut (1976)

Kulisch, U., Miranker, W.: Computer Arithmetic in Theory and Practice, New York: Academic Press (1981)

Lambiotte, J., Voigt, R.: The Solution of Tridiagonal Linear Systems on the CDC STAR–100 Computer, ACM Trans. Math. Software **1**, 308–329 (1975)

Lang, B.: Matrix Vector Multiplication with Symmetric Matrices on Parallel Computers and Applications, Int. Ber. Inst. Angew. Math., Univ. Karlsruhe, erscheint in ZAMM **71** (1991)

Lawrie, D., Sameh, A.: The Computation and Communication Complexity of a Parallel Banded Solver, ACM Trans. Math. Software **10**, 185–195 (1984)

Lei, L.: Convergence of Asynchronous Iteration with Arbitrary Splitting Form, Linear Algebra Appl. **113**, 119–127 (1989)

LeVeque, R., Trefethen, L.: Fourier Analysis of the SOR Iteration, IMA J. Numer. Anal. **8**, 273–279 (1988)

Li, G., Coleman, Th.: A Parallel Triangular Solver for a Distributed–Memory Multiprocessor, SIAM J. Sci. Stat. Comput. **9**, 485–502 (1988)

Li, G., Coleman, Th.: A New Method for Solving Triangular Systems on Distributed–Memory Message–Passing Multiprocessors, SIAM J. Sci. Stat. Comput. **10**, 382–396 (1989)

Lipovski, G., Malek, M.: Parallel Computing, Theory and Comparisons, New York: John Wiley (1987)

Lo, S., Philippe, B., Sameh, A.: A Multiprocessor Algorithm for the Symmetric Tridiagonal Eigenvalue Problem, SIAM J. Sci. Stat. Comput. **8**, s155–s165 (1987)

Madsen, N., Rodrigue, G., Karush, J.: Matrix Multiplication by Diagonals on a Vector/Parallel Processor, Inf. Proc. Lett. **5**, 41–45

Mattingly, B., Meyer, C., Ortega, J.: Orthogonal Reduction on Vector Computers, SIAM J. Sci. Stat. Comput. **10**, 372–381 (1989)

McBryan, O., van de Velde, E.: Parallel Algorithms for Elliptic Equations, Commun. Pure Appl. Math. **38**, 769–795 (1985)

Meier, U.: Vergleichende Betrachtungen zu Verfahren zur Lösung linearer Gleichungssysteme mit Tri– und Pentadiagonalmatrizen auf Vektorrechnern, PARS–Mitteilungen, Gesellschaft für Informatik, IMMD, Universität Erlangen–Nürnberg **2**, 8–13 (1984)

Meier, U.: A Parallel Partition Method for Solving Banded Systems of Linear Equations, Parallel Comput. **2**, 33–43 (1985)

Meis, Th., Marcowitz, U.: Numerische Behandlung von Differentialgleichungen, Berlin: Springer (1978)

Michielse, P., van der Vorst, H.: Data Transport in Wang's Partitioning Method, Parallel Comput.**7**, 87–95 (1988)

Miellou, J.-C.: Itérations chaotiques à retards, Comptes rendus de l'Acad. Sci. Paris, Ser. A **278**, 957–960 (1974)

Miellou, J.-C.: Itérations chaotiques à retards; études de la convergence dans le cas d'espaces partiellement ordonnés, Comptes Rendus de l'Acad. Sci. Paris, Ser. A, **280**, 233–236 (1975)

Miellou, J.-C.: Algorithmes de relaxation chaotique à retards, Revue d'Automatiques, Informatiques et Recherche Opérationelle **9**, R-1, 55–82 (1975)

Missirlis, N.: Scheduling Parallel Iterative Methods on Multiprocessor Systems, Parallel Comput. **5**, 295–302 (1987)

Modi, J.: Parallel Algorithms and Matrix Computation, Oxford: Clarendon Press (1988)

Neumann, M., Plemmons, R.: Convergence of Parallel Multisplitting Iterative Methods for M–Matrices, Linear Algebra Appl. **88/89**, 559–573 (1987)

Niethammer, W.: The SOR Method on Parallel Computers, Numer. Math. **56**, 247–254 (1989)

O'Leary, D., Stewart, G.: Data–Flow Algorithms for Parallel Matrix Computation, Commun. ACM **28**, 840–853 (1985)

O'Leary, D., White, R.: Multi–Splittings of Matrices and Parallel Solution of Linear Systems, SIAM J. Alg. Disc. Meth. **6**, 630–640 (1985)

Ortega, J.: Numerical Analysis, a Second Course, New York: Academic Press (1972)

Ortega, J.: Introduction to Parallel and Vector Solution of Linear Systems, New York: Plenum (1988)

Ortega, J.: The *ijk*–Forms of Factorization Methods I. Vector Computers, Parallel Comput. **7**, 135–147 (1988)

Ortega, J., Rheinboldt, W.: Iterative Solution of Nonlinear Equations in Several Variables, New York: Academic Press (1970)

Ortega, J., Romine, C.: The *ijk*–Forms of Factorization Methods II. Parallel Systems, Parallel Comput. **7**, 149–162 (1988)

Ortega, J., Voigt, R.: Solution of Partial Differential Equations on Vector and Parallel Computers, SIAM Rev. **27**, 149–270 (1985)

Ortega, J., Voigt, R., Romine, C.: A Bibliography on Parallel and Vector Numerical Algorithms, Oak Ridge National Laboratory, Technical Report ORNL/TM-10998 (1989), erhältlich bei ICASE, MS132C, NASA–Langley Research Center, Hampton, Virginia 23 665, USA

Ostrowski, A.: Iterative Solution of Linear Systems of Functional Equations, J. Math. Anal. Appl. **2**, 351–369 (1961)

Patel, N., Jordan, H.: A Parallelized Point Rowwise Successive Over–Relaxation Method on a Multiprocessor, Parallel Comput. **1**, 207–222 (1984)

Press, W., Flannery, B., Teukolsky, S., Vetterling, W.: Numerical Recipes, Cambridge: Cambridge University Press (1986)

Reichel, L.: The Ordering of Tridiagonal Matrices in the Cyclic Reduction Method for Poisson's Equation, Numer. Math. **56**, 215–227 (1989)

Reinach, D.: Ein Partitionsverfahren für Bandmatrizen, Diplomarbeit, Institut für Angewandte Mathematik, Universität Karlsuhe (1990)

te Riele, H.: Applications of Supercomputers in Mathematics, Report NM–N8502, Amsterdam: Centre for Mathematics and Computer Science (1985)

Robert, F., Charnay, M., Musy, F.: Itérations chaotiques série–parallèle pour des équations non–linéaires de point fixe, Apl. Mat. **20**, 1–38 (1975)

Rodrigue, G., Madsen, N., Karush, J.: Odd–Even Reduction for Banded Linear Equations, J. Assoc. Comput. Mach. **26**, 72–81 (1979)

Romine, C.: Factorization Methods for the Parallel Solution of Linear Systems, Ph.D. Thesis, Applied Mathematics, University of Virginia (1986)

Romine, C., Ortega, J.: Parallel Solution of Triangular Systems of Equations, Parallel Comput. **6**, 109–114 (1988)

Saad, Y.: Communication Complexity of the Gaussian Elimination Algorithm on Multiprocessors, Linear Algebra Appl. **77**, 315–340 (1986)

Saad, Y.: Krylov Subspace Methods on Supercomputers, SIAM J. Sci. Stat. Comput. **10**, 1200–1232 (1989)

Saltz, J., Naik, V., Nicol, D.: Reduction of the Effects of the Communication Delays in Scientific Algorithms on Message Passing MIMD Architectures, SIAM J. Sci. Stat. Comput. **8**, s118–s138 (1987)

Schendel, U.: Einführung in die parallele Numerik, München: Oldenbourg Verlag (1981)

Schönauer, W.: Scientific Computation on Vector Computers, Amsterdam: North Holland (1987)

Schwandt, H.: Cyclic Reduction for Triangular Systems of Equations with Interval Coefficients on Vector Computers, SIAM J. Numer. Anal. **26**, 661–680 (1989)

Schwarz, H.: Numerische Mathematik, Stuttgart: Teubner (1986)

Shao, J., Kang, L.: An asynchronous parallel mixed algorithm for linear and nonlinear equations, Parallel Comput. **5**, 313–321 (1987)

Solchenbach, K.: Grid Applications on Distributed Memory Architectures: Implementation and Evaluation, Parallel Comput. **7**, 341–356 (1988)

Solchenbach, K., Trottenberg, U.: SUPRENUM: System Essentials and Grid Applications, Parallel Comput.**7**, 265–281 (1988)

Sorensen, D.: Analysis of Pairwise Pivoting in Gaussian Elimination, IEEE Trans. on Comp. **C–34**, 274–278 (1985)

Stoer, J.: Einführung in die Numerische Mathematik I, 3. Auflage, Berlin: Springer (1979)

Stoer, J., Bulirsch, R.: Einführung in die Numerische Mathematik II, 2. Auflage, Berlin: Springer (1978)

Stone, H.: An Efficient Parallel Algorithm for the Solution of a Triangular System of Equations, J. Assoc. Comput. Mach. **20**, 27–38 (1973)

Stone, H.: Parallel Triangular Solvers, ACM Trans. Math. Software **1**, 289–307 (1975)

Stone, H.: High–Performance Computer Architecture, Reading, Mass.: Addison Wesley (1987)

Swarztrauber, P.: A Direct Method for the Discrete Solution of Separable Elliptic Equations, SIAM J. Numer. Anal. **11**, 506–520 (1974)

Sweet, R.: A Generalized Cyclic–Reduction Algorithm, SIAM J. Numer. Anal. **11**, 1136–1150 (1974)

Sweet, R.: A Cyclic Reduction Algorithm for Solving Block Tridiagonal Systems of Arbitrary Dimension, SIAM J. Numer. Anal. **14**, 706–719 (1977)

Trottenberg, U.: SUPRENUM – an MIMD Multiprocessor System for Multi–Level Scientific Computing, in: Händler, W. et al.(eds.): CONPAR 86, Lecture Notes in Computer Science **237**, 48–52 (1986)

Üresin, A., Dubois, M.: Sufficient Conditions for the Convergence of Asynchronous Iterations, Parallel Comput. **10**, 83–92 (1989)

Varga, R.: Matrix Iterative Analysis, Englewood Cliffs, N.J.: Prentice Hall (1962)

Varga, R.: On Recurring Theorems on Diagonal Dominance, Linear Algebra Appl. **13**, 1–9 (1976)

van der Vorst, H.: Large Tridiagonal and Block Tridiagonal Linear Systems on Vector and Parallel Computers, Parallel Comput. **5**, 45–54 (1987)

van der Vorst, H.: Analysis of a Parallel Solution Method for Tridiagonal Linear Systems, Parallel Comput. **5**, 303–311 (1987)

van der Vorst, H.: High Performance Preconditioning, SIAM J. Sci. Stat. Comput. **10**, 1174–1185 (1989)

van der Vorst, H., Dekker, K.: Vectorization of Linear Recurrence Relations, SIAM J. Sci. Stat. Comput. **10**, 27–35 (1989)

Wang, H.: A Parallel Method for Tridiagonal Equations, ACM Trans. Math. Software **7**, 170–183 (1981)

White, R.: Multisplitting with Different Weighting Schemes, SIAM J. Matrix Anal. Appl. **10**, 481–493 (1989)

White, R.: Multisplittings of a Symmetric Positive Definite Matrix, erscheint in SIAM J. Matrix Anal. Appl. **11** (1990)

Wilkinson, J.: The Algebraic Eigenvalue Problem, Oxford: Clarendon Press (1965)

Wöst, W.: Wie funktioniert der TX3?, c't Magazin, Heft 6, 134–146 (1988)

Young, D.: Iterative Solution of Large Linear Systems, New York: Academic Press (1971)

Index

Wissenschaftliches Rechnen mit Ergebnisverifikation

Eine Einführung von Ulrich Kulisch (Hrsg.)

1989. VI, 262 Seiten.
Kartoniert DM 39,50
ISBN 3-528-08943-1

Inhalt: Zeitgemäße Rechnerarithmetik – Übersicht über neue Programmiersprachen – FORTRAN-SC – Eine FORTRAN-Erweiterung für wissenschaftliches Rechnen – PASCAL-SC – Eine PASCAL-Erweiterung für wissenschaftliches Rechnen – CALCULUS – Grundbegriffe der Intervallrechnung – Lineare Probleme – Spärlich besetzte Matrizen – Lösung nichtlinearer Gleichungen mit Verifikation des Ergebnisses – Genaue Auswertung von Polynomen und Ausdrücken – Vom Problem zum Einschließungsalgorithmus – Einschließungen bei Anfangs- und Randwertaufgaben gewöhnlicher Differentialgleichungen – Praktikum „Einschließung bei Differentialgleichungen" – Methoden zur Lösung von Integral- und Differentialgleichungen – Einschließung der Lösung von linearen Gleichungssystemen auf Vektorrechnern – Esprit-Projekt DIAMOND.

Der Band führt in die Entwicklung und Anwendung numerischer Algorithmen ein. Diese ermöglichen eine automatische Verifikation des berechneten Ergebnisses durch den Rechner selbst. Die einzelnen Beiträge bauen zwar aufeinander auf, sind aber jeweils in sich abgeschossen. Nach einer kurzen Einführung in die zugrunde liegende, zeitgemäße Rechnerarithmetik werden Programmiersprachen und Programmierumgebungen besprochen, die eine automatische Ergebnisverifikation unterstützen. Eine Vertrautheit mit grundlegenden Eigenschaften der Intervallrechnung ist dazu nötig. Die folgenden Beiträge stellen dann anhand von Beispielen für breit gestreute Probleme aus der Numerischen Mathematik Algorithmen mit automatischer Ergebnisverifikation vor. Es wird auch deren Übertragung auf Vektorrechner untersucht.

Prof. Dr. *Ulrich Kulisch* ist Leiter des Instituts für Angewandte Mathematik an der Universität Karlsruhe.

Vieweg Verlag · Postfach 58 29 · D-6200 Wiesbaden 1